页式

会计学基础实训

（第4版）

主　编　任伟峰　张　勇　降艳琴
副主编　王恺悦　刘洪锋　谷文辉　龚雅洁

北京理工大学出版社
BEIJING INSTITUTE OF TECHNOLOGY PRESS

内 容 简 介

本书以最新税收法律法规、《会计法》和《企业会计准则》为依据，按照高等职业院校最新专业教学标准，紧扣德技并修、立德树人育人目标，以就业为导向，全面贯彻产教融合发展理念编写而成。

本书共由九个项目组成，项目一为认识会计工作与企业经济业务，从会计工作的基本认知入手，介绍企业的经济业务；项目二为会计工作准备，介绍会计核算基本前提、会计基础、会计信息质量要求、会计科目与账户、借贷记账法等会计基本概念和记账方法；项目三为建立会计账簿，介绍进入工作岗位如何设置会计账簿；项目四为填制和审核会计凭证，介绍原始凭证和记账凭证的取得、填制和审核；项目五为主要经济业务核算及记账凭证填制，介绍企业资金筹集、供应、生产、销售、财务成果形成与分配、资金退出等经济业务的账务处理；项目六为登记会计账簿，介绍账簿的登记、更正错账和账务处理程序；项目七为对账和结账，介绍对账的内容、财产清查的账务处理和结账的方法；项目八为编制会计报表，介绍资产负债表和利润表的编制方法；项目九为整理和归档会计档案，介绍会计资料的整理方法和会计档案的保管要求。

本书既可以作为高等职业院校财经商贸大类相关专业的学生用书，也可以作为社会相关人员的培训用书。

版权专有　侵权必究

图书在版编目（CIP）数据

会计学基础：含实训／任伟峰，张勇，降艳琴主编.

4 版. -- 北京：北京理工大学出版社，2024.6.

ISBN 978 - 7 - 5763 - 4256 - 7

Ⅰ. F230

中国国家版本馆 CIP 数据核字第 2024GP5189 号

责任编辑： 王俊洁		**文案编辑：** 王俊洁	
责任校对： 刘亚男		**责任印制：** 施胜娟	

出版发行 ／ 北京理工大学出版社有限责任公司

社　　址 ／ 北京市丰台区四合庄路 6 号

邮　　编 ／ 100070

电　　话 ／（010）68914026（教材售后服务热线）
　　　　　　　（010）68944437（课件资源服务热线）

网　　址 ／ http：//www.bitpress.com.cn

版 印 次 ／ 2024 年 6 月第 4 版第 1 次印刷

印　　刷 ／ 三河市天利华印刷装订有限公司

开　　本 ／ 787 mm×1092 mm　1/16

印　　张 ／ 24.25

字　　数 ／ 573 千字

总 定 价 ／ 99.80 元

目 录

第1章　会计学基础实训的内容和要求 ·· 001
一、会计学基础实训目的 ··· 001
二、会计学基础实训程序 ··· 001
三、会计学基础实训要求 ··· 002
四、会计学基础实训用具 ··· 007

第2章　模拟企业概况 ·· 009
一、模拟企业基本情况 ··· 009
二、模拟企业会计核算的有关规定 ··· 009
三、模拟企业主要供应商及客户相关资料 ······································· 011

第3章　账簿体系设置 ·· 012
一、总分类账设置 ··· 012
二、明细分类账设置 ··· 013
三、日记账设置 ··· 015

第4章　实训业务资料 ·· 016
一、日常业务资料 ··· 016
二、单据资料 ··· 019
三、科目汇总表 ··· 099
四、财务报表 ··· 103

附录一　中华人民共和国会计法（2024 年最新修订） ···························· 107

附录二　会计基础工作规范 ·· 113

附录三　企业常用会计科目表 ·· 123

第1章

会计学基础实训的内容和要求

一、会计学基础实训目的

会计学基础模拟实训是对学生进行全面的实务演练，以培养学生动手能力，提高专业核心技能为根本宗旨的必修课程。通过本模拟实训的操作，能够使学生熟悉会计的工作岗位、工作过程和工作方法，增强对所学会计基本理论的理解，全面、系统地掌握企业实际会计核算的基本程序和具体方法，增强学生对会计基本理论的理解，提高学生对会计基本方法的运用能力，训练学生的会计操作技能。

二、会计学基础实训程序

会计学基础模拟实训分四个阶段进行：资料准备阶段、模拟实习阶段、整理阶段、编写报告阶段。

1. 资料准备阶段

（1）了解模拟实训的目的和意义，对模拟实训有一个正确的认识和积极的态度。

（2）熟悉模拟企业的概况、内部会计制度及实施细则。

（3）学习《中华人民共和国会计法》和《会计基础工作规范》中的相应内容；明确会计数码字书写要求，原始凭证的填制和审核要求，记账凭证的填制和审核要求，账簿设置与登记的要求，会计报表编制的要求。

（4）规定模拟实训的时间安排、学习步骤及成绩考核办法，准备实训所用工具及资料。

2. 模拟实习阶段

（1）建账。

①根据总分类账期初余额，开设总分类账户，并将余额登入所开账户的余额栏内，摘要写"期初余额"。

②根据明细分类账户的期初余额，开设明细分类账户。其中："原材料"和"库存商品"明细账使用数量金额式账页；"制造费用""管理费用"和"生产成本"明细账使用多栏式明细账账页；其余账户的明细账使用三栏式明细账账页。

③根据"库存现金"和"银行存款"账户余额开设现金日记账和银行存款日记账。

（2）填制与审核模拟企业12月1日至12月15日的记账凭证；根据记账凭证登记相应的现金日记账、银行存款日记账和明细账。

（3）根据12月1日至12月15日的记账凭证编制第1张科目汇总表，并据此登记总账（若采用记账凭证账务处理程序，直接根据12月1日至12月15日的记账凭证，逐笔登记总分类账）。

（4）填制与审核模拟企业12月16日至12月31日的记账凭证；根据记账凭证登记相应

的现金日记账、银行存款日记账和明细账。

（5）根据12月16日至12月31日的记账凭证编制第2张科目汇总表，并据此登记总账（若采用记账凭证账务处理程序，直接根据12月16日至12月31日的记账凭证，逐笔登记总分类账）。

（6）结账。

（7）编制试算平衡表。

（8）编制资产负债表和利润表。

3. 整理阶段

对所填制的记账凭证、登记的账簿、编制的科目汇总表和会计报表进行整理，加具封面，装订成册。

4. 编写报告阶段

全部实训结束后，每位学生写出一份总结本次模拟实训的实训报告，对实训情况进行小结和评价，总结经验，找出不足，提出建议。

三、会计学基础实训要求

（一）会计数码字书写要求

1. 阿拉伯数字书写要求

数码字（阿拉伯数字，俗称小写数字）是世界各国通用的数字，数量有10个，即0、1、2、3、4、5、6、7、8、9，笔画简单、书写方便、应用广泛，必须规范书写行为，符合手写体的要求，具体包括以下四点要求：

（1）字迹清晰，不得涂改、刮补。

（2）顺序书写，应该从高位到低位、从左到右，按照顺序书写。

（3）倾斜书写，数字的书写要有一定的斜角度，向右倾斜60°为宜。

（4）位置适当，数码字高度一般要求占全格的1/2为宜，为改错留有余地。

2. 大写字体书写要求

1）大写字体标准

不得用零、一、二、三、四、五、六、七、八、九、十、百、千等相应代替零、壹、贰、叁、肆、伍、陆、柒、捌、玖、拾、佰、仟等。

2）大写要求

正确运用"整"或"正"，凡是大写金额没有角、分的，一律在金额后面加上"整"或"正"字。如￥110，大写应为壹佰壹拾元整；正确写"零"，凡金额中间带有"0"的，一律写"零"，不允许用"0"代替。如￥402.00，应写为肆佰零贰元整。

3. 数码金额的书写要求

1）一般要求

（1）选择人民币作为记账本位币。

（2）数码金额书写到分位为止，元位以下保留角、分两位小数，对分以下的厘、毫、丝、息采用四舍五入的方法。

（3）少数情况下，如计算百分率、折旧率、加权平均单价、单位成本及分配率等，也可以采用多位小数，以达到计算比较准确的目的。

2）印有数位线（金额线）的数码字书写

（1）凭证和账簿已印好数位线，必须逐格顺序书写，"角""分"栏金额齐全。

（2）如果"角""分"栏无金额，应该以"0"补位，也可在格子的中间画一短横线代替。

（3）如果金额有角无分，则应在分位上补写"0"，不能用"—"代替。

3）没有数位线（金额线）的数码字书写

（1）元位以上每三位一节，元和角之间要用小数点"."，有时也可以在角分数字之下画一短横线，例如，￥16 367.45 或￥16 367. 45。

（2）如果没有角、分，仍应在元位后的小数点"."后补写"00"或画一短横线，例如￥16 367.00 或￥16 367.—；如果金额有角无分，则应在分位上补写"0"，例如￥16 367.30，不能写成￥16 367.3。

4）合理运用货币币种符号

凡阿拉伯数字前写有币种符号的，数字后面不再写货币单位，如"￥250.00 元"和"人民币￥250.00 元"表达是错误的。印有"人民币"三个字不可再写"￥"符号，但在金额末尾应加写"元"字，如"人民币 250.00 元"。

4. 数码字书写错误的订正方法

会计资料审核后，发现数码字书写错误时，切忌刮擦（也不可用胶带粘掉）、挖、补、涂改，或使用褪色药剂和涂改液，而应该按照规定的方法进行订正。

5. 文字书写的基本要求

1）克服常见书写不良习惯

（1）字迹潦草。

（2）字体过大：字体大小要适当，书写时不宜用浓墨粗笔，不宜"顶天立地"。

（3）字形欠佳。

（4）文字不规范：书写文字时，不能用谐音字、错别字、简化字。

2）正确掌握文字书写技术

（1）端正书写态度。

（2）字迹工整清晰。

（3）位置适当，汉字占格距的 1/2 较为适宜，落笔在底线上。

（4）摘要简明：要用简短的文字把经济业务发生的内容记述清楚，尤其要以写满不超出该栏格为限。

（5）会计科目准确，要写全称，不能简化。

6. 中文大写数字的写法

1）中文大写金额数字的适用范围

中文大写数字是用于填写防止涂改的销货发票、银行结算凭证、不能写错。一旦写错，则该凭证作废，需要重新填写凭证。

2）中文大写金额数字的书写要求

（1）标明货币名称：中文大写金额数字前应标明"人民币"字样，且其与首个金额数字之间不留空白。

（2）规范书写：中文大写数字金额一律用正楷或行书书写。不得用"廿"代替贰拾，用

"卅"代替叁拾，用"毛"代替角，用"另（或0）"代替"零"；也不得任意自造简化字。

（3）表示数位的文字（拾、佰、仟、万、亿）前必须有数字，如"拾元整"应该写成"壹拾元整"，因为这里的"拾"应看作数位文字。

（4）中文大写票据日期的书写要求：票据的出票日期必须使用中文大写。为防止变造票据的出票日期，在填写月、日时，月为壹、贰和壹拾的，日为壹至玖和壹拾、贰拾、叁拾的，应在其前面加"零"；日为拾壹至拾玖的，应在其前加"壹"。如1月15日，应写成"零壹月壹拾伍日"。

（二）原始凭证填制和审核的要求

1. 原始凭证填制的具体要求

（1）凡填有大写和小写金额的原始凭证，大写与小写金额必须相符。

（2）购买实物的原始凭证，必须有验收证明。

（3）支付款项的原始凭证，必须有收款单位和收款人的收款证明，不能仅以支付款项的有关凭证（银行汇款凭证等）代替，以防止舞弊行为的发生。

（4）一式几联的原始凭证，应当注明各联的用途，只能以一联作为报销凭证。一式几联的发票和收据，必须用双面复写纸套写，并连续编号，作废时应当加盖"作废"戳记，连同存根一起保存，不得撕毁。

（5）发生销货退回的，除填制退货发票外，还必须有退货验收证明；退款时，必须取得对方的收款收据或者汇款银行的凭证，不得以退货发票代替收据。

（6）职工公出借款凭据，必须附在记账凭证之后。收回借款时，应当另开收据或者退还借据副本，不得退还原借据收据。

（7）阿拉伯数字前面应写人民币符号"￥"，并且一个一个地写，不得连笔写。

（8）所有以元为单位的阿拉伯数字，除表示单价等情况下，一律填写到角分，无角分的，角位和分位可写"00"，或符号"—"；有角无分的，分位应写"0"，不得用符号"—"代替。

（9）原始凭证（除套写的可用圆珠笔）必须用蓝色或黑色墨水书写。

（10）经过上级有关部门批准的经济业务，应当将批准文件作为原始凭证附件。如果批准文件需要单独归档的，应当在凭证上注明批准机关名称、日期和文件号。

2. 原始凭证审核的要求

（1）真实性审核。包括审核原始凭证本身是否真实以及原始凭证反映的经济业务事项是否真实两方面。即确定原始凭证是否虚假、是否存在伪造或者涂改等情况；核实原始凭证所反映的经济业务是否发生过，是否反映了经济业务事项的本来面目等。

（2）合法性审核。即审核原始凭证所反映的经济业务事项是否符合国家有关法律、法规、政策和国家统一会计制度的规定，是否符合有关审批权限和手续的规定，以及是否符合单位的有关规章制度，有无违法乱纪、弄虚作假等现象。

（3）完整性审核。即根据原始凭证所反映基本内容的要求，审核原始凭证的内容是否完整，手续是否齐备，应填项目是否齐全，填写方法、填写形式是否正确，有关签章是否具备等。

（4）正确性审核。即审核原始凭证的摘要和数字是否填写清楚、正确，数量、单价、金额的计算有无错误，大写与小写金额是否相符。

（三）记账凭证填制和审核的要求

1. 记账凭证填制的要求

（1）填写内容完整。填制记账凭证的依据，必须是经审核无误的原始凭证或汇总原始凭证。

（2）记账凭证日期的填写。记账凭证的日期一般为编制记账凭证当天的日期，但不同的会计事项，其编制日期也有区别，收付款业务的日期应填写货币资金收付的实际日期，它与原始凭证所记的日期不一定一致；转账凭证的填制日期为收到原始凭证的日期，但在"摘要"栏注明经济业务发生的实际日期。

（3）摘要填写要确切、简明。摘要应与原始凭证内容一致，能正确反映经济业务和主要内容，表达简短精练。对于收付款业务要写明收付款对象的名称、款项内容，使用银行支票的还应填写支票号码；对于购买材料、商品业务，要写明供应单位名称和主要数量；对于经济往来业务，应写明对方单位、业务经手人、发生时间等内容。

（4）记账凭证的编号。记账凭证的编号，采取按月份编顺序号的方法。采用通用记账凭证的，一个月编制一个顺序号，即"顺序编号法"。采用专用记账凭证的，可采用"字号编号法"，它可以按现金收付、银行存款收付、转账业务三类分别编制顺序号，具体地编为"收字第××号""付字第××号""转字第××号"。也可以按现金收入、现金支出、银行存款收入、银行存款支出和转账五类进行编号，具体为"现收字第××号""现付字第××号""银收字第××号""银付字第××号""转字第××号"。如果一笔经济业务需要填制两张或两张以上的记账凭证时，记账凭证的编号可采用"分数编号法"。例如，转字第50号凭证需要填制3张记账凭证，就可以编成转字$50\frac{1}{3}$、$50\frac{2}{3}$、$50\frac{3}{3}$号。

（5）记账凭证可汇总填写。记账凭证可以根据每一张原始凭证填制或者根据若干张同类原始凭证汇总填制，或根据原始凭证汇总表填制，但不得将不同内容和类别的原始凭证汇总填制在一张记账凭证上。

（6）记账凭证必须附有原始凭证。除结账和更正错误的记账凭证可以不附原始凭证外，其他记账凭证必须附有原始凭证。记账凭证上应注明所附原始凭证的张数，以便核查。所附原始凭证张数的计算，一般以原始凭证的自然张数为准。如果记账凭证中附有原始凭证汇总表，则应该把所附原始凭证和原始凭证汇总表的张数一起计入附件的张数之内。但报销差旅费的零散票券，可以粘贴在一张纸上，作为一张原始凭证。

如果一张原始凭证涉及多张记账凭证的，可将该原始凭证附在一张主要的记账凭证后面，在其他记账凭证上注明附在××字××号记账凭证上。如果原始凭证需另行保管，则应在记账凭证上注明"附件另订"和原始凭证的名称、编号，这些凭证要相互关联。

（7）填制记账凭证时若发生错误，应当按要求更正或重新填制。已经登记入账的记账凭证，在发现填写错误时，可用红字填写一张与原内容相同的记账凭证，同时再用蓝字重新填制一张正确的记账凭证。如果会计科目正确，只是金额错误，也可以将正确数额与错误数额间的差额，另编一张调整的记账凭证，调增数额用蓝字，调减用红字。

（8）对空行的处理。记账凭证填制后，如果有空行，应当自金额栏最后一笔金额数字下的空行处至合计数上的空行处画斜线或"S"线注销，合计金额第一位前要填写货币符号。

另外需注意的是，如果在同一项经济业务中，既有现金或银行存款的收付业务，又有转账业务时，应相应地填制收、付款凭证和转账凭证。如职工李明出差回来，报销差旅费500元，之前已预借700元，剩余款项交回现金。对于这项经济业务应根据收款收据的记账联填制现金收款凭证，同时根据差旅费报销凭单填制转账凭证。

2. 记账凭证审核的要求

（1）记账凭证是否附有原始凭证，所附原始凭证的内容和张数是否与记账凭证相符。

（2）记账凭证所确定的应借、应贷会计科目（包括二级或明细科目）是否正确，对应关系是否清楚，金额是否正确。

（3）记账凭证中的有关项目是否填列齐全，有无错误，有关人员是否签名或者盖章。在审核记账凭证的过程中，发现已经入账的记账凭证填写错误时，应区别不同情况，采用规定的方法进行更正。

（四）会计账簿设置和登记要求

1. 账簿设置的要求

（1）总账的设置。总账的设置方法一般是按照总账会计科目的编码顺序分别开设账户。总账采用订本式账簿，因此，应事先为每一个账户预留若干账页。总账使用的格式为三栏式账页。

（2）三栏式明细账的设置。在途物资、应收账款、其他应收款、短期借款、应付账款和实收资本等总账科目下应采用三栏式账页建立明细账户。

（3）数量金额式明细账的设置。原材料、库存商品等总账科目应设置数量金额式明细账建立明细账户，分别登记明细的数量、单价和金额三个小栏。

（4）多栏式明细账。管理费用、生产成本、制造费用等总账科目应设置多栏式明细账建立明细账户。这种账簿的账页正反面内容是不一样的，若是活页式账页，务必将顺序排好。

2. 账簿的登记要求

启用订本式账簿，应当从第一页到最后一页顺序编定页数，不得跳页、缺号。使用活页式账页，应当按账户顺序编号，并需定期装订成册。装订后再按实际使用的账页顺序编定总页码，另加目录，记录每个账户的名称和页次。

具体记账要求如下：

1）准确完整

登记会计账簿时，应当将会计凭证日期、编号、业务和内容摘要、金额和其他有关资料逐项记入账内，做到数字准确、摘要清楚、登记及时、字迹工整。登记完毕后，要在记账凭证上签名或者盖章，并在记账凭证的"过账"栏内注明账簿页数或画"√"，以明确责任，并避免重记或漏记。

2）书写规范

账簿中书写的文字和数字上面要留有适当空距，不要写满格，一般应占格距的1/2。

3）用笔规范

登记账簿要用蓝黑墨水或者碳素墨水书写，不得使用圆珠笔或者铅笔书写。下列情况可以用红色墨水记账：

（1）按照红字冲账的记账凭证，冲销错误记录。

（2）在不设借贷等栏的多栏式账页中，登记减少数。

（3）三栏式账户的余额栏前，如未印明余额方向的，在余额栏内登记负数余额。

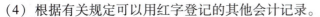

（4）根据有关规定可以用红字登记的其他会计记录。

4）连续登记

各种账簿按页次顺序连续登记，不得跳行、隔页。如果发生跳行、隔页，应当将空行、空页画线注销。或者注明"此行空白""此页空白"字样，并由记账人员签名或者盖章。

5）结计余额

凡需要结出余额的账户，结出余额后，应当在"借或贷"栏内写明"借"或"贷"字样。没有余额的账户，应当在"借或贷"栏内写"平"字，并在余额栏内用"0"表示，应当放在"元"位。

6）过次承前

每一账页登记完毕结转下页时，应当结出本页合计数及余额，写在本页最后一行和下页第一行有关栏内，并在摘要栏内分别注明"过次页"和"承前页"字样；也可以将本页合计数及金额只写在下页第一行有关栏内，并在摘要栏内注明"承前页"字样，以保持账簿记录的连续性，便于对账和结账。

对需要结计本月发生额的账户，结计"过次页"的本页合计数应当为自本月初起到本页末止的发生额合计数；对需要结计本年累计发生额的账户，结计"过次页"的本页合计数应当为自年初起至本页末止的累计数；对既不需要结计本月发生额也不需要结计本年累计发生额的账户，可以只将每页末的余额结转次页。

7）正确更正

账簿记录发生错误，不准涂改、挖补、刮擦或者用药水去除字迹，不准重新抄写，必须用规定的方法进行更正。

（五）财务报表编制要求

由于会计学基础教材所学只是入门的会计知识，因此，本实训教材只编制资产负债表和利润表。

1. 数字真实

企业编制财务会计报告应以实际发生的交易和事项为依据，如实反映财务状况、经营成果。

2. 计算准确

财务会计报告编制前，必须先结账，再编制试算平衡表，保证所记账簿没有差错；在编报以后，必须做到账表相符，并使各种报表之间的数字相互衔接一致。

3. 内容完整

在编制财务会计报告时，应当按照《中华人民共和国会计法》《企业会计准则》等规定的格式和内容填写，并且保证报表种类齐全，报表项目完整。

4. 编报及时

必须加强日常核算，做好记账、算账和结账工作。不能为了赶编财务会计报告而提前结账，更不能为了提前报送而影响财务会计报告的质量。

5. 便于理解

企业财务会计报告提供的信息应当清晰明了，易于理解和运用。

四、会计学基础实训用具

（1）原始凭证（见第四章）。

（2）收款凭证 10 张；付款凭证 30 张；转账凭证 30 张；科目汇总表 2 张。

（3）三栏式账页 57 张（包括总分类账和明细分类账）。

（4）多栏式账页 8 张。

（5）数量金额式账页 5 张。

（6）现金日记账 1 张，银行存款日记账 2 张。

（7）资产负债表、利润表各 1 张。

（8）会计凭证的封底、封面各 2 张。

（9）装订工具：装订机、针、线、胶水等。

（10）其他。

第 2 章
模拟企业概况

一、模拟企业基本情况

企业名称：河北丰泽有限责任公司。

企业地址：长江路 352 号。

统一社会信用代码：92000105MA3D5Q8C9E。

开户银行：中国工商银行长江路支行，账号 66886688。

产品生产情况：大量大批生产甲产品和乙产品。

二、模拟企业会计核算的有关规定

（一）企业会计工作组织及账务处理

（1）企业会计工作组织形式采用集中核算形式，记账方法采用借贷记账法。

（2）记账凭证可采用收款凭证、付款凭证、转账凭证，也可采用通用记账凭证。记账凭证按月编号，每月每种凭证分别从 1 号开始。

（3）本资料的账务处理程序可以采用以下两种方式中的任意一种：

①记账凭证账务处理程序（图 2 - 1）。总分类账根据每张记账凭证登记，明细分类账根据记账凭证和原始凭证逐笔登记。

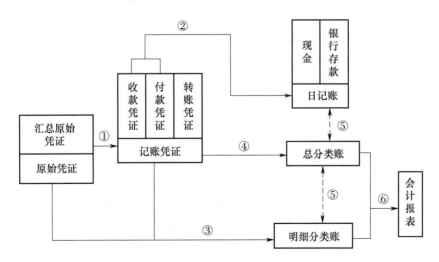

图 2 - 1　记账凭证账务处理程序

②科目汇总表账务处理程序（图 2 - 2）。科目汇总表每半月汇总一次，总分类账根据科目汇总表登记，每半月登记一次。明细分类账根据记账凭证和原始凭证逐笔登记。

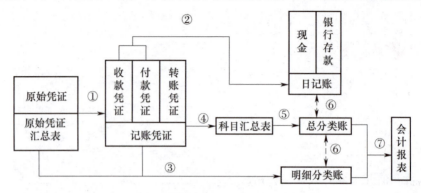

图 2 - 2　科目汇总表账务处理程序

（4）企业根据《中华人民共和国会计法》《企业会计准则》《会计基础工作规范》等法律制度的有关规定，开设总分类账、明细分类账及现金日记账、银行存款日记账。总分类账采用"借方""贷方"和"余额"三栏式账簿；明细分类账簿根据需要分别选用三栏式、数量金额式、多栏式等格式账页。

（5）企业按会计准则的有关规定编制资产负债表、利润表。为了简化，暂不编制现金流量表和所有者权益变动表。

（二）会计核算的有关规定

（1）库存现金限额为 5 000 元。

（2）"原材料"和"库存商品"明细账采用数量金额式账页，日常会计核算采用实际成本计价。

（3）"生产成本"明细分类账户设"直接材料""直接人工"和"制造费用"三个成本专栏。"制造费用"明细账户设"材料费""人工费""折旧费""水电费""办公费"等费用要素。

（4）该企业为增值税一般纳税人，使用增值税专用发票，税率为 13%。增值税核算设置"应交税费——应交增值税"和"应交税费——未交增值税"明细账。企业所得税税率 25%。

（5）成本计算方法采用品种法，月初无在产品，本月投产的产品月末全部完工。

（6）在计算分配率、单价等指标时，结果要求精确到小数点后 4 位，尾差按业务需要进行调整。

（7）损益类账户采用"账结法"。每月末都将各损益类账户转入"本年利润"账户，"本年利润"账户各月末余额，即为截止到本月月末全年累计实现的利润总额，截止到 11 月月末实现利润总额 2 238 750 元。当年实现的净利润在年终进行分配。

（8）会计期间：2024 年 1 月 1 日至 12 月 31 日。模拟实训业务期间：2024 年 12 月 1 日至 12 月 31 日。

三、模拟企业主要供应商及客户相关资料

（一）公司主要供应商

（1）湖北盛安有限责任公司，提供 A 材料、B 材料；

（2）河北华丰有限责任公司，提供 A 材料、B 材料；

（3）河北永昌有限责任公司，提供 B 材料、C 材料。

（二）公司主要客户

（1）广东恒安有限责任公司，购买甲产品、乙产品；

（2）山西兴华有限责任公司，购买甲产品、乙产品；

（3）河北华美有限责任公司，购买甲产品、乙产品。

（三）公司主要供应商及客户资料

公司主要供应商及客户资料如表 2-1 所示。

表 2-1　公司主要供应商及客户资料

单位名称	地址	电话	开户银行	账号	税务登记号
湖北盛安有限责任公司	安丰街 112 号	65789112	工行安丰街支行	36857668	154011226536682
河北华丰有限责任公司	新华路 358 号	57658643	工行新华路支行	46552566	201146522364663
河北永昌有限责任公司	开发区 353 号	65883255	工行开发区支行	35667288	310546753245231
广东恒安有限责任公司	永新路 128 号	65425877	工行永新路支行	65387622	215835646876223
山西兴华有限责任公司	新建路 235 号	35765342	工行新建路支行	35626678	351246597836856
河北华美有限责任公司	高新区 85 号	87664653	工行高新区支行	46856756	311565847267985

第3章
账簿体系设置

一、总分类账设置

总分类账（简称总账），它是根据一级会计科目设置的，是总括反映全部经济业务和资金状况的账簿。通过总分类账提供的资料，可以概括地了解企业的经济活动和财务状况，据以检查分析计划执行情况和编制会计报表。各单位都必须设置总分类账簿。

账簿体系的设置，要根据各个企业规模的大小、经济业务的繁简和加强管理的实际需要而定。一切独立核算的企业必须设置总账，而且应以财政部颁布的企业会计科目为依据，通常为订本式的三栏式账页。

下面是河北丰泽有限责任公司 2024 年 12 月月初总账账户的期初余额，学生应根据总账账户期初余额表（如表 3-1 所示），开设总分类账。

（一）总账账户期初余额

表 3-1　总账账户期初余额表　　　　　　　　　　　　　　　　元

序号	科目代码	账户名称	借方余额	贷方余额
1	1001	库存现金	4 500	
2	1002	银行存款	859 000	
3	1122	应收账款	1 050 000	
4	1123	预付账款		
5	1221	其他应收款		
6	1402	在途物资		
7	1403	原材料	596 000	
8	1405	库存商品	461 340	
9	1601	固定资产	5 413 000	
10	1602	累计折旧		900 290
11	2001	短期借款		1 200 000
12	2202	应付账款		358 000
13	2203	预收账款		
14	2211	应付职工薪酬		302 000
15	2221	应交税费		112 800
16	2231	应付利息		6 000
17	2232	应付股利		
18	4001	实收资本		2 800 000
19	4002	资本公积		200 000
20	4101	盈余公积		110 000

序号	科目代码	账户名称	借方余额	贷方余额
21	4103	本年利润		2 238 750
22	4104	利润分配		156 000
23	5001	生产成本		
24	5101	制造费用		
25	6001	主营业务收入		
26	6301	营业外收入		
27	6401	主营业务成本		
28	6403	税金及附加		
29	6601	销售费用		
30	6602	管理费用		
31	6603	财务费用		
32	6711	营业外支出		
33	6801	所得税费用		
合　计			8 383 840	8 383 840

（二）1—11 月损益类账户累计发生额

按照账结法，损益类账户没有期初余额。但企业在编制利润表和所得税汇算清缴时，必须利用本年损益类账户的累计发生额。

表 3-2 是河北丰泽有限责任公司 2024 年 1—11 月的损益类账户累计发生额的资料。

表 3-2　2024 年 1—11 月损益类账户累计发生额表　　　　　　　　　　元

项　目	1—11 月累计发生额
主营业务收入	7 000 000
营业外收入	29 000
主营业务成本	3 150 000
税金及附加	140 000
销售费用	175 000
管理费用	455 000
财务费用	64 000
营业外支出	60 000
所得税费用	746 250

二、明细分类账设置

明细分类账（简称明细账），它是根据二级或明细科目设置的，是连续地记录和反映企业某项资产或负债、所有者权益及收支情况的账簿。通过明细分类账提供的资料，可以具体了解各种财产物资的详细内容。有利于加强资金的管理和使用，增收节支，并为编制会计报表提供必需的明细资料。各单位都要根据实际需要和有关规定，设置明细分类账簿。

（一）三栏式明细分类账设置

三栏式明细分类账格式与总账格式相同。它主要适用于只要求反映金额的经济业务，如应收账款、应付账款、其他应收款等结算业务的明细分类核算。

河北丰泽有限责任公司三栏式明细分类账 2024 年 12 月月初余额见表 3－3。

表 3－3　2024 年 12 月月初明细分类账余额表　　　　　　　　　元

总账账户	明细账户	借方余额	贷方余额
应收账款	恒安公司	550 000	
	华美公司	500 000	
其他应收款	李方均		
	王菊		
预付账款	永昌公司		
在途物资	A 材料		
	B 材料		
应付账款	盛安公司		258 000
	华丰公司		100 000
预收账款	兴华公司		
应付职工薪酬	工资		302 000
应交税费	未交增值税		48 000
	应交城建税		3 360
	应交教育费附加		1 440
	应交所得税		60 000
利润分配	提取法定盈余公积		
	应付现金股利		
	未分配利润		156 000
主营业务收入	甲产品		
	乙产品		
主营业务成本	甲产品		
	乙产品		

（二）数量金额式明细分类账设置

数量金额式明细账格式适用于既需要反映金额，又需要反映数量的经济业务。如原材料、库存商品等财产物资的明细分类核算。

河北丰泽有限责任公司 2024 年 12 月月初原材料、库存商品结存情况见表 3－4。

表 3－4　2024 年 12 月月初原材料、库存商品结存情况表

总账账户	明细账户	计量单位	数量	单价/元	金额/元
原材料	A 材料	千克	8 000	25.00	200 000
	B 材料	千克	12 000	32.00	384 000
	C 材料	千克	1 200	10.00	12 000
库存商品	甲产品	件	1 600	158.40	253 440
	乙产品	件	700	297.00	207 900

（三）多栏式明细分类账设置

多栏式明细分类账适用于生产成本、制造费用、管理费用等明细账分类核算。河北丰泽

有限责任公司多栏式明细账设置见表3-5。

表3-5　丰泽有限责任公司多栏式明细账设置表

账户名称	成本项目	账户名称	成本项目
生产成本——甲产品	直接材料	管理费用	办公费
	直接人工		材料费
	制造费用		修理费
生产成本——乙产品	直接材料		租赁费
	直接人工		人工费
	制造费用		差旅费
制造费用	材料费	管理费用	折旧费
	人工费		水电费
	折旧费		业务招待费
	水电费		其他
	办公费		
	其他		
应交税费－应交增值税	进项税额		
	销项税额		
	进项税额转出		
	转出未交增值税		

三、日记账设置

日记账（又叫序时账）是按照经济业务发生的时间顺序，逐日逐笔地登记经济业务的账簿。在实际工作中使用的日记账，主要是出纳账，包括现金日记账和银行存款日记账两种。这两种日记账由会计部门的出纳人员经管，并根据现金和银行存款的收款凭证和付款凭证逐日逐笔登记。日记账可以用来记录全部经济业务的完成情况，也可以用来记录某一类经济业务的完成情况。河北丰泽有限责任公司日记账设置见表3-6。

表3-6　河北丰泽有限责任公司日记账设置表　　　　　　　元

账户名称	借方余额
库存现金	4 500
银行存款	859 000

第 4 章

实训业务资料

一、日常业务资料

河北丰泽有限责任公司 2024 年 12 月发生的经济业务如下：

（1）12 月 1 日，向银行取得为期 6 个月的借款 500 000 元，年利率 6%，利息每季度支付一次，款项已转存银行。

（2）12 月 1 日，生产车间领用材料，用于产品生产和一般消耗。

（3）12 月 1 日，开出现金支票提取现金 3 000 元。

（4）12 月 1 日，采购员李方均出差，预借差旅费 2 000 元，以现金支付。

（5）12 月 2 日，向华美公司销售甲产品 1 500 件，每件售价 220 元，价款 330 000 元；乙产品 600 件，每件售价 400 元，价款 240 000 元；增值税销项税额 74 100 元，款项已收并存入银行。

（6）12 月 2 日，用现金 316.4 元购买办公用品，直接交付行政管理部门使用。

（7）12 月 2 日，收到利民公司投入的货币资金 200 000 元，存入银行。

（8）12 月 3 日，用银行存款支付前欠盛安公司的货款 158 000 元。

（9）12 月 3 日，签发转账支票，向希望工程捐款 10 000 元。

（10）12 月 4 日，购入打印机 5 台，全部款项已全部用银行存款支付，设备已交付相关部门使用。

（11）12 月 5 日，向华丰公司购入 A 材料 8 000 千克，单价为 24 元/千克，价款 192 000 元；购入 B 材料 10 000 千克，单价为 31 元/千克，价款 310 000 元；增值税专用发票上注明的税款为 65 260 元。开出转账支票支付了全部款项，材料尚未运达企业。

（12）12 月 6 日，用银行存款 19 620 元，支付上述采购 A、B 两种材料的运杂费。（运杂费按 A、B 材料重量比例分配）

（13）12 月 6 日，收到恒安公司之前欠的货款 351 000 元，存入银行。

（14）12 月 6 日，大发公司以一台设备向企业投资，双方协商作价 100 000 元，设备已交付生产车间使用。

（15）12 月 6 日，行政管理部门一般消耗领用 C 材料 200 千克，单价 10 元/千克，金额 2 000 元。

（16）12 月 7 日，以银行存款 2 120 元，支付产品宣传费。

（17）12 月 7 日，以银行存款向永昌公司预付购买 B 材料和 C 材料的货款 100 000 元。

（18）12 月 8 日，从华丰公司购入的 A、B 材料已到，并如数验收入库，结转材料的实际采购成本。

（19）12 月 10 日，开出现金支票从银行提取现金 302 000 元，准备发放上月工资。

（20）12 月 10 日，以库存现金 302 000 元，支付职工工资。

（21）12 月 11 日，向恒安公司销售甲产品 1 000 件，每件售价 220 元，价款 220 000 元；乙产品 500 件，每件售价 400 元，价款 200 000 元；增值税销项税额 54 600 元，以银行存款为对方代垫运费 13 080 元，已向银行办妥委托收款手续，款项尚未收到。

（22）12 月 13 日，以银行存款 5 537 元购买办公用品，直接交付使用。

（23）12 月 13 日，收到永昌公司发来的、已预付货款的材料，其中：B 材料 4 000 千克，单价 32 元/千克，价款 128 000 元，C 材料 2 000 千克，单价 10 元/千克，价款 20 000 元；增值税专用发票上注明的税款 19 240 元。材料已验收入库，预付款不足部分，暂欠。

（24）12 月 13 日，开出现金支票，提取现金 1 000 元，备用。

（25）12 月 14 日，根据合同规定，预收兴华公司购货款 500 000 元，存入银行。

（26）12 月 14 日，支付现金 904 元，用于办公设备修理费。

（27）12 月 15 日，通过工商银行缴纳上月应交未交增值税 48 000 元、城市维护建设税 3 360 元、教育费附加 1 440 元、所得税 60 000 元。

（28）12 月 15 日，采购员李方均出差回来报销差旅费 2 380 元，补给现金 380 元。

（29）12 月 15 日，开出现金支票，提取现金 2 000 元，备用。

（30）12 月 15 日，收到永安物业公司因违反服务合同有关条款而支付的罚款金额 5 000元，款项已存入银行。

（31）12 月 16 日，生产车间领用材料，用于产品生产和一般消耗。

（32）12 月 16 日，办公室王菊出差，预借差旅费 1 000 元，以现金支付。

（33）12 月 17 日，收到恒安公司前欠的货款 503 400 元，存入银行。

（34）12 月 18 日，用银行存款 10 600 元，支付产品广告费。

（35）12 月 20 日，用银行存款 1 130 元，支付管理部门本月租入的办公设备的租金。

（36）12 月 21 日，以银行存款 67 240 元，补付永昌公司的货款。

（37）12 月 21 日，接到银行通知，本季度的银行借款利息 9 000 元，已从本企业的银行存款账户划付（企业前两个月已计提利息费用 6 000 元）。

（38）12 月 22 日，向盛安公司购入 A 材料 10 000 千克，单价 24 元/千克，价款 240 000元；购入 B 材料 10 000 千克，单价 31 元/千克，价款 310 000 元；增值税专用发票上注明的税款为 71 500 元。盛安公司代垫两种材料的运杂费 21 800 元，全部款项尚未支付，材料正在运输途中（运杂费按 A、B 材料重量比例分配）。

（39）12 月 23 日，办公室王菊出差回来报销差旅费 824 元，退回现金 176 元。

（40）12 月 25 日，收到自来水公司通知，支付水费，经审核后以银行存款支付。

（41）12 月 26 日，收到电力公司通知，支付电费，经审核后以银行存款支付。

（42）12 月 27 日，向盛安公司购入 A 材料、B 材料已运达企业，并如数验收入库，结转其实际采购成本。

（43）12 月 28 日，按合同规定，预收货款后向兴华公司发出甲产品 1 500 件，每件售价220 元，价款 330 000 元；乙产品 1 000 件，每件售价 400 元，价款 400 000 元；增值税销项税额 94 900 元，抵预收货款后，不足款项尚未收到。

（44）12 月 28 日，用现金 600 元，支付业务招待费。

（45）12 月 30 日，以银行存款归还到期短期借款 200 000 元。

（46）12 月 31 日，分配本月工资费用。

（47）12 月 31 日，计提本月固定资产折旧 22 465 元，其中生产车间用固定资产折旧费 17 700 元，行政管理部门用固定资产折旧费 4 765 元。

（48）12 月 31 日，按照本月甲、乙产品生产工人工资比例分配结转本月发生的制造费用。

（49）12 月 31 日，本月投产的甲产品 4 500 件、乙产品 2 800 件全部完工，并已验收入库，计算并结转其完工产品的生产成本。

（50）12 月 31 日，计算并结转本月产品销售成本。

（51）12 月 31 日，转出未交增值税，并计算本月应负担的城市维护建设税和教育费附加。

（52）12 月 31 日，将本月各项收入账户的发生额结转到"本年利润"账户的贷方。

（53）12 月 31 日，将本月各项费用账户的发生额结转到"本年利润"账户的借方。

（54）12 月 31 日，按规定计算本年应交的所得税（假定无纳税调整项目，所得税税率 25%，不考虑递延所得税）。

（55）12 月 31 日，将"所得税费用"账户的本月发生额转入"本年利润"账户的借方。

（56）12 月 31 日，根据企业利润分配方案，按本年实现的净利润的 10% 提取法定盈余公积金；按本年净利润的 40% 计算应分配给投资者的利润。

（57）12 月 31 日，将本年实现的净利润转入"利润分配——未分配利润"账户。

（58）12 月 31 日，将"利润分配"账户下其他明细分类账户余额转入，转入"利润分配——未分配利润"账户。

二、单据资料

1 – 1

中国工商银行　借款凭证

实际发出日期：2024 年 12 月 1 日　　　　凭证号码：1024123

借款人	河北丰泽有限责任公司		账号	66886688								
贷款金额（大写）	伍拾万元整			千	百	十	万	千	百	十	元	角	分
					￥	5	0	0	0	0	0	0	0	0
用途	流动资金周转	期限	约定还款日期	2022 年 5 月 31 日		
		6 个月	贷款利率	6%	借款合同号码	2016120135
		付息方式				
		每季度末支付利息				

上列贷款已转入借款人指定的账户。

银行盖章　　复核　　　记账

此联代收款人收账通知

2 – 1

领 料 单

领用部门：生产车间　　　　　　　　　　　　　　　　编号：202412001
用途：生产甲产品　　　　　　　2024 年 12 月 1 日　　　　发料仓库：1 号库

材料编号	名称	规格	计量单位	请领数量	实发数量	单位成本	金额
001	A 材料		千克	5 080	5 080	25	127 000
002	B 材料		千克	4 000	4 000	32	128 000
备注						合计	255 000

审批：　　　　　发料：　　　　　记账：　　　　　领料：

2 – 2

领 料 单

领用部门：生产车间　　　　　　　　　　　　　　　　编号：202412002
用途：生产乙产品　　　　　　　2024 年 12 月 1 日　　　　发料仓库：1 号库

材料编号	名称	规格	计量单位	请领数量	实发数量	单位成本	金额
001	A 材料		千克	2 000	2 000	25	50 000
002	B 材料		千克	7 800	7 800	32	249 600
备注						合计	299 600

审批：　　　　　发料：　　　　　记账：　　　　　领料：

2 - 3

领 料 单

领用部门：生产车间　　　　　　　　　　　　　　　　　　　　　　　　　编号：202412003

用途：一般耗用　　　　　　　　　　2024 年 12 月 1 日　　　　　　　　　发料仓库：1 号库

材料编号	名称	规格	计量单位	请领数量	实发数量	单位成本	金额
003	C 材料		千克	1 000	1 000	10	10 000
备注						合计	10 000

审批：　　　　　　发料：　　　　　　记账：　　　　　　领料：

3 - 1

中国工商银行
现金支票存根

No：899001

科　　目

对方科目

出票日期 2024 年 12 月 1 日

收款人：河北丰泽有限责任公司
金　　额：￥3 000.00
用　　途：备用金
备　　注：

单位主管　　　　　会计
复　　核　　　　　记账

4 - 1

借 款 单

2024 年 12 月 1 日　　　　　　　　　　　　　　　　No：202412001

借款单位	采购部	借款理由	出差
借款金额	人民币（大写）：贰仟元整		￥2000.00
部门负责人（签字） 同意 张强　2024.12.1	财务负责人（签字） 钱敏 2024 年 12 月 1 日	现金借讫 领款人：李方均 2024 年 12 月 1 日	

5－1

河北增值税专用发票

开票日期：2019 年 12 月 2 日　　　　No00002546245

购货单位		密码区	
名称：河北华美有限责任公司 纳税人登记号：311565847267985 地址、电话：高新区 85 号　87664653 开户银行及账号：工行高新区支行 46856756		75＋2145787(6)－/456789 加密版本 02 2114＜＞、＊33568899224523545644、 3－1545－1＞＞＞＞＋547887954562153 41245321	

货物或应税劳务名称	计量单位	数量	单价	金额 百 十 万 千 百 十 元 角 分	税率	税额 百 十 万 千 百 十 元 角 分
甲产品	件	1 500	220	3 3 0 0 0 0 0 0	13%	4 2 9 0 0 0 0 0
乙产品	件	600	400	2 4 0 0 0 0 0 0	13%	3 1 2 0 0 0 0 0
合　计				￥ 5 7 0 0 0 0 0 0	13%	￥ 7 4 1 0 0 0 0 0

价税合计（大写）⊗陆拾肆万肆仟壹佰零拾零元零角零分　　　　￥644 100.00

销货单位	
名称：河北丰泽有限责任公司 纳税人登记号：310045686688333 地址、电话：长江路 352 号 开户银行及账号：工行长江路支行 66886688	备注：

收款人：　　　　复核：　　　　开票人：××　　　　销售单位：（章）

5－2

中国工商银行　进账单（　）

2024 年 12 月 2 日

出票人	全　称	河北华美有限责任公司	收款人	全　称	河北丰泽有限责任公司	
	账　号	46856756		账　号	66886688	此联是银行交给收款人的回单
	开户银行	工行高新区支行		开户银行	工行长江路支行	

人民币（大写）陆拾肆万肆仟壹佰元整	千 百 十 万 千 百 十 元 角 分
	￥ 6 4 4 1 0 0 0 0 0

票据种类	转账支票	
票据张数	1 张	收款人开户银行盖章
复核　　　　记账		

5 – 3

产品出库单　　1

制表日期　2024 年 12 月 2 日

购货单位：河北华美有限责任公司　　　　　　　　　　　　　　No202412001

产品名称	规格	计量单位	数　量	
			请发	实发
甲产品		件	1 500	1 500
乙产品		件	600	600

第二联　记账联

仓库主管：　　　　　　记账：　　　　　　发货人：　　　　　　经办人：

6 – 1

报销审批单

部门：厂部　　　　　　　　　　　　2024 年 12 月 2 日

事由	付款方式	金额
购办公用品	现金	￥316.40
合计	人民币（大写）：叁佰壹拾陆元肆角整	￥316.40
公司领导审批意见	财务主管	部门领导	经办人

6-2

河北增值税专用发票

开票日期：2024 年 12 月 2 日　　　　　　　　No.000020096395

<table>
<tr><td rowspan="4">购货单位</td><td colspan="2">名称：河北丰泽有限责任公司</td><td rowspan="4">密码区</td><td colspan="2">75 + 2145787(6) - /456789 加密版本 02</td></tr>
<tr><td colspan="2">纳税人登记号：92000105MA3D5Q8C9E</td><td colspan="2">2114 < > 、* 33568899224523545644、</td></tr>
<tr><td colspan="2">地址、电话：长江路 352 号</td><td colspan="2">3 - 1545 - 1 > > > > +547887954562153</td></tr>
<tr><td colspan="2">开户银行及账号：工行长江路支行 66886688</td><td colspan="2">41245321</td></tr>
</table>

商品或劳务名称	计量单位	数量	单价	金额 百	十	万	千	百	十	元	角	分	税率	税额 百	十	万	千	百	十	元	角	分
打印纸	箱	1	280					2	8	0	0	0	13%						3	6	4	0
合计							¥	2	8	0	0	0	13%					¥	3	6	4	0

价税合计（大写）	⊗叁佰壹拾陆元肆角零分　　　　　　¥316.40

<table>
<tr><td rowspan="4">销货单位</td><td>名称：河北晨光办公用商店</td><td rowspan="4">备注：</td></tr>
<tr><td>纳税人登记号：101146522364663</td></tr>
<tr><td>地址、电话：新华路 400 号</td></tr>
<tr><td>开户银行及账号：工行新华路支行　12552566</td></tr>
</table>

收款人：　　　　复核：　　　　开票人：×××　　　　销售单位：（章）

7-1

投资协议书

甲方：河北丰泽有限责任公司

乙方：河北利民有限责任公司

乙方向甲方投资人民币贰拾万元整（￥200 000.00），投资后占甲方实收资本的 10%，投资方式为货币资金。投资款自签订合同后 10 日内以银行汇票方式支付，并同时办理股权认定手续。

本协议一式三份，自签订之日起生效。

河北丰泽有限责任公司（甲方）　　　　　河北利民有限责任公司（乙方）

法人代表：李利华　　　　　　　　　　　法人代表：张静

2024 年 11 月 24 日　　　　　　　　　　2024 年 11 月 24 日

7－2

中国工商银行　进账单（　）

2024 年 12 月 2 日

<table>
<tr><td rowspan="3">出票人</td><td>全　称</td><td>河北利民有限责任公司</td><td rowspan="3">收款人</td><td>全　称</td><td colspan="9">河北丰泽有限责任公司</td></tr>
<tr><td>账　号</td><td>23569832</td><td>账　号</td><td colspan="9">66886688</td></tr>
<tr><td>开户银行</td><td>工行长安区支行</td><td>开户银行</td><td colspan="9">工行长江路支行</td></tr>
<tr><td colspan="3" rowspan="2">人民币（大写）贰拾万元整</td><td>千</td><td>百</td><td>十</td><td>万</td><td>千</td><td>百</td><td>十</td><td>元</td><td>角</td><td>分</td></tr>
<tr><td></td><td>¥</td><td>2</td><td>0</td><td>0</td><td>0</td><td>0</td><td>0</td><td>0</td><td>0</td></tr>
<tr><td>票据种类</td><td colspan="2">银行汇票</td><td colspan="11" rowspan="2">收款人开户银行盖章</td></tr>
<tr><td>票据张数</td><td colspan="2">1 张</td></tr>
<tr><td>复核</td><td colspan="2">记账</td><td colspan="11"></td></tr>
</table>

此联是银行交给收款人的回单

8－1

中国工商银行　电汇凭证　（回单）　1

□普通　□加急　　委托日期　　2024 年 12 月 3 日

<table>
<tr><td rowspan="4">汇款人</td><td>全　称</td><td>河北丰泽有限责任公司</td><td rowspan="4">收款人</td><td>全　称</td><td colspan="10">湖北盛安有限责任公司</td></tr>
<tr><td>账　号</td><td>66886688</td><td>账　号</td><td colspan="10">36857668</td></tr>
<tr><td>汇出地点</td><td>河北 省石家庄 市/县</td><td>汇入地点</td><td colspan="10">湖北　省 武汉　市/县</td></tr>
<tr><td>汇出行名称</td><td>工行长江路支行</td><td>汇入行名称</td><td colspan="10">工行安丰街支行</td></tr>
<tr><td rowspan="2">金额</td><td colspan="3" rowspan="2">人民币（大写）壹拾伍万捌仟元整</td><td>亿</td><td>千</td><td>百</td><td>万</td><td>十万</td><td>千</td><td>百</td><td>十</td><td>元</td><td>角</td></tr>
<tr><td></td><td></td><td>¥</td><td>1</td><td>5</td><td>8</td><td>0</td><td>0</td><td>0</td><td>0</td></tr>
<tr><td colspan="2"></td><td>支付密码</td><td colspan="11">（略）</td></tr>
<tr><td colspan="2" rowspan="2">汇出行签章</td><td colspan="12">附加信息及用途：

　　　　　　货款

　　　　　　　复核　　　记账</td></tr>
<tr><td colspan="12"></td></tr>
</table>

此联汇出行给汇款人的回单

9 - 1

报销审批单

部门：厂部　　　　　　　　2024 年 12 月 3 日

事由	付款方式	金额
向希望工程捐款	转账支票	￥10 000.00
合　计	人民币（大写）：壹万元整	￥10 000.00
公司领导审批意见	财务主管	部门领导	经办人

9 - 2

公益事业捐赠统一票据

捐赠人：河北丰泽有限责任公司　　　2024 年 12 月 3 日　　　　　　No1100313914

捐赠项目	实物（外币）种类	数量	税额									
			千	百	十	万	千	百	十	元	角	分
向希望工程捐款						1	0	0	0	0	0	0
金额合计（小写）					￥	1	0	0	0	0	0	0
金额合计（大写）	壹万元整											

接受单位（章）：河北省青少年发展基金会　　　复核人：　　　　　开票人：××

感谢您对公益事业的支持！

9 - 3

中国工商银行
转账支票存根

No：699001

科　　目

对方科目

出票日期 2024 年 12 月 3 日

收款人：河北省青少年发展基金会	
金　额：￥10 000.00	
用　途：捐款	
备　注：	

单位主管　　　　会计

复　　核　　　　记账

10 - 1

报销审批单

部门：厂部　　　　　　　　　　2024 年 12 月 4 日

事由	付款方式	金额
购买打印机	转账支票	￥24 860.00
合计	人民币（大写）：贰万肆仟捌佰陆拾元整	￥24 860.00
公司领导审批意见	财务主管	部门领导	经办人

10 - 2

河北增值税专用发票

开票日期：2024 年 12 月 4 日　　　　　　　　No000020093409

购货单位	名称：河北丰泽有限责任公司 纳税人登记号：92000105MA3D5Q8C9E 地址、电话：长江路 352 号 开户银行及账号：工行长江路支行 66886688	密码区	75 + 2145787(6) - /456789 加密版本 02 2114 < > 、* 33568899224523545644、 3 - 1545 - 1 > > > > + 547887954562153 41245321

商品或劳务名称	计量单位	数量	单价	金额 百	十	万	千	百	十	元	角	分	税率	税额 百	十	万	千	百	十	元	角	分
打印机	台	5	4 400			2	2	0	0	0	0	0	13%					2	8	6	0	0	0
合计				￥	2	2	0	0	0	0	0		13%	￥		2	8	6	0	0	0

价税合计（大写）	⊗贰万肆仟捌佰陆拾零元零角零分	￥24 860.00

销货单位	名称：河北得利商贸有限公司 纳税人登记号：310045522364663 地址、电话：中山路 102 号 开户银行及账号：工行中山路支行　33222566	备注：

收款人：　　　　　　复核：　　　　　　开票人：×××　　　　　　销售单位：（章）

10 – 3

中国工商银行
转账支票存根
No：699002

科　　目
对方科目
出票日期2024 年 12 月 4 日

| 收款人：河北得利商贸有限公司 |
| 金　　额：￥24 860.00 |
| 用　　途：购打印机 |
| 备　　注： |

单位主管　　　　　　会计
复　核　　　　　　　记账

10 – 4

固定资产交接（验收）单
2024 年 12 月 4 日

编号	名称	品牌	型号	单位	数量	单价	供货单位
1012001	打印机	惠普	LJ7100	台	5	4 400	北国商城
总价款	设备费	安装费	运杂费	包装费	其他	合计	预计使用年限
	22 000					22 000	5 年
验收意见		合格	验收人	康莉	使用人		张强

11 – 1

河北增值税专用发票
开票日期：2024 年 12 月 5 日　　　　　No00002556395

购货单位	名称：河北丰泽有限责任公司 纳税人登记号：92000105MA3D5Q8C9E 地址、电话：长江路352 号 开户银行及账号：工行长江支行 66886688	密码区	75 + 2145787（6）–/456789 加密版本 02 2114 < > 、*33568899224523545644、 3 – 1545 – 1 > > > > +547887954562153 41245321

商品或劳务名称	计量单位	数量	单价	金　　额										税率	税　　额									
				百	十	万	千	百	十	元	角	分			百	十	万	千	百	十	元	角	分
A 材料	千克	8 000	24		1	9	2	0	0	0	0	0	13%			2	4	9	6	0	0	0
B 材料	千克	10 000	31		3	1	0	0	0	0	0	0	13%			4	0	3	0	0	0	0
合计				￥	5	0	2	0	0	0	0	0	13%		￥	6	5	2	6	0	0	0

价税合计（大写）	⊗伍拾陆万柒仟贰佰陆拾零元零角零分	￥567 260.00

销货单位	名称：河北华丰有限责任公司 纳税人登记号：201146522364663 地址、电话：新华路358 号 开户银行及账号：工行新华路支行　46552566	备注：

收款人：　　　　　复核：　　　　开票人：× ××　　　　销售单位：（章）

11 – 2

中国工商银行
转账支票存根
No：699003

科　　目	
对方科目	
出票日期 2024 年 12 月 5 日	

收款人：华丰公司
金　　额：￥567 260.00
用　　途：购材料
备　　注：

单位主管　　　　会计
复　　核　　　　记账

12 – 1

河北增值税专用发票

开票日期：2024 年 12 月 6 日　　　　No000020093410

购货单位	名称：河北丰泽有限责任公司 纳税人登记号：92000105MA3D5Q8C9E 地址、电话：长江路 352 号 开户银行及账号：工行长江路支行 66886688	密码区	75 + 2145787(6) – /456789 加密版本 02 2114 < > 、* 33568899224523545644、 3 – 1545 – 1 > > > > +547887954562153 41245321

商品或劳务名称	计量单位	数量	单价	金　额 百 十 万 千 百 十 元 角 分	税率	税　额 百 十 万 千 百 十 元 角 分
运费				1 8 0 0 0 0 0	9%	1 6 2 0 0 0
合计				￥ 1 8 0 0 0 0 0	9%	￥ 1 6 2 0 0 0
价税合计（大写）	⊗壹万玖仟陆佰贰拾零元零角零分			￥19 620.00		

销货单位	名称：大华运输公司 纳税人登记号：310012545664663 地址、电话：中山路 102 号 开户银行及账号：工行中山路支行　33222566	备注：

收款人：　　　　　复核：　　　　开票人：××× 　　　　销售单位：（章）

12 - 2

中国工商银行
转账支票存根
No：699004

科 目	
对方科目	
出票日期 2024 年 12 月 6 日	

收款人：运输公司	
金 额：¥19 620.00	
用 途：付运费	
备 注：	

单位主管　　　　会计
复　核　　　　记账

12 - 3

运杂费分配表

年 月 日　　　　　　　　　　　　　　　　　　　元

品 种	分配标准	分配率	运杂费分配金额
A 材料	8 000		
B 材料	10 000		
合 计	18 000		

13 - 1

中国工商银行　进账单（　　　）

2024 年 12 月 6 日

出票人	全 称	广东恒安有限责任公司	收款人	全 称	河北丰泽有限责任公司	
	账 号	65387622		账 号	66886688	
	开户银行	工行永新路支行		开户银行	工行长江路支行	

人民币（大写）叁拾伍万壹仟元整	千	百	十	万	千	百	十	元	角	分
		¥3	5	1	0	0	0	0	0	0

票据种类	信汇	
票据张数	1 张	收款人开户银行盖章
复核　　　　记账		

此联是银行交给收款人的回单

14 - 1

投资协议书

甲方：河北丰泽有限责任公司

乙方：河北大发有限责任公司

　　乙方以一台机器设备向甲方投资，双方协商该设备作价为壹拾万元整（¥100 000.00），投资后占甲方实收资本的50%。该设备自签订合同后10日内办理交接手续，并同时办理股权认定手续。

　　本协议一式三份，自签订之日起生效。

河北丰泽有限责任公司（甲方）　　　河北大发有限责任公司（乙方）

法人代表：李利华　　　　　　　　　法人代表：郭自利

2024 年 11 月 28 日　　　　　　　　2024 年 11 月 28 日

14－2

固定资产交接（验收）单

2024 年 12 月 6 日

编号	名称	品牌	型号	单位	数量	单价	供货单位
1012003	机器设备			台	1	100 000	大发公司
总价款	设备费	安装费	运杂费	包装费	其他	合计	预计使用年限
	100 000					100 000	5 年
验收意见	合格	验收人	康莉		使用人		张强

14－3

河北增值税专用发票

开票日期：2024 年 12 月 6 日　　　　　　　　　　　No000020087421

购货单位	名称：河北丰泽有限责任公司 纳税人登记号：92000105MA3D5Q8C9E 地址、电话：长江路 352 号 开户银行及账号：工行长江路支行 66886688	密码区	75＋2145787（6）－/456789 加密版本 02 2114＜＞、＊33568899224523545644、 3－1545－1＞＞＞＞＋547887954562153 41245321

商品或劳务名称	计量单位	数量	单价	金额 百 十 万 千 百 十 元 角 分	税率	税额 百 十 万 千 百 十 元 角 分
机器设备	台	1	10 000	1 0 0 0 0 0 0 0	13%	1 3 0 0 0 0 0
合计				¥ 1 0 0 0 0 0 0 0	13%	¥ 1 3 0 0 0 0 0

价税合计（大写）	⊗壹拾壹万叁仟零佰零拾零元零角零分　　　　　　¥113 000.00

销货单位	名称：河北大发有限责任公司 纳税人登记号：310045522363456 地址、电话：中山路 102 号 开户银行及账号：工行中山路支行　33222588	备注：

收款人：　　　　　复核：　　　　　开票人：×××　　　　　销售单位：（章）

15－1

领　料　单

领用部门：厂部　　　　　　　　　　　　　　　　　　　编号：201912004

用途：行政管理部门耗用　　　　2024 年 12 月 6 日　　　发料仓库：1 号库

材料编号	名称	规格	计量单位	请领数量	实发数量	单位成本	金额
003	C 材料		千克	200	200	10	2 000
备注						合计	2 000

审批：　　　　　发料：　　　　　记账：　　　　　领料：

16 - 1

报销审批单

部门：厂部　　　　　　　　　2024 年 12 月 7 日

事由	付款方式	金额
预付产品宣传费	转账支票	￥2 120.00
合计	人民币（大写）：贰仟壹佰贰拾元整　　￥2 120.00	
公司领导审批意见	财务主管	部门领导	经办人

16 - 2

河北增值税专用发票

开票日期：2024 年 12 月 7 日　　　　　　No000020087421

购货单位	名称：河北丰泽有限责任公司 纳税人登记号：92000105MA3D5Q8C9E 地址、电话：长江路 352 号 开户银行及账号：工行长江路支行 66886688	密码区	75 + 2145787（6）- / 456789 加密版本 02 2114 < > 、* 33568899224523545644 、 3 - 1545 - 1 > > > > + 547887954562153 41245321

商品或劳务名称	计量单位	数量	单价	金额 百十万千百十元角分	税率	税额 百十万千百十元角分
宣传费				2 0 0 0 0 0	6%	1 2 0 0 0
合计				￥2 0 0 0 0 0	6%	1 2 0 0 0
价税合计（大写）	⊗贰仟壹佰贰拾零元零角零分　　　　　　￥2 120.00					
销货单位	名称：河北天龙广告公司 纳税人登记号：340045522363489 地址、电话：中山路 105 号 开户银行及账号：工行中山路支行　33222599	备注：				

收款人：　　　　　复核：　　　　　开票人：×××　　　　　销售单位：（章）

16 – 3

中国工商银行
转账支票存根
No：699005

科　　目
对方科目
出票日期 2024 年 12 月 5 日

收款人：天龙广告有限公司
金　额：￥2 120.00
用　途：预付产品宣传费
备　注：

单位主管　　　　会计
复　　核　　　　记账

17 – 1

中国工商银行
转账支票存根
No：699006

科　　目
对方科目
出票日期 2024 年 12 月 7 日

收款人：永昌公司
金　额：￥100 000.00
用　途：预付购材料款
备　注：

单位主管　　　　会计
复　　核　　　　记账

18 – 1

材料采购成本计算表

年 月 日　　　　　　　　　　　　　　　　　　　元

品　种	分配标准	分配率	采购费用分配额	买　价	总成本	单位成本
A 材料	8 000					
B 材料	10 000					
合　计	18 000					

18 – 2

收　料　单

供货单位：华丰公司　　　　　　　　　　　　　　　　编号：202412001
发票号码：2556395　　　　　　　2024 年 12 月 8 日　　　　发料仓库：1 号库

材料编号	名称	规格	计量单位	应收数量	实收数量	单位成本	金额
备注						合计	

收料：　　　　　记账：　　　　　保管：　　　　　仓库负责人：

19 – 1

中国工商银行
现金支票存根

No：899002

科　　目

对方科目

出票日期 2024 年 12 月 10 日

收款人：河北丰泽有限责任公司	
金　　额：￥302 000.00	
用　　途：发放工资	
备　　注：	

单位主管　　　　　会计

复　核　　　　　记账

20 – 1

工资结算汇总表
2024 年 12 月 10 日　　　　　　　　　　　　　　　　元

部门名称	基本工资	津、补贴	合计
甲产品生产工人	90 000	30 000	120 000
乙产品生产工人	100 000	40 000	140 000
车间管理人员	6 000	4 000	10 000
行政管理人员	20 000	12 000	32 000
合计	216 000	86 000	302 000

21 – 1

河北增值税专用发票
开票日期：2024 年 12 月 11 日　　　　　　　No00002556396

购货单位	名称：广东恒安有限责任公司 纳税人登记号：215835646876223 地址、电话：永新路 128 号 开户银行及账号：工行永新路支行 65387622	密码区	75 + 2145787(6) – /456789 加密版本 02 2114 < > 、* 33568899224523545644、 3 – 1545 – 1 > > > > +547887954562153 41245321

商品或劳务名称	计量单位	数量	单价	金额 百十万千百十元角分	税率	税额 百十万千百十元角分
甲产品	件	1 000	220	2 2 0 0 0 0 0 0	13%	2 8 6 0 0 0 0
乙产品	件	500	400	2 0 0 0 0 0 0 0	13%	2 6 0 0 0 0
合计				￥ 4 2 0 0 0 0 0 0	13%	￥ 5 4 6 0 0 0 0

价税合计（大写）	⊗肆拾柒万肆仟陆佰零拾零元零角零分　　　　　￥474 600.00

销货单位	名称：河北丰泽有限责任公司 纳税人登记号：92000105MA3D5Q8C9E 地址、电话：长江路 352 号 开户银行及账号：工行长江路支行 66886688	备注：

收款人：　　　　　复核：　　　　　开票人：×××　　　　　销售单位：（章）

21－2

中国工商银行
转账支票存根
No：699007

科　　目
对方科目
出票日期 2024 年 12 月 11 日

收款人：运输公司	
金　额：¥13 080.00	
用　途：代垫运费	
备　注：	

单位主管　　　　会计
复　核　　　　记账

21－3

产品出库单

2024 年 12 月 11 日

购货单位：广东恒安有限责任公司　　　　　　　　　　　　　　No202412002

产品名称	规格	计量单位	数　量	
			请发	实发
甲产品		件	1 000	1 000
乙产品		件	500	500

第二联　记账联

仓库主管：　　　　　记账：　　　　　发货人：　　　　　经办人：

22－1

中国工商银行
转账支票存根
No：699008

科　　目
对方科目
出票日期 2024 年 12 月 13 日

收款人：北方文化用品公司	
金　额：¥5 537.00	
用　途：购办公用品	
备　注：	

单位主管　　　　会计
复　核　　　　记账

22 - 2

河北增值税专用发票

开票日期：2024 年 12 月 13 日　　　　　　　No.000020093609

<table>
<tr><td rowspan="4">购货单位</td><td>名称：河北丰泽有限责任公司</td><td rowspan="4">密码区</td><td>75 + 2145787（6）- /456789 加密版本 02</td></tr>
<tr><td>纳税人登记号：92000105MA3D5Q8C9E</td><td>2114 < > 、＊33568899224523545644、</td></tr>
<tr><td>地址、电话：长江路 352 号</td><td>3 - 1545 - 1 > > > > +547887954562153</td></tr>
<tr><td>开户银行及账号：工行长江路支行 66886688</td><td>41245321</td></tr>
</table>

商品或劳务名称	计量单位	数量	单价	金额 百	十	万	千	百	十	元	角	分	税率	税额 百	十	万	千	百	十	元	角	分
硒鼓	个	5	500				2	5	0	0	0	0	13%					3	2	5	0	0
文件夹	箱	5	480				2	4	0	0	0	0	13%					3	1	2	0	0
合计					¥	4	9	0	0	0	0		13%				¥	6	3	7	0	0

价税合计（大写）	⊗伍仟伍佰叁拾柒元零角零分　　　　　　¥ 5 537.00

<table>
<tr><td rowspan="4">销货单位</td><td>名称：河北得利商贸有限公司</td><td rowspan="4">备注：</td></tr>
<tr><td>纳税人登记号：310045522364663</td></tr>
<tr><td>地址、电话：中山路 102 号</td></tr>
<tr><td>开户银行及账号：工行中山路支行　33222566</td></tr>
</table>

收款人：　　　　　复核：　　　　开票人：×××　　　　销售单位：（章）

22 - 3

办公用品请领单

领用部门：厂部

用途：办公　　　　　　　2024 年 12 月 13 日　　　　　　编号：202412001

名称	规格	计量单位	请领数量	实发数量	单位成本	金额
文件夹		箱	5	5	480	2 400
备注					合计	2 400

审批：　　　　　　记账：　　　　　　领用人：

22－4

办公用品请领单

领用部门：生产车间

用途：办公 2024 年 12 月 13 日 编号：202412002

名称	规格	计量单位	请领数量	实发数量	单位成本	金额
硒鼓		个	5	5	500	2 500
备注					合计	2 500

审批： 记账： 领用人：

23－1

河北增值税专用发票

开票日期：2024 年 12 月 13 日 No00003245698

购货单位	名称：河北丰泽有限责任公司 纳税人登记号：92000105MA3D5Q8C9E 地址、电话：长江路 352 号 开户银行及账号：工行长江路支行 66886688	密码区	75＋2145787（6）－/456789 加密版本 02 2114＜＞、*33568899224523545644、 3－1545－1＞＞＞＞＋547887954562153 41245321

商品或劳务名称	计量单位	数量	单价	金　额									税率	税　额								
				百	十	万	千	百	十	元	角	分		百	十	万	千	百	十	元	角	分
B 材料	千克	4 000	32		1	2	8	0	0	0	0	0	13%			1	6	6	4	0	0	0
C 材料	千克	2 000	10			2	0	0	0	0	0	0	13%				2	6	0	0	0	0
合计				¥	1	4	8	0	0	0	0	0	13%		¥	1	9	2	4	0	0	0

价税合计（大写）	⊗壹拾陆万柒仟贰佰肆拾零元零角零分	¥167 240.00

销货单位	名称：河北永昌有限责任公司 纳税人登记号：310546753245231 地址、电话：开发区 353 号 开户银行及账号：工行开发区支行 35667288	备注：

23－2

收 料 单

供货单位：永昌公司　　　　　　　　　　　　　　　　　　　　　　　编号：202412002

发票号码：3245698　　　　　　　　2024 年 12 月 13 日　　　　　　收料仓库：1 号库

材料编号	名称	规格	计量单位	应收数量	实收数量	单位成本	金额
002	B 材料		千克	4 000	4 000	32	128 000
003	C 材料		千克	2 000	2 000	10	20 000
备注						合计	148 000

收料：　　　　　　记账：　　　　　　保管：　　　　　　仓库负责人：

24－1

中国工商银行
现金支票存根

No：899003

科　　目
对方科目
出票日期2024 年 12 月 13 日

收款人：河北丰泽有限责任公司
金　额：￥1 000.00
用　途：备用金
备　注：

单位主管　　　　　会计
复　　核　　　　　记账

25－1

中国工商银行　　进账单（　　）

2024 年 12 月 14 日

出票人	全　称	山西兴华有限责任公司	收款人	全　称	河北丰泽有限责任公司										此联是银行交给收款人的回单
	账　号	35626678		账　号	66886688										
	开户银行	工行新建路支行		开户银行	工行长江路支行										

人民币（大写）伍拾万元整			千	百	十	万	千	百	十	元	角	分
				￥	5	0	0	0	0	0	0	0

票据种类	信汇	收款人开户银行盖章
票据张数	1 张	
复核　　　　　记账		

26－1

<h1 style="text-align:center">报销审批单</h1>

部门：厂部　　　　　　　　　2024 年 12 月 14 日

事由	付款方式	金额
付办公设备修理费	现金	￥904.00
合计	人民币（大写）：玖佰零肆元整	￥904.00
公司领导审批意见	财务主管	部门领导	经办人

26－2

<h1 style="text-align:center">河北增值税专用发票</h1>

开票日期：2024 年 12 月 14 日　　　　　No000020087421

购货单位	名称：河北丰泽有限责任公司 纳税人登记号：92000105MA3D5Q8C9E 地址、电话：长江路 352 号 开户银行及账号：工行长江路支行 66886688	密码区	75 ＋2145787（6）－/456789 加密版本 02 2114 < > 、* 33568899224523545644、 3－1545－1 > > > > +547887954562153 41245321

商品或劳务名称	计量单位	数量	单价	金额 百 十 万 千 百 十 元 角 分	税率	税额 百 十 万 千 百 十 元 角 分
修理费				8 0 0 0 0	13%	1 0 4 0 0
合计				￥ 8 0 0 0 0	13%	￥ 1 0 4 0 0

价税合计（大写）	⊗玖佰零拾肆元零角零分　　　　　￥904.00

销货单位	名称：河北成行修理公司 纳税人登记号：290045522363987 地址、电话：中山路 100 号 开户银行及账号：工行中山路支行　33222599	备注：

收款人：　　　　复核：　　　　开票人：×××　　　　销售单位：（章）

27－1

中华人民共和国税收通用缴款书

隶属关系：　　　　　　　　　　　　　　　　　　　　　　（2024）国缴　　国

注册类型：　　　　　　填发日期：2024 年 12 月 15 日　　　征收机关：

缴款单位	代　码	92000105MA3D5Q8C9E	预算科目	编　码	
	全　称	河北丰泽有限责任公司		名　称	增值税
	开户银行	工行长江路支行		级　次	国家级
	账　号	66886688		收缴国库	市中心支库

税款所属时期 2024 年 11 月 1 日至 11 月 30 日　　　　　税款限缴日期 2024 年 12 月 15 日

品目名称	课税数量	计税金额或销售收入	税率或单位税额	已缴或扣除额	实缴金额										
					亿	千	百	十	万	千	百	十	元	角	分
增值税		600 000	13%	54 000			¥	4	8	0	0	0	0	0	0

金额合计	（大写）×仟×佰拾肆万捌仟零佰零拾零元零角零分						¥	4	8	0	0	0	0	0	0

缴款单位（人）（盖章）经办人（章）	税务机关（盖章）填票人（章）	上列款项已收妥并划转收款单位账户国库（银行）盖章2024 年 12 月 15 日	备注：

27－2

中华人民共和国税收通用缴款书

隶属关系：　　　　　　　　　　　　　　　　　　　　　　（2024）国缴　　国

注册类型：　　　　　　填发日期：2024 年 12 月 15 日　　　征收机关：

缴款单位	代　码	92000105MA3D5Q8C9E	预算科目	编　码	
	全　称	河北丰泽有限责任公司		名　称	城市维护建设税
	开户银行	工行长江路支行		级　次	地方级
	账　号	66886688		收缴国库	市中心支库

税款所属时期 2024 年 11 月 1 日至 11 月 30 日　　　　　税款限缴日期 2024 年 12 月 15 日

品目名称	课税数量	计税金额或销售收入	税率或单位税额	已缴或扣除额	实缴金额										
					亿	千	百	十	万	千	百	十	元	角	分
城市维护建设税		48 000	7%					¥	3	3	6	0	0	0

金额合计	（大写）×仟×佰×拾×万叁仟叁佰陆拾零元零角零分							¥	3	3	6	0	0	0

缴款单位（人）（盖章）经办人（章）	税务机关（盖章）填票人（章）	上列款项已收妥并划转收款单位账户国库（银行）盖章2024 年 12 月 15 日	备注：

27 - 3

中华人民共和国税收通用缴款书

隶属关系：　　　　　　　　　　　　　　　　　　（2024）国缴　　　国

注册类型：　　　　　　填发日期：2024 年 12 月 15 日　　　征收机关：

<table>
<tr><td rowspan="4">缴款单位</td><td>代　码</td><td colspan="2">92000105MA3D5Q8C9E</td><td rowspan="4">预算科目</td><td>编码</td><td colspan="11"></td></tr>
<tr><td>全　称</td><td colspan="2">河北丰泽有限责任公司</td><td>名称</td><td colspan="11">教育费附加</td></tr>
<tr><td>开户银行</td><td colspan="2">工行长江路支行</td><td>级次</td><td colspan="11">地方级</td></tr>
<tr><td>账　号</td><td colspan="2">66886688</td><td>收缴国库</td><td colspan="11">市中心支库</td></tr>
<tr><td colspan="4">税款所属时期 2024 年 11 月 1 日至 11 月 30 日</td><td colspan="3">税款限缴日期 2024 年 12 月 15 日</td><td colspan="9"></td></tr>
<tr><td rowspan="2">品目名称</td><td rowspan="2">课税数量</td><td rowspan="2">计税金额或销售收入</td><td rowspan="2">税率或单位税额</td><td rowspan="2">已缴或扣除额</td><td colspan="10">实缴金额</td></tr>
<tr><td>亿</td><td>千</td><td>百</td><td>十</td><td>万</td><td>千</td><td>百</td><td>十</td><td>元</td><td>角</td><td>分</td></tr>
<tr><td>教育费附加</td><td></td><td>48 000</td><td>3%</td><td></td><td></td><td></td><td></td><td>¥1</td><td>4</td><td>4</td><td>0</td><td>0</td><td>0</td><td>0</td></tr>
<tr><td>金额合计</td><td colspan="4">（大写）×仟×佰×拾×万壹仟肆佰肆拾零元零角零分</td><td></td><td></td><td></td><td>¥1</td><td>4</td><td>4</td><td>0</td><td>0</td><td>0</td><td>0</td></tr>
<tr><td>缴款单位（人）

（盖章）
经办人（章）</td><td colspan="2">税务机关

（盖章）
填票人（章）</td><td colspan="3">上列款项已收妥并划转收款单位账户

国库（银行）盖章
2024 年 12 月 15 日</td><td colspan="10">备注：</td></tr>
</table>

27 - 4

中华人民共和国税收通用缴款书

隶属关系：　　　　　　　　　　　　　　　　　　（2024）国缴　　　国

注册类型：　　　　　　填发日期：2024 年 12 月 15 日　　　征收机关：

<table>
<tr><td rowspan="4">缴款单位</td><td>代　码</td><td colspan="2">92000105MA3D5Q8C9E</td><td rowspan="4">预算科目</td><td>编码</td><td colspan="11"></td></tr>
<tr><td>全　称</td><td colspan="2">河北丰泽有限责任公司</td><td>名称</td><td colspan="11">企业所得税</td></tr>
<tr><td>开户银行</td><td colspan="2">工行长江路支行</td><td>级次</td><td colspan="11">国家级</td></tr>
<tr><td>账　号</td><td colspan="2">66886688</td><td>收缴国库</td><td colspan="11">市中心支库</td></tr>
<tr><td colspan="4">税款所属时期 2024 年 11 月 1 日至 11 月 30 日</td><td colspan="3">税款限缴日期 2024 年 12 月 15 日</td><td colspan="9"></td></tr>
<tr><td rowspan="2">品目名称</td><td rowspan="2">课税数量</td><td rowspan="2">计税金额或销售收入</td><td rowspan="2">税率或单位税额</td><td rowspan="2">已缴或扣除额</td><td colspan="10">实缴金额</td></tr>
<tr><td>亿</td><td>千</td><td>百</td><td>十</td><td>万</td><td>千</td><td>百</td><td>十</td><td>元</td><td>角</td><td>分</td></tr>
<tr><td>企业所得税</td><td></td><td>240 000</td><td>25%</td><td></td><td></td><td></td><td>¥6</td><td>0</td><td>0</td><td>0</td><td>0</td><td>0</td><td>0</td></tr>
<tr><td>金额合计</td><td colspan="4">（大写）×仟×佰×拾陆万零仟零佰零拾零元零角零分</td><td></td><td></td><td>¥6</td><td>0</td><td>0</td><td>0</td><td>0</td><td>0</td><td>0</td></tr>
<tr><td>缴款单位（人）

（盖章）
经办人（章）</td><td colspan="2">税务机关

（盖章）
填票人（章）</td><td colspan="3">上列款项已收妥并划转收款单位账户

国库（银行）盖章
2024 年 12 月 15 日</td><td colspan="10">备注：</td></tr>
</table>

28 – 1

差旅费报销单

填报日期　　2024 年 12 月 15 日

项目	火车费	长途汽车	桥船费	市内交通	行李托运	旅馆费	住勤费	途中补助	其他费	合计
数量	2					1				3
金额	1 020.00					1 060.00		300.00		2 380.00
部门	采购部		姓名	李方均	人民币（大写）：贰仟叁佰捌拾元整					
出差地点			出差起止日期		2024 – 12 – 2 至 2024 – 12 – 10			出差事由		
原借款	2 000.00		实报	2 380.00	长退或短补	380.00	领导签字		出差人签字	李方均

28 – 2

```
K0017605                          检票：A2

      石家庄 ──G2280次──→ 上海
   ShiJiaZhuang            ShangHai

   2024年12月02日08：00开      06车10D号

   ￥510.00元        网         二等座
   限乘当日当次车

     1760531985****2230   李方均
```

28 – 3

```
C3457605                          检票：B2

      上 海 ──G2282次──→ 石家庄
   ShangHai              ShiJiaZhuang

   2024年12月10日08：00开      12车12F号

   ￥510.00元        网         二等座
   限乘当日当次车

     1760531985****2230   李方均
```

28－4

上海增值税专用发票

开票日期：2024 年 12 月 10 日　　No00006786395

<table>
<tr><td rowspan="4">购货单位</td><td>名称：河北丰泽有限责任公司</td><td rowspan="4">密码区</td><td>75＋2145787（6）－/456789 加密版本 02</td></tr>
<tr><td>纳税人登记号：92000105MA3D5Q8C9E</td><td>2114＜＞、＊33568899224523545644、</td></tr>
<tr><td>地址、电话：长江路 352 号</td><td>3－1545－1＞＞＞＞＋547887954562153</td></tr>
<tr><td>开户银行及账号：工行长江路支行 66886688</td><td>41245321</td></tr>
</table>

商品或劳务名称	计量单位	数量	单价	金额 百十万千百十元角分	税率	税额 百十万千百十元角分
住宿费	天	9	111.11	1 0 0 0 0 0	6%	6 0 0 0
合计				￥1 0 0 0 0 0	6%	￥6 0 0 0
价税合计（大写）	⊗壹仟零陆拾元整　　￥1 060.00					

<table>
<tr><td rowspan="4">销货单位</td><td>名称：上海锦华商务旅社</td><td rowspan="4">备注：</td></tr>
<tr><td>纳税人登记号 34561226536682</td></tr>
<tr><td>地址、电话：金华街 112 号</td></tr>
<tr><td>开户银行及账号：工行金华街支行　36857668</td></tr>
</table>

收款人：　　　　复核：　　　　开票人：×××　　　　销售单位：（章）

29－1

中国工商银行
现金支票存根
No：899004

科　目
对方科目
出票日期 2024 年 12 月 15 日

收款人：河北丰泽有限责任公司
金　额：￥2 000.00
用　途：备用金
备　注：

单位主管　　　会计
复　核　　　记账

30－1

中国工商银行　进账单（　　）

2024 年 12 月 15 日

出票人	全　称	永安物业公司	收款人	全　称	河北丰泽有限责任公司									
	账　号	65626365		账　号	66886688									
	开户银行	工行长江路支行		开户银行	工行长江路支行									
					千	百	十	万	千	百	十	元	角	分
人民币（大写）伍仟元整								¥	5	0	0	0	0	0
票据种类		支票	收款人开户银行盖章											
票据张数		1 张												
复核		记账												

此联是银行交给收款人的回单

30－2

收款收据

2024 年 12 月 15 日　　　　　No.

交款单位或交款人	永安物业公司	收款方式	转账支票
事　由违约罚款		备注：	
人民币（大写）伍仟元整　　¥ 5 000.00			

第三联

收款单位（盖章）：（章）　　　　　　　　收款人（签章）：王力

31－1

领　料　单

领用部门：生产车间　　　　　　　　　　　　　　编号：202412004
用途：生产甲产品　　　　　2024 年 12 月 16 日　　　　发料仓库：1 号库

材料编号	名称	规格	计量单位	请领数量	实发数量	单位成本	金额
001	A 材料		千克	5 032	5 032	25	125 800
002	B 材料		千克	5 500	5 500	32	176 000
备注						合计	301 800

审批：　　　　发料：　　　　记账：　　　　领料：

31 – 2

领　料　单

领用部门：生产车间　　　　　　　　　　　　　　　　　　编号：202412005

用途：生产乙产品　　　　　　　　2024 年 12 月 16 日　　　　　发料仓库：1 号库

材料编号	名称	规格	计量单位	请领数量	实发数量	单位成本	金额
001	A 材料		千克	3 696	3 696	25	92 400
002	B 材料		千克	8 050	8 050	32	257 600
备注						合计	350 000

审批：　　　　　　　发料：　　　　　　　记账：　　　　　　　领料：

31 – 3

领　料　单

领用部门：生产车间　　　　　　　　　　　　　　　　　　编号：202412006

用途：一般耗用　　　　　　　　　2024 年 12 月 16 日　　　　　发料仓库：1 号库

材料编号	名称	规格	计量单位	请领数量	实发数量	单位成本	金额
003	C 材料		千克	1 200	1 200	10	12 000
备注						合计	12 000

审批：　　　　　　　发料：　　　　　　　记账：　　　　　　　领料：

32 – 1

借　款　单

2024 年 12 月 16 日　　　　　　　　　　　　　No：2024120002

借款单位	办公室	借款理由	出差
借款金额	人民币（大写）：壹仟元整		￥1 000.00
部门负责人（签字）	财务负责人（签字）	现金付讫	借款人：王菊
同意	钱敏		
张明 2024. 12. 16	2024 年 12 月 16 日		2024 年 12 月 16 日

33 – 1

中国工商银行　进账单（　　　）

2024 年 12 月 17 日

出票人	全称	广东恒安有限责任公司	收款人	全称	河北丰泽有限责任公司									
	账号	65387622		账号	66886688									
	开户银行	工行永新路支行		开户银行	工行长江路支行									
人民币（大写）伍拾万叁仟肆佰元整						千	百	十	万	千	百	十	元	角	分
							￥	5	0	3	4	0	0	0	0
票据种类	信汇		收款人开户银行盖章												
票据张数	1 张														
复核	记账														

此联是银行交给收款人的回单

34－1

报销审批单

部门：厂部　　　　　　　　2024 年 12 月 18 日

事由	付款方式	金额
付广告费	转账支票	￥10 600.00
合计	人民币（大写）：壹万零陆佰元整　　　￥10 600.00	
公司领导审批意见	财务主管	部门领导	经办人

34－2

河北增值税专用发票

开票日期：2024 年 12 月 18 日　　　　　　　No000030086478

购货单位	名称：河北丰泽有限责任公司 纳税人登记号：92000105MA3D5Q8C9E 地址、电话：长江路 352 号 开户银行及账号：工行长江路支行 66886688	密码区	75＋2145787（6）－/456789 加密版本 02 2114＜＞、＊33568899224523545644、 3－1545－1＞＞＞＞＋547887954562153 41245321

商品或劳务名称	计量单位	数量	单价	金　额								税率	税　额							
				百	十	万	千	百	十	元	角	分		百	十	万	千	百	十	元	角	分
广告费						1	0	0	0	0	0	0	6%					6	0	0	0	0
合计					￥	1	0	0	0	0	0	0	6%			￥	6	0	0	0	0

价税合计（大写）	⊗壹万零仟陆佰零拾零元零角零分　　　　　￥10 600.00	
销货单位	名称：河北天马广告公司 纳税人登记号：540005522363481 地址、电话：天山路 105 号 开户银行及账号：工行天山路支行　33222509	备注：

收款人：　　　　　复核：　　　　开票人：×××　　　　　　销售单位：（章）

34 - 3

中国工商银行
转账支票存根

No：699009

科　　　目

对方科目

出票日期 2024 年 12 月 18 日

| 收款人：天马广告公司 |
| 金　　额：￥10 600.00 |
| 用　　途：付广告费 |
| 备　　注： |

单位主管　　　　会计
复　　核　　　　记账

35 - 1

报销审批单

2024 年 12 月 20 日

部门：厂部

事由	付款方式	金额
付设备租赁费	转账支票	￥1 130.00
合计	人民币（大写）：壹仟壹佰叁拾元整　　　￥1 130.00	
公司领导审批意见	财务主管	部门领导	经办人

35 - 2

中国工商银行
转账支票存根

No：699010

科　　　目

对方科目

出票日期 2024 年 12 月 20 日

| 收款人：三利租赁公司 |
| 金　　额：￥1 130.00 |
| 用　　途：付租赁费 |
| 备　　注： |

单位主管　　　　会计
复　　核　　　　记账

35－3

河北增值税专用发票

开票日期：2024 年 12 月 20 日　　　　　　　　　No000020087522

购货单位	名称：河北丰泽有限责任公司 纳税人登记号：92000105MA3D5Q8C9E 地址、电话：长江路 352 号 开户银行及账号：工行长江路支行 66886688	密码区	75＋2145787（6）－/456789 加密版本 02 2114＜＞、＊33568899224523545644、 3－1545－1＞＞＞＞＋547887954562153 41245321

商品或劳务名称	计量单位	数量	单价	金　额 百 十 万 千 百 十 元 角 分	税率	税　额 百 十 万 千 百 十 元 角 分
租赁费				1 0 0 0 0 0	13%	1 3 0 0 0
合计				¥ 1 0 0 0 0 0	13%	1 3 0 0 0

价税合计 （大写）	⊗壹仟壹佰叁拾零元零角零分　　　　　¥ 1 130.00

销货单位	名称：河北天福租赁公司 纳税人登记号：290045522363981 地址、电话：黄河路 100 号 开户银行及账号：工行黄河路支行　33222507	备注：

收款人：　　　　　复核：　　　　　开票人：×××　　　　　销售单位：（章）

36－1

中国工商银行
转账支票存根

No：699011

科　　目
对方科目
出票日期2024 年 12 月 21 日

收款人：永昌公司
金　额：¥67 240.00
用　途：付购料款
备　注：

单位主管　　　　　会计
复　　核　　　　　记账

37 − 1

中国工商银行计付贷款利息清单（付款通知）

2024 年 12 月 21 日

单位名称	河北丰泽有限责任公司	结算账号	
计息起讫日期		2024 年 9 月 21 日 起 2024 年 12 月 21 日止	
计息账号	计息总积数	季利率	利息金额
	600 000.00	1.5%	9 000.00

你单位上述贷款利息已从你单位结算账户如数支付。
此致
贷款单位
（银行盖章）

38 − 1

湖北增值税专用发票

开票日期：2024 年 12 月 22 日　　　　No00006786395

购货单位	名称：河北丰泽有限责任公司 纳税人登记号：92000105MA3D5Q8C9E 地址、电话：长江路 352 号 开户银行及账号：工行长江路支行 66886688	密码区	75 + 2145787（6）− /456789 加密版本 02 2114 < > 、* 33568899224523545644、 3 − 1545 − 1 > > > > +547887954562153 41245321

商品或劳务名称	计量单位	数量	单价	金额 百 十 万 千 百 十 元 角 分	税率	税额 百 十 万 千 百 十 元 角 分
A 材料	千克	10 000	24	2 4 0 0 0 0 0 0	13%	3 1 2 0 0 0 0
B 材料	千克	10 000	31	3 1 0 0 0 0 0 0	13%	4 0 3 0 0 0 0
合计				¥ 5 5 0 0 0 0 0 0	13%	¥ 7 1 5 0 0 0 0

价税合计（大写）	⊗陆拾贰万壹仟伍佰零拾零元零角零分　　　　　　　　¥621 500.00	
销货单位	名称：湖北盛安有限责任公司 纳税人登记号：154011226536682 地址、电话：安丰街 112 号 开户银行及账号：工行安丰街支行　36857668	备注：

收款人：　　　　　复核：　　　　开票人：×××　　　　销售单位：（章）

38 – 2

河北增值税专用发票

开票日期：2024 年 12 月 22 日　　　　　　　　No.000020093781

购货单位	名称：河北丰泽有限责任公司 纳税人登记号：92000105MA3D5Q8C9E 地址、电话：长江路 352 号 开户银行及账号：工行长江路支行 66886688		密码区	75 + 2145787（6）– /456789 加密版本 02 2114 < > 、* 33568899224523545644、 3 – 1545 – 1 > > > > +547887954562153 41245321

商品或劳务名称	计量单位	数量	单价	金　额									税率	税　额									
				百	十	万	千	百	十	元	角	分		百	十	万	千	百	十	元	角	分
运费					2	0	0	0	0	0	0	0	9%				1	8	0	0	0	0
合计				￥	2	0	0	0	0	0	0	0	9%			￥	1	8	0	0	0	0

价税合计 （大写）	⊗贰万壹仟捌佰零拾零元零角零分　　　　　　￥21 800.00	
销货单位	名称：大华运输公司 纳税人登记号：310012545664663 地址、电话：中山路 102 号 开户银行及账号：工行中山路支行　33222566	备注：

收款人：　　　　　复核：　　　　开票人：×××　　　　　销售单位：（章）

38 – 3

运杂费分配表

年　月　日　　　　　　　　　　　　　　　　　　　元

品　种	分配标准/千克	分配率	运杂费分配金额
A 材料	10 000		
B 材料	10 000		
合　计	20 000		

39 – 1

差旅费报销单

填报日期　　2024 年 12 月 23 日

项目	火车费	长途汽车	桥船费	市内交通	行李托运	旅馆费	住勤费	途中补助	其他费	合计
数量	2				1					3
金额	300					424.00		100.00		824.00

部门	办公室	姓名	王菊	人民币（大写）：捌佰贰拾肆元整		
出差地点		出差起止日期		2024 – 12 – 17 至 2024 – 12 – 21	出差事由	
原借款	1 000.00	实报	824.00	长退或 短补	176.00	领导 签字

出差人签字　王菊

39 – 2

北京增值税专用发票

开票日期：2024 年 12 月 21 日　　　　No00006786300

购货单位	名称：河北丰泽有限责任公司 纳税人登记号：92000105MA3D5Q8C9E 地址、电话：长江路 352 号 开户银行及账号：工行长江路支行 66886688	密码区	75 + 2145787（6）– /456789 加密版本 02 2114 < > 、* 33568899224523545644 、 3 – 1545 – 1 > > > > +547887954562153 41245321

商品或劳务名称	计量单位	数量	单价	金额 百十万千百十元角分	税率	税额 百十万千百十元角分
住宿费	天	4	100	4 0 0 0 0	6%	2 4 0 0
合计				¥ 4 0 0 0 0	6%	¥ 2 4 0 0

价税合计 （大写）	⊗肆佰贰拾肆元整　　　　　　¥424.00		
销货单位	名称：北京 7 天商务酒店 纳税人登记号 34561226536980 地址、电话：王府街 112 号 开户银行及账号：工行王府街支行　36857669	备注：	

收款人：　　　　　复核：　　　　　开票人：×××　　　　　销售单位：（章）

39 – 3

```
K0017603                        检票：A2

石家庄  ——G280次——→  北京西
ShiJiaZhuang              ShangHai

2024年12月13日07：45开        06车10D号

￥150.00元        网            二等座
限乘当日当次车

    1300531987****2230  王菊
```

39 – 4

```
C3457605                        检票：B2

北京西  ——G282次——→  石家庄
ShangHai                 ShiJiaZhuang

2024年12月14日15：30开        12车12F号

￥150.00元        网            二等座
限乘当日当次车

    1300531987****2230  王菊
```

40 – 1

<h1 style="text-align:center">河北增值税专用发票</h1>

开票日期：2024 年 12 月 25 日　　　　No00006126195

购货单位	名称：河北丰泽有限责任公司 纳税人登记号：92000105MA3D5Q8C9E 地址、电话：长江路 352 号 开户银行及账号：工行长江路支行 66886688	密码区	75＋2145787（6）－/456789 加密版本 02 2114＜＞、＊33568899224523545644、 3－1545－1＞＞＞＞＋547887954562153 41245321

商品或劳务名称	计量单位	数量	单价	金额 百 十 万 千 百 十 元 角 分	税率	税额 百 十 万 千 百 十 元 角 分
水	吨	6 500	2.30	1 4 9 5 0 0 0	9%	1 3 4 5 5 0
合计				￥1 4 9 5 0 0 0	9%	￥1 3 4 5 5 0
价税合计（大写）	⊗壹万陆仟贰佰玖拾伍元伍角零分　　　　　　￥16 295.50					
销货单位	名称：石家庄市自来水公司 纳税人登记号：130011226458882 地址、电话：太和街112 号 开户银行及账号：工行太和街支行 96857168	备注：				

收款人：　　　　复核：　　　　开票人：×××　　　　销售单位：（章）

40 - 2

委托收款凭证（付款通知）

委托日期　2024 年 12 月 25 日

付款人	全　称	河北丰泽有限责任公司	收款人	全　称	石家庄市自来水公司
	账　号	66886688		账　号	96857168
	开户银行	工行长江路支行		开户银行	工行太和街支行

委托金额	人民币（大写）壹万陆仟贰佰玖拾伍元伍角零分	千	百	十	万	千	百	十	元	角	分
				¥	1	6	2	9	5	5	0

委托内容	水费	委托收款凭证名称	水费专用发票	附寄单据张数	1 张

备注：
　1. 根据结算正式规定上列委托收款，如在付款期限内未拒付时即视同全部同意付。
　2. 如需提前付或多付少付款时，应另写书面通知送银行办理。
　3. 如果全部或部分拒付，应在付款期限内另填拒付款理由书送银行办理。

此联是付款人开户银行通知付款人付款的通知

40 - 3

用水分配表

2024 年 12 月 25 日

使用部门	耗水量/m³	单价/(元·m⁻³)	金额/元
生产车间	6 000	2.30	13 800
行政部门	500	2.30	1 150
合计	6 500	2.30	14 950

财务主管：　　　　　审核：　　　　　制单：

41 - 1

河北增值税专用发票

开票日期：2024 年 12 月 26 日　　　　No00001126721

购货单位	名称：河北丰泽有限责任公司 纳税人登记号：92000105MA3D5Q8C9E 地址、电话：长江路 352 号 开户银行及账号：工行长江路支行 66886688	密码区	75＋2145787(6)－/456789 加密版本 02 2114＜＞、*33568899224523545644、 3－1545－1＞＞＞＞＋547887954562153 41245321

商品或劳务名称	计量单位	数量	单价	金　额 百十万千百十元角分	税率	税　额 百十万千百十元角分
电	度	17 000	0.80	1 3 6 0 0 0 0	13%	1 7 6 8 0 0
合计				¥ 1 3 6 0 0 0	13%	¥ 1 7 6 8 0 0

价税合计（大写）　⊗壹万伍仟叁佰陆拾捌元零角零分　　　¥15 368.00

销货单位	名称：河北省热电公司 纳税人登记号：13011226458567 地址、电话：和平路 108 号 开户银行及账号：工行和平路支行 56853268	备注：

收款人：　　　　复核：　　　　开票人：×××　　　　销售单位：（章）

41－2

委托收款凭证（付款通知）

委托日期 2024 年 12 月 26 日

付款人	全　称	河北丰泽有限责任公司	收款人	全　称	河北省热电公司
	账　号	66886688		账　号	56853268
	开户银行	工行长江路支行		开户银行	工行和平路支行

委托金额	人民币（大写）壹万伍仟叁佰陆拾捌元整	千	百	十	万	千	百	十	元	角	分
				￥	1	5	3	6	8	0	0

委托内容	电费	委托收款凭证名称	电费专用发票	电费专用发票	1 张

备注：	付款单位注意： 1. 根据结算正式规定上列委托收款，如在付款期限内未拒付时即视同全部同意付。 2. 如需提前付或多付少付款时，应另写书面通知送银行办理。 3. 如果全部或部分拒付，应在付款期限内另填拒付款理由书送银行办理。

此联是付款人开户银行通知付款人付款的通知

41－3

用电分配表

2024 年 12 月 26 日

使用部门	耗水量/度	单价/（元·度$^{-1}$）	金额/元
生产车间	15 000	0.80	12 000
行政部门	2 000	0.80	1 600
合计	17 000	0.80	13 600

财务主管： 　　　审核： 　　　制单：

42－1

材料采购成本计算表

年 月 日 元

品　种	分配标准	分配率	采购费用分配额	买　价	总成本	单位成本
A 材料						
B 材料						
合　计						

42－2

收　料　单

供货单位：盛安公司　　　　　　　　　　　　　　编号：202412003

发票号码：2556395　　　　　2024 年 12 月 27 日　　　　　收料仓库：1 号库

材料编号	名称	规格	计量单位	应收数量	实收数量	单位成本	金额
备注						合计	

收料：　　　记账：　　　保管：　　　仓库负责人：

43 – 1

河北增值税专用发票

开票日期：2024 年 12 月 28 日　　　　　　　　　　　　　No.00002556397

购货单位	名称：山西兴华有限责任公司 纳税人登记号：351246597836856 地址、电话：新建路 235 号 开户银行及账号：工行新建路支行 35626678	密码区	75 ＋2145787（6）－/456789 加密版本 02 2114 ＜ ＞、*3356889922452354 5644、 3 −1545 −1 ＞＞＞＞ +547887954562153 41245321

商品或劳务名称	计量单位	数量	单价	金　额									税率	税　额								
				百	十	万	千	百	十	元	角	分		百	十	万	千	百	十	元	角	分
甲产品	件	1 500	220		3	3	0	0	0	0	0	0	13%			4	2	9	0	0	0	0
乙产品	件	1 000	400		4	0	0	0	0	0	0	0	13%			5	2	0	0	0	0	0
合计				¥	7	3	0	0	0	0	0	0	13%	¥		9	4	9	0	0	0	0

价税合计（大写）	⊗捌拾贰万肆仟玖佰零拾零元零角零分　　　　　　¥824 900.00		

销货单位	名称：河北丰泽有限责任公司 纳税人登记号：92000105MA3D5Q8C9E 地址、电话：长江路 352 号 开户银行及账号：工行长江路支行　66886688	备注：	

收款人：　　　　　复核：　　　　开票人：×××　　　　销售单位：（章）

43 – 2

产品出库单　　　1

制表日期　2024 年 12 月 28 日

购货单位：山西兴华有限责任公司　　　　　　　　　　No. 202412003

产品名称	规格	计量单位	数　量		第二联
			请发	实发	
甲产品		件	1 500	1 500	记账联
乙产品		件	1 000	1 000	

仓库主管：　　　　　记账：　　　　　发货人：　　　　　经办人：

44 – 1

报销审批单

部门：厂部　　　　　　　　　　2024 年 12 月 28 日

事由	付款方式	金额
付业务招待费	现金	¥600.00
合　计	人民币（大写）：陆佰元整	¥600.00
公司领导审批意见	财务主管	部门领导	经办人

44 - 2

河北增值税普通发票

开票日期：2024 年 12 月 28 日　　　　　　　　　　　No.00001126876

<table>
<tr>
<td rowspan="4">购货单位</td>
<td colspan="2">名称：河北丰泽有限责任公司</td>
<td rowspan="4">密码区</td>
<td colspan="10">75 + 2145787（6）- /456789 加密版本 02</td>
</tr>
<tr>
<td colspan="2">纳税人登记号：92000105MA3D5Q8C9E</td>
<td colspan="10">2114 < >、33568899224523545644、</td>
</tr>
<tr>
<td colspan="2">地址、电话：长江路 352 号</td>
<td colspan="10">3 - 1545 - 1 > > > > +547887954562153</td>
</tr>
<tr>
<td colspan="2">开户银行及账号：工行长江路支行 66886688</td>
<td colspan="10">41245321</td>
</tr>
</table>

商品或劳务名称	计量单位	数量	单价	金　额										税率	税　额								
				百	十	万	千	百	十	元	角	分		百	十	万	千	百	十	元	角	分
餐饮费								5	6	6	0	4	6%						3	3	9	6
合计							¥	5	6	6	0	4	6%					¥	3	3	9	6

价税合计（大写）	⊗陆佰零拾零元零角零分	¥600.00

<table>
<tr>
<td rowspan="4">销货单位</td>
<td>名称：河北饭店</td>
<td rowspan="4">备注：</td>
</tr>
<tr>
<td>纳税人登记号：14511226453421</td>
</tr>
<tr>
<td>地址、电话：裕华路 108 号</td>
</tr>
<tr>
<td>开户银行及账号：工行裕华路支行　56853234</td>
</tr>
</table>

收款人：　　　　复核：　　　　开票人：×××　　　　　　销售单位：（章）

45 - 1

中国工商银行贷款还款凭证

2024 年 12 月 30 日

<table>
<tr>
<td>借款单位名　称</td>
<td>河北丰泽有限责任公司</td>
<td>贷款账号</td>
<td colspan="2">结算账号</td>
<td></td>
</tr>
<tr>
<td rowspan="2">还款金额（大写）</td>
<td rowspan="2" colspan="2">贰拾万元整</td>
<td>千</td><td>百</td><td>十</td><td>万</td><td>千</td><td>百</td><td>十</td><td>元</td><td>角</td><td>分</td>
</tr>
<tr>
<td></td><td></td><td>¥ 2</td><td>0</td><td>0</td><td>0</td><td>0</td><td>0</td><td>0</td><td>0</td>
</tr>
<tr>
<td rowspan="2">贷款种类</td>
<td rowspan="2">流动资金借款</td>
<td colspan="5">借出日期</td>
<td colspan="5">归还日期</td>
</tr>
<tr>
<td colspan="5">2024 年 6 月 30 日</td>
<td colspan="5">2024 年 12 月 30 日</td>
</tr>
<tr>
<td colspan="2">上述款项从本单位往来账户如数支付
（单位签章）</td>
<td colspan="10">银行盖章</td>
</tr>
</table>

46－1

工资费用分配表

2024 年 12 月 31 日　　　　　　　　　　　　　　　　　　元

应借科目	基本工资	津、补贴	合计
生产成本——甲产品	90 000	30 000	120 000
生产成本——乙产品	100 000	40 000	140 000
制造费用	6 000	4 000	10 000
管理费用	20 000	12 000	32 000
合　计	216 000	86 000	302 000

47－1

固定资产折旧计算表

2024 年 12 月 31 日

使用部门	固定资产类型	月初应计提折旧固定资产原值	月折旧率/%	月折旧额/元
生产车间	房屋及建筑物	2 160 000	0.5	10 800
	机器设备	2 300 000	0.3	6 900
管理部门	房屋及建筑物	703 000	0.5	3 515
	办公设备	250 000	0.5	1 250
合计		5 413 000	—	22 465

48－1

制造费用分配表

年　月　日　　　　　　　　　　　　　　　　　　　　元

受益对象	分配标准（生产工人工资）	分配率	分配金额
甲产品			
乙产品			
合　计			

49－1

产品成本计算单

产品名称：甲产品　　　　　　　年　月　日　　　　　　　　　　　元

成本项目	本月生产费用	总成本	单位成本
直接材料			
工资及福利费			
制造费用			
合　计			

49－2

产品成本计算单

产品名称：乙产品　　　　　　　年　月　日　　　　　　　　　　元

成本项目	本月生产费用	总成本	单位成本
直接材料			
工资及福利费			
制造费用			
合　计			

49－3

产品入库单

年　月　日　　　　　　　　　　元

产品编号	产品名称	计量单位	实收数量	单位成本	总成本
合　计					

50－1

主营业务成本计算表

年　月　日　　　　　　　　　　元

产品编号	产品名称	计量单位	销售数量	单位成本	销售总成本
合　计					

51－1

应交增值税计算表

年　月　日　　　　　　　　　　元

当期销项税额	当期进项税额	当期进项税额转出	已交税金	应交增值税

51－2

应交城建税和教育费附加计算表

年　月　日 元

税种	计税依据				税率	应纳税金额
	增值税	营业税	消费税	合计		
城建税					7%	
教育费附加					3%	
合　　计						

52－1

本月收入类账户发生额汇总表

年　月　日 元

序　号	账户名称	贷方发生额
1	主营业务收入——甲产品	
2	主营业务收入——乙产品	
3	其他业务收入	
4	营业外收入	
	合　　计	

53－1

本月成本费用类账户发生额汇总表

年　月　日 元

序　号	账户名称	借方发生额
1	主营业务成本——甲产品	
2	主营业务成本——乙产品	
3	其他业务成本	
4	税金及附加	
5	销售费用	
6	管理费用	
7	财务费用	
8	营业外支出	
	合　　计	

54－1

12 月份企业所得税计算表

年　月 元

项目	行次	金额
12 月营业收入	1	
减：12 月营业成本	2	
12 月税金及附加	3	
12 月销售费用	4	
12 月管理费用	5	
加：12 月营业外收入	6	
减：12 月营业外支出	7	
12 月利润总额	8	
12 月应交所得税	9	

56 - 1

全年净利润计算表

年　月　日　　　　　　　　　　　　　　元

1 - 11 月净利润	12 月净利润	全年净利润

56 - 2

利润分配计算表

年　月　日　　　　　　　　　　　　　　元

项　目	利润分配基数	分配比例/%	分配金额
提取法定盈余公积		10	
应付投资者利润		40	
合　计			

三、科目汇总表

科目汇总表如表 4 - 1 和表 4 - 2 所示。

表 4 - 1　科目汇总表

年　月　日至　日　　　　　　　　　科汇第　号

会计科目	本期发生额		会计科目	本期发生额	
	借方	贷方		借方	贷方

表 4－2　科目汇总表

年　月　日至　日　　　　　　　　　　　科汇第　号

会计科目	本期发生额		会计科目	本期发生额	
	借方	贷方		借方	贷方

四、财务报表

资产负债表和利润表如表 4 - 3 和表 4 - 4 所示。

表 4 - 3　资产负债表

编制单位：　　　　　　　　　　　　　　年　月　日　　　　　　　　　　　　单位：元

资产	期末余额	年初余额	负债和所有者权益	期末余额	年初余额
流动资产：			流动负债：		
货币资金			短期借款		
以公允价值计量且其变动计入当期损益的金融资产			以公允价值计量且其变动计入当期损益的金融负债		
衍生金融资产			衍生金融负债		
应收票据			应付票据		
应收账款			应付账款		
预付款项			预收款项		
应收利息			应付职工薪酬		
应收股利			应交税费		
其他应收款			应付利息		
存货			应付股利		
持有待售资产			其他应付款		
一年内到期的非流动资产			持有待售负债		
其他流动资产			一年内到期的非流动负债		
流动资产合计			其他流动负债		
非流动资产：			流动负债合计		
可供出售金融资产			非流动负债：		
持有至到期投资			长期借款		
长期应收款			应付债券		
长期股权投资			长期应付款		
投资性房地产			专项应付款		
固定资产			预计负债		
在建工程			递延所得税负债		
工程物资			其他非流动负债		
固定资产清理			非流动负债合计		
生产性生物资产			负债合计		
油气资产			所有者权益：		
无形资产			实收资本（或股本）		
开发支出			其他权益工具		
商誉			资本公积		
长期待摊费用			减：库存股		
递延所得税资产			其他综合收益		
其他非流动资产			盈余公积		
非流动资产合计			未分配利润		
资产总计			所有者权益合计		
			负债和所有者总计		

表4－4　利润表

编制单位：　　　　　　　　　　　　　年　月　　　　　　　　　　　　单位：元

项目	本期金额	上期金额
一、营业收入		
减：营业成本		
税金及附加		
销售费用		
管理费用		
研发费用		
财务费用		
其中：利息费用		
利息收入		
资产减值损失		
信用减值损失		
加：其他收益		
投资收益（净损失以"－"填列）		
其中：对联营企业和合营企业的投资收益		
公允价值变动收益（净损失以"－"填列）		
资产处置收益（损失以"－"填列）		
二、营业利润（亏损以"－"填列）		
加：营业外收入		
减：营业外支出		
其中：非流动资产处置净损失（净收益以"－"填列）		
三、利润总额（亏损总额以"－"填列）		
减：所得税费用		
四、净利润（净亏损以"－"填列）		
五、其他综合收益的税后净额		
……		
六、综合收益总额		
七、每股收益：		
（一）基本每股收益		
（二）稀释每股收益		

中华人民共和国会计法（2024 年最新修订）

（根据 2024 年 6 月 28 日第十四届全国人民代表大会常务委员会第十次会议《关于修改〈中华人民共和国会计法〉的决定》第三次修正）

第一章　总　　则

第一条　为了规范会计行为，保证会计资料真实、完整，加强经济管理和财务管理，提高经济效益，维护社会主义市场经济秩序，制定本法。

第二条　会计工作应当贯彻落实党和国家路线方针政策、决策部署，维护社会公共利益，为国民经济和社会发展服务。国家机关、社会团体、公司、企业、事业单位和其他组织（以下统称单位）必须依照本法办理会计事务。

第三条　各单位必须依法设置会计账簿，并保证其真实、完整。

第四条　单位负责人对本单位的会计工作和会计资料的真实性、完整性负责。

第五条　会计机构、会计人员依照本法规定进行会计核算，实行会计监督。任何单位或者个人不得以任何方式授意、指使、强令会计机构、会计人员伪造、变造会计凭证、会计账簿和其他会计资料，提供虚假财务会计报告。任何单位或者个人不得对依法履行职责、抵制违反本法规定行为的会计人员实行打击报复。

第六条　对认真执行本法，忠于职守，坚持原则，做出显著成绩的会计人员，给予精神的或者物质的奖励。

第七条　国务院财政部门主管全国的会计工作。

县级以上地方各级人民政府财政部门管理本行政区域内的会计工作。

第八条　国家实行统一的会计制度。国家统一的会计制度由国务院财政部门根据本法制定并公布。

国务院有关部门可以依照本法和国家统一的会计制度制定对会计核算和会计监督有特殊要求的行业实施国家统一的会计制度的具体办法或者补充规定，报国务院财政部门审核批准。

国家加强会计信息化建设，鼓励依法采用现代信息技术开展会计工作，具体办法由国务院财政部门会同有关部门制定。

第二章　会计核算

第九条　各单位必须根据实际发生的经济业务事项进行会计核算，填制会计凭证，登记会计账簿，编制财务会计报告。

任何单位不得以虚假的经济业务事项或者资料进行会计核算。

第十条　各单位应当对下列经济业务事项办理会计手续，进行会计核算：

（一）资产的增减和使用；

（二）负债的增减；

（三）净资产（所有者权益）的增减；

（四）收入、支出、费用、成本的增减；

（五）财务成果的计算和处理；

（六）需要办理会计手续、进行会计核算的其他事项。

第十一条 会计年度自公历 1 月 1 日起至 12 月 31 日止。

第十二条 会计核算以人民币为记账本位币。

业务收支以人民币以外的货币为主的单位，可以选定其中一种货币作为记账本位币，但是编报的财务会计报告应当折算为人民币。

第十三条 会计凭证、会计账簿、财务会计报告和其他会计资料，必须符合国家统一的会计制度的规定。

使用电子计算机进行会计核算的，其软件及其生成的会计凭证、会计账簿、财务会计报告和其他会计资料，也必须符合国家统一的会计制度的规定。

任何单位和个人不得伪造、变造会计凭证、会计账簿及其他会计资料，不得提供虚假的财务会计报告。

第十四条 会计凭证包括原始凭证和记账凭证。

办理本法第十条所列的经济业务事项，必须填制或者取得原始凭证并及时送交会计机构。会计机构、会计人员必须按照国家统一的会计制度的规定对原始凭证进行审核，对不真实、不合法的原始凭证有权不予接受，并向单位负责人报告；对记载不准确、不完整的原始凭证予以退回，并要求按照国家统一的会计制度的规定更正、补充。

原始凭证记载的各项内容均不得涂改；原始凭证有错误的，应当由出具单位重开或者更正，更正处应当加盖出具单位印章。原始凭证金额有错误的，应当由出具单位重开，不得在原始凭证上更正。

记账凭证应当根据经过审核的原始凭证及有关资料编制。

第十五条 会计账簿登记，必须以经过审核的会计凭证为依据，并符合有关法律、行政法规和国家统一的会计制度的规定。会计账簿包括总账、明细账、日记账和其他辅助性账簿。

会计账簿应当按照连续编号的页码顺序登记。会计账簿记录发生错误或者隔页、缺号、跳行的，应当按照国家统一的会计制度规定的方法更正，并由会计人员和会计机构负责人（会计主管人员）在更正处盖章。

使用电子计算机进行会计核算的，其会计账簿的登记、更正，应当符合国家统一的会计制度的规定。

第十六条 各单位发生的各项经济业务事项应当在依法设置的会计账簿上统一登记、核算，不得违反本法和国家统一的会计制度的规定私设会计账簿登记、核算。

第十七条 各单位应当定期将会计账簿记录与实物、款项及有关资料相互核对，保证会计账簿记录与实物及款项的实有数额相符、会计账簿记录与会计凭证的有关内容相符、会计账簿之间相对应的记录相符、会计账簿记录与会计报表的有关内容相符。

第十八条 各单位采用的会计处理方法，前后各期应当一致，不得随意变更；确有必要变更的，应当按照国家统一的会计制度的规定变更，并将变更的原因、情况及影响在财务会计报告中说明。

第十九条 单位提供的担保、未决诉讼等或有事项，应当按照国家统一的会计制度的规定，在财务会计报告中予以说明。

第二十条 财务会计报告应当根据经过审核的会计账簿记录和有关资料编制，并符合本法和国家统一的会计制度关于财务会计报告的编制要求、提供对象和提供期限的规定；其他法律、行政法规另有规定的，从其规定。

向不同的会计资料使用者提供的财务会计报告，其编制依据应当一致。有关法律、行政法规规定财务会计报告须经注册会计师审计的，注册会计师及其所在的会计师事务所出具的审计报告应当随同财务会计报告一并提供。

第二十一条 财务会计报告应当由单位负责人和主管会计工作的负责人、会计机构负责人（会计主管人员）签名并盖章；设置总会计师的单位，还须由总会计师签名并盖章。

单位负责人应当保证财务会计报告真实、完整。

第二十二条 会计记录的文字应当使用中文。在民族自治地方，会计记录可以同时使用当地通用的一种民族文字。在中华人民共和国境内的外商投资企业、外国企业和其他外国组织的会计记录可以同时使用一种外国文字。

第二十三条 各单位对会计凭证、会计账簿、财务会计报告和其他会计资料应当建立档案，妥善保管。加强会计信息安全管理。会计档案的具体管理办法，由国务院财政部门会同有关部门制定。

第二十四条 各单位进行会计核算不得有下列行为：

（一）随意改变资产、负债、净资产（所有者权益）的确认标准或者计量方法，虚列、多列、不列或者少列资产、负债、净资产（所有者权益）；

（二）虚列或者隐瞒收入，推迟或者提前确认收入；

（三）随意改变费用、成本的确认标准或者计量方法，虚列、多列、不列或者少列费用、成本；

（四）随意调整利润的计算、分配方法，编造虚假利润或者隐瞒利润；

（五）违反国家统一的会计制度规定的其他行为。

第三章 会计监督

第二十五条 各单位应当建立、健全本单位内部会计监督制度，并纳入本单位内部控制管理制度。单位内部会计监督制度应当符合下列要求：

（一）记账人员与经济业务事项和会计事项的审批人员、经办人员、财物保管人员的职责权限应当明确，并相互分离、相互制约；

（二）重大对外投资、资产处置、资金调度和其他重要经济业务事项的决策和执行的相互监督、相互制约程序应当明确；

（三）财产清查的范围、期限和组织程序应当明确；

（四）对会计资料定期进行内部审计的办法和程序应当明确。

（五）国务院财政部门规定的其他要求。

第二十六条 单位负责人应当保证会计机构、会计人员依法履行职责，不得授意、指使、强令会计机构、会计人员违法办理会计事项。

会计机构、会计人员对违反本法和国家统一的会计制度规定的会计事项，有权拒绝办理或者按照职权予以纠正。

第二十七条 会计机构、会计人员发现会计账簿记录与实物、款项及有关资料不相符的，按照国家统一的会计制度的规定有权自行处理的，应当及时处理；无权处理的，应当立即向单位负责人报告，请求查明原因，作出处理。

第二十八条 任何单位和个人对违反本法和国家统一的会计制度规定的行为，有权检举。收到检举的部门有权处理的，应当依法按照职责分工及时处理；无权处理的，应当及时移送有权处理的部门处理。收到检举的部门、负责处理的部门应当为检举人保密，不得将检举人姓名和检举材料转给被检举单位和被检举人个人。

第二十九条 有关法律、行政法规规定，须经注册会计师进行审计的单位，应当向受委托的会计师事务所如实提供会计凭证、会计账簿、财务会计报告和其他会计资料以及有关情况。任何单位或者个人不得以任何方式要求或者示意注册会计师及其所在的会计师事务所出具不实或者不当的审计报告。

财政部门有权对会计师事务所出具审计报告的程序和内容进行监督。

第三十条 财政部门对各单位的下列情况实施监督：

（一）是否依法设置会计账簿；

（二）会计凭证、会计账簿、财务会计报告和其他会计资料是否真实、完整；

（三）会计核算是否符合本法和国家统一的会计制度的规定；

（四）从事会计工作的人员是否具备专业能力、遵守职业道德。

第三十一条 在对本法第三十条第（二）项所列事项实施监督时，可以采取下列措施：

（一）发现重大违法嫌疑时，国务院财政部门及其派出机构可以查询被监督单位有经济业务往来的单位在金融机构与被监督事项相关的资金情况，有关单位和金融机构应当给予支持；有证据证明被监督单位涉嫌转移或者隐匿涉案财产的，经国务院财政部门及其派出机构可以申请人民法院予以冻结或者查封；有证据证明涉嫌违法人员、涉嫌违法单位的主管人员和其他直接责任人员存在外逃嫌疑的，国务院财政部门可以决定不准其出境，并通知移民管理机构执行；

（二）发现重特大违法嫌疑时，经国务院财政部门主要负责人批准，国务院财政部门还可以查询与被监督单位有经济业务往来的个人在金融机构与被监督事项相关的资金情况。

第三十二条 财政、审计、税务、金融管理等部门应当依照有关法律、行政法规规定的职责，对有关单位的会计资料实施监督检查。前款所列监督检查部门对有关单位的会计资料依法实施监督检查后，应当出具检查结论。有关监督检查部门已经作出的检查结论能够满足其他监督检查部门履行本部门职责需要的，其他监督检查部门应当加以利用，避免重复查账。财政部门应当推动建立部门间会计数据共享机制。

第三十三条 依法对有关单位的会计资料实施监督检查的部门及其工作人员对在监督检查中知悉的国家秘密、工作秘密、商业秘密、个人隐私、个人信息负有保密义务。

第三十四条 各单位必须依照有关法律、行政法规的规定，接受有关监督检查部门依法实施的监督检查，如实提供会计凭证、会计账簿、财务会计报告和其他会计资料以及有关情况，不得拒绝、隐匿、谎报。

第四章　会计机构和会计人员

第三十五条 各单位应当根据会计业务的需要，依法采取下列一种方式组织本单位的会计工作：

（一）设置会计机构；

（二）在有关机构中设置会计岗位并指定会计主管人员；

（三）委托经批准设立从事会计代理记账业务的中介机构代理记账；

（四）国务院财政部门规定的其他方式。国有的和国有资本占控股地位或者主导地位的大、中型企业必须设置总会计师。总会计师的任职资格、任免程序、职责权限由国务院规定。

第三十六条 会计机构内部应当建立稽核制度。出纳人员不得兼任稽核、会计档案保管和收入、支出、费用、债权债务账目的登记工作。

第三十七条 会计人员应当具备从事会计工作所需要的专业能力。担任单位会计机构负责人（会计主管人员）的，应当具备会计师以上专业技术职务资格或者从事会计工作三年以上经历。本法所称会计人员的范围由国务院财政部门规定。

第三十八条 会计人员应当遵守职业道德，提高业务素质，严格遵守国家有关保密规定。对会计人员的教育和培训工作应当加强。

第三十九条 因有提供虚假财务会计报告，做假账，隐匿或者故意销毁会计凭证、会计账簿、财务会计报告，贪污，挪用公款，职务侵占等与会计职务有关的违法行为被依法追究刑事责任的人员，不得再从事会计工作。

第四十条 会计人员调动工作或者离职，必须与接管人员办清交接手续。一般会计人员办理交接手续，由会计机构负责人（会计主管人员）监交；会计机构负责人（会计主管人员）办理交接手续，由单位负责人监交，必要时主管单位可以派人会同监交。

第五章　法律责任

第四十一条 违反本法规定，有下列行为之一的，由县级以上人民政府财政部门责令限期改正，给予警告、通报批评，对单位可以并处五十万元以下的罚款，对其直接负责的主管人员和其他直接责任人员可以处五万元以下的罚款；情节严重的，对单位可以并处五十万元以上二百万元以下的罚款，对其直接负责的主管人员和其他直接责任人员可以处五万元以上五十万元以下的罚款；属于公职人员的，还应当依法给予处分：

（一）不依法设置会计账簿的；

（二）私设会计账簿的；

（三）未按照规定填制、取得原始凭证或者填制、取得的原始凭证不符合规定的；

（四）以未经审核的会计凭证为依据登记会计账簿或者登记会计账簿不符合规定的；

（五）随意变更会计处理方法的；

（六）向不同的会计资料使用者提供的财务会计报告编制依据不一致的；

（七）未按照规定使用会计记录文字或者记账本位币的；

（八）未按照规定保管会计资料，致使会计资料毁损、灭失的；

（九）未按照规定建立并实施单位内部会计监督制度或者拒绝依法实施的监督或者不如实提供有关会计资料及有关情况的；

（十）任用会计人员不符合本法规定的。有前款所列行为之一，构成犯罪的，依法追究刑事责任。会计人员有第一款所列行为之一，情节严重的，五年内不得从事会计工作。有关法律对第一款所列行为的处罚另有规定的，依照有关法律的规定办理。

第四十二条　伪造、变造会计凭证、会计账簿，编制虚假财务会计报告，隐匿或者故意销毁依法应当保存的会计凭证、会计账簿、财务会计报告的，由县级以上人民政府财政部门责令限期改正，给予警告、通报批评，没收违法所得，违法所得二十万元以上的，对单位可以并处违法所得一倍以上十倍以下的罚款，没有违法所得或者违法所得不足二十万元的，可以并处二十万元以上二百万元以下的罚款；对其直接负责的主管人员和其他直接责任人员可以处十万元以上五十万元以下的罚款，情节严重的，可以处五十万元以上二百万元以下的罚款；属于公职人员的，还应当依法给予处分；其中的会计人员，五年内不得从事会计工作；构成犯罪的，依法追究刑事责任。

第四十三条　授意、指使、强令会计机构、会计人员及其他人员伪造、变造会计凭证、会计账簿，编制虚假财务会计报告或者隐匿、故意销毁依法应当保存的会计凭证、会计账簿、财务会计报告的，由县级以上人民政府财政部门给予警告、通报批评，可以并处二十万元以上一百万元以下的罚款；情节严重的，可以并处一百万元以上五百万元以下的罚款；属于公职人员的，还应当依法给予处分；构成犯罪的，依法追究刑事责任。

第四十四条　单位负责人对依法履行职责、抵制违反本法规定行为的会计人员以降级、撤职、调离工作岗位、解聘或者开除等方式实行打击报复，依法给予处分；构成犯罪的，依法追究刑事责任。对受打击报复的会计人员，应当恢复其名誉和原有职务、级别。

第四十五条　从事会计代理记账业务的中介机构及其工作人员有本法第四十一条至第四十四条所列行为的，依照本法规定追究法律责任。

第四十六条　财政部门及有关行政部门的工作人员在实施监督管理中滥用职权、玩忽职守、徇私舞弊、违反规定查询资金或者冻结、查封资产，或者泄露国家秘密、工作秘密、商业秘密、个人隐私、个人信息的，依法给予处分；构成犯罪的，依法追究刑事责任。

第四十七条　违反本法规定，将检举人姓名和检举材料转给被检举单位和被检举个人的，依法给予处分。

第四十八条　违反本法规定，有主动消除或者减轻违法行为危害后果，违法行为轻微并及时改正且没有造成危害后果，或者初次违法且危害后果轻微并及时改正等法定情形的，依照《中华人民共和国行政处罚法》的规定从轻、减轻或者不予处罚。

第四十九条　因违反本法规定受到处罚的，按照国家有关规定记入信用记录，并向社会公示。违反本法规定，同时违反其他法律规定的，由有关部门在各自职权范围内依法进行处罚。

第六章　附　　则

第五十条　本法下列用语的含义：单位负责人，是指单位法定代表人或者法律、行政法规规定代表单位行使职权的主要负责人。国家统一的会计制度，是指国务院财政部门根据本法制定的关于会计核算、会计监督、会计机构和会计人员以及会计工作管理的制度。

第五十一条 中央军事委员会有关部门可以依照本法和国家统一的会计制度制定军队实施国家统一的会计制度的具体办法，抄送国务院财政部门。

第五十二条 个体工商户会计管理的具体办法，由国务院财政部门根据本法的原则另行规定。

第五十三条 本法自 2000 年 7 月 1 日起施行。

附录二

会计基础工作规范

(1996 年 6 月 17 日财会字〔1996〕19 号公布，根据 2019 年 3 月 14 日《财政部关于修改〈代理记账管理办法〉等 2 部部门规章的决定》修改)

第一章 总 则

第一条 为了加强会计基础工作，建立规范的会计工作秩序，提高会计工作水平，根据《中华人民共和国会计法》的有关规定，制定本规范。

第二条 国家机关、社会团体、企业、事业单位、个体工商户和其他组织的会计基础工作，应当符合本规范的规定。

第三条 各单位应当依据有关法规、法规和本规范的规定，加强会计基础工作，严格执行会计法规制度，保证会计工作依法有序地进行。

第四条 单位领导人对本单位的会计基础工作负有领导责任。

第五条 各省、自治区、直辖市财政厅（局）要加强对会计基础工作的管理和指导，通过政策引导、经验交流、监督检查等措施，促进基层单位加强会计基础工作，不断提高会计工作水平。

国务院各业务主管部门根据职责权限管理本部门的会计基础工作。

第二章 会计机构和会计人员

第一节 会计机构设置和会计人员配备

第六条 各单位应当根据会计业务的需要设置会计机构；不具备单独设置会计机构条件的，应当在有关机构中配备专职会计人员。

事业行政单位会计机构的设置和会计人员的配备，应当符合国家统一事业行政单位会计制度的规定。

设置会计机构，应当配备会计机构负责人；在有关机构中配备专职会计人员，应当在专职会计人员中指定会计主管人员。

会计机构负责人、会计主管人员的任免，应当符合《中华人民共和国会计法》和有关法律的规定。

第七条 会计机构负责人、会计主管人员应当具备下列基本条件：

（一）坚持原则，廉洁奉公；

（二）具有会计专业技术资格；

（三）主管一个单位或者单位内一个重要方面的财务会计工作时间不少于 2 年；

（四）熟悉国家财经法律、法规、规章和方针、政策，掌握本行业业务管理的有关知识；

（五）有较强的组织能力；

（六）身体状况能够适应本职工作的要求。

第八条 没有设置会计机构和配备会计人员的单位，应当根据《代理记账管理暂行办法》委托会计师事务所或者持有代理记账许可证书的其他代理记账机构进行代理记账。

第九条 大、中型企业、事业单位、业务主管部门应当根据法律和国家有关规定设置总会计师。总会计师由具有会计师以上专业技术资格的人员担任。

总会计师行使《总会计师条例》规定的职责、权限。

总会计师的任命（聘任）、免职（解聘）依照《总会计师条例》和有关法律的规定办理。

第十条　各单位应当根据会计业务需要配备持有会计证的会计人员。未取得会计证的人员，不得从事会计工作。

第十一条　各单位应当根据会计业务需要设置会计工作岗位。

会计工作岗位一般可分为：会计机构负责人或者会计主管人员，出纳，财产物资核算，工资核算，成本费用核算，财务成果核算，资金核算，往来结算，总账报表，稽核，档案管理等。开展会计电算化和管理会计的单位，可以根据需要设置相应工作岗位，也可以与其他工作岗位相结合。

第十二条　会计工作岗位，可以一人一岗、一人多岗或者一岗多人。但出纳人员不得兼管稽核、会计档案保管和收入、费用、债权债务账目的登记工作。

第十三条　会计人员的工作岗位应当有计划地进行轮换。

第十四条　会计人员应当具备必要的专业知识和专业技能，熟悉国家有关法律、法规、规章和国家统一会计制度，遵守职业道德。

会计人员应当按照国家有关规定参加会计业务的培训。各单位应当合理安排会计人员的培训，保证会计人员每年有一定时间用于学习和参加培训。

第十五条　各单位领导人应当支持会计机构、会计人员依法行使职权；对忠于职守，坚持原则，做出显著成绩的会计机构、会计人员，应当给予精神的和物质的奖励。

第十六条　国家机关、国有企业、事业单位任用会计人员应当实行回避制度。

单位领导人的直系亲属不得担任本单位的会计机构负责人、会计主管人员。会计机构负责人、会计主管人员的直系亲属不得在本单位会计机构中担任出纳工作。

需要回避的直系亲属为：夫妻关系、直系血亲关系、三代以内旁系血亲以及配偶亲关系。

第二节　会计人员职业道德

第十七条　会计人员在会计工作中应当遵守职业道德，树立良好的职业品质、严谨的工作作风，严守工作纪律，努力提高工作效率和工作质量。

第十八条　会计人员应当热爱本职工作，努力钻研业务，使自己的知识和技能适应所从事工作的要求。

第十九条　会计人员应当熟悉财经法律、法规、规章和国家统一会计制度，并结合会计工作进行广泛宣传。

第二十条　会计人员应当按照会计法律、法规和国家统一会计制度规定的程序和要求进行会计工作，保证所提供的会计信息合法、真实、准确、及时、完整。

第二十一条　会计人员办理会计事务应当实事求是、客观公正。

第二十二条　会计人员应当熟悉本单位的生产经营和业务管理情况，运用掌握的会计信息和会计方法，为改善单位内部管理、提高经济效益服务。

第二十三条　会计人员应当保守本单位的商业秘密。除法律规定和单位领导人同意外，不能私自向外界提供或者泄露单位的会计信息。

第二十四条　财政部门、业务主管部门和各单位应当定期检查会计人员遵守职业道德的情况，并作为会计人员晋升、晋级、聘任专业职务、表彰奖励的重要考核依据。

会计人员违反职业道德的，由所在单位进行处罚。

第三节　会计工作交接

第二十五条　会计人员工作调动或者因故离职，必须将本人所经管的会计工作全部移交给接替人员。没有办清交接手续的，不得调动或者离职。

第二十六条　接替人员应当认真接管移交工作，并继续办理移交的未了事项。

第二十七条　会计人员办理移交手续前，必须及时做好以下工作：

（一）已经受理的经济业务尚未填制会计凭证的，应当填制完毕。

（二）尚未登记的账目，应当登记完毕，并在最后一笔余额后加盖经办人员印章。

（三）整理应该移交的各项资料，对未了事项写出书面材料。

（四）编制移交清册，列明应当移交的会计凭证、会计账簿、会计报表、印章、现金、有价证券、支票簿、发票、文件、其他会计资料和物品等内容；实行会计电算化的单位，从事该项工作的移交人员还应当在移交清册中列明会计软件及密码、会计软件数据磁盘（磁带等）及有关资料、实物等内容。

第二十八条　会计人员办理交接手续，必须有监交人负责监交。一般会计人员交接，由单位会计机构负责人、会计主管人员负责监交；会计机构负责人、会计主管人员交接，由单位领导人负责监交，必要时可由上级主管部门派人会同监交。

第二十九条　移交人员在办理移交时，要按移交清册逐项移交；接替人员要逐项核对点收。

（一）现金、有价证券要根据会计账簿有关记录进行点交。库存现金、有价证券必须与会计账簿记录保持一致。不一致时，移交人员必须限期查清。

（二）会计凭证、会计账簿、会计报表和其他会计资料必须完整无缺。如有短缺，必须查清原因，并在移交清册中注明，由移交人员负责。

（三）银行存款账户余额要与银行对账单核对，如不一致，应当编制银行存款余额调节表调节相符，各种财产物资和债权债务的明细账户余额要与总账有关账户余额核对相符；必要时，要抽查个别账户的余额，与实物核对相符，或者与往来单位、个人核对清楚。

（四）移交人员经管的票据、印章和其他实物等，必须交接清楚；移交人员从事会计电算化工作的，要对有关电子数据在实际操作状态下进行交接。

第三十条　会计机构负责人、会计主管人员移交时，还必须将全部财务会计工作、重大财务收支和会计人员的情况等，向接替人员详细介绍。对需要移交的遗留问题，应当写出书面材料。

第三十一条　交接完毕后，交接双方和监交人员要在移交注册上签名或者盖章。并应在移交注册上注明：单位名称，交接日期，交接双方和监交人员的职务、姓名，移交清册页数以及需要说明的问题和意见等。

移交清册一般应当填制一式三份，交接双方各执一份，存档一份。

第三十二条　接替人员应当继续使用移交的会计账簿，不得自行另立新账，以保持会计记录的连续性。

第三十三条　会计人员临时离职或者因病不能工作且需要接替或者代理的，会计机构负责人、会计主管人员或者单位领导人必须指定有关人员接替或者代理，并办理交接手续。

临时离职或者因病不能工作的会计人员恢复工作的，应当与接替或者代理人员办理交接手续。

移交人员因病或者其他特殊原因不能亲自办理移交的，经单位领导人批准，可由移交人员委托他人代办移交，但委托人应当承担本规范第三十五条规定的责任。

第三十四条　单位撤销时，必须留有必要的会计人员，会同有关人员办理清理工作，编制决算。未移交前，不得离职。接收单位和移交日期由主管部门确定。

单位合并、分立的，其会计工作交接手续比照上述有关规定办理。

第三十五条　移交人员对所移交的会计凭证、会计账簿、会计报表和其他有关资料的合法性、真实性承担法律责任。

第三章　会计核算

第一节　会计核算一般要求

第三十六条　各单位应当按照《中华人民共和国会计法》和国家统一会计制度的规定建立会计账册，进行会计核算，及时提供合法、真实、准确、完整的会计信息。

第三十七条　各单位发生的下列事项，应当及时办理会计手续、进行会计核算：

（一）款项和有价证券的收付；

（二）财物的收发、增减和使用；

（三）债权债务的发生和结算；

（四）资本、基金的增减；

（五）收入、支出、费用、成本的计算；

（六）财务成果的计算和处理；

（七）其他需要办理会计手续、进行会计核算的事项。

第三十八条 各单位的会计核算应当以实际发生的经济业务为依据，按照规定的会计处理方法进行，保证会计指标的口径一致、相互可比和会计处理方法的前后各期相一致。

第三十九条 会计年度自公历 1 月 1 日起至 12 月 31 日止。

第四十条 会计核算以人民币为记账本位币。

收支业务以外国货币为主的单位，也可以选定某种外国货币作为记账本位币，但是编制的会计报表应当折算为人民币反映。

境外单位向国内有关部门编报的会计报表，应当折算为人民币反映。

第四十一条 各单位根据国家统一会计制度的要求，在不影响会计核算要求、会计报表指标汇总和对外统一会计报表的前提下，可以根据实际情况自行设置和使用会计科目。

事业行政单位会计科目的设置和使用，应当符合国家统一事业行政单位会计制度的规定。

第四十二条 会计凭证、会计账簿、会计报表和其他会计资料的内容和要求必须符合国家统一会计制度的规定，不得伪造、变造会计凭证和会计账簿，不得设置账外账，不得报送虚假会计报表。

第四十三条 各单位对外报送的会计报表格式由财政部统一规定。

第四十四条 实行会计电算化的单位，对使用的会计软件及其生成的会计凭证、会计账簿、会计报表和其他会计资料的要求，应当符合财政部关于会计电算化的有关规定。

第四十五条 各单位的会计凭证、会计账簿、会计报表和其他会计资料，应当建立档案，妥善保管。会计档案建档要求、保管期限、销毁办法等依据《会计档案管理办法》的规定进行。

实行会计电算化的单位，有关电子数据、会计软件资料等应当作为会计档案进行管理。

第四十六条 会计记录的文字应当使用中文，少数民族自治地区可以同时使用少数民族文字。中国境内的外商投资企业、外国企业和其他外国经济组织也可以同时使用某种外国文字。

第二节 填制会计凭证

第四十七条 各单位办理本规范第三十七条规定的事项，必须取得或者填制原始凭证，并及时送交会计机构。

第四十八条 原始凭证的基本要求是：

（一）原始凭证的内容必须具备：凭证的名称；填制凭证的日期；填制凭证单位名称或者填制人姓名；经办人员的签名或者盖章；接受凭证单位名称；经济业务内容；数量、单价和金额。

（二）从外单位取得的原始凭证，必须盖有填制单位的公章；从个人取得的原始凭证，必须有填制人员的签名或者盖章。自制原始凭证必须有经办单位领导人或者其指定的人员签名或者盖章。对外开出的原始凭证，必须加盖本单位公章。

（三）凡填有大写和小写金额的原始凭证，大写与小写金额必须相符。购买实物的原始凭证，必须有验收证明。支付款项的原始凭证，必须有收款单位和收款人的收款证明。

（四）一式几联的原始凭证，应当注明各联的用途，只能以一联作为报销凭证。

一式几联的发票和收据，必须用双面复写纸（发票和收据本身具备复写纸功能的除外）套写，并连续编号。作废时应当加盖"作废"戳记，连同存根一起保存，不得撕毁。

（五）发生销货退回的，除填制退货发票外，还必须有退货验收证明；退款时，必须取得对方的收款收据或者汇款银行的凭证，不得以退货发票代替收据。

（六）职工公出借款凭证，必须附在记账凭证之后。收回借款时，应当另开收据或者退还借据副本，不得退还原借据收据。

（七）经上级有关部门批准的经济业务，应当将批准文件作为原始凭证附件。如果批准文件需要单独归档的，应当在凭证上注明批准机关名称、日期和文件字号。

第四十九条　原始凭证不得涂改、挖补。发现原始凭证有错误的，应当由开出单位重开或者更正，更正处应当加盖开出单位的公章。

第五十条　会计机构、会计人员要根据审核无误的原始凭证填制记账凭证。

记账凭证可以分为收款凭证、付款凭证和转账凭证，也可以使用通用记账凭证。

第五十一条　记账凭证的基本要求是：

（一）记账凭证的内容必须具备：填制凭证的日期；凭证编号；经济业务摘要；会计科目；金额；所附原始凭证张数；填制凭证人员、稽核人员、记账人员、会计机构负责人、会计主管人员签名或者盖章。收款和付款记账凭证还应当由出纳人员签名或者盖章。

以自制的原始凭证或者原始凭证汇总表代替记账凭证的，也必须具备记账凭证应有的项目。

（二）填制记账凭证时，应当对记账凭证进行连续编号。一笔经济业务需要填制两张以上记账凭证的，可以采用分数编号法编号。

（三）记账凭证可以根据每一张原始凭证填制，或者根据若干张同类原始凭证汇总填制，也可以根据原始凭证汇总表填制。但不得将不同内容和类别的原始凭证汇总填制在一张记账凭证上。

（四）除结账和更正错误的记账凭证可以不附原始凭证外，其他记账凭证必须附有原始凭证。如果一张原始凭证涉及几张记账凭证，可以把原始凭证附在一张主要的记账凭证后面，并在其他记账凭证上注明附有该原始凭证的记账凭证的编号或者附原始凭证复印机。

一张复核凭证所列支出需要几个单位共同负担的，应当将其他单位负担的部分，开给对方原始凭证分割单，进行结算。原始凭证分割单必须具备原始凭证的基本内容：凭证名称、填制凭证日期、填制凭证单位名称或者填制人姓名、经办人的签名或者盖章、接受凭证单位名称、经济业务内容、数量、单价、金额和费用分摊情况等。

（五）如果在填制记账凭证时发生错误，应当重新填制。

已经登记入账的记账凭证，在当年内发现填写错误时，可以用红字填写一张与原内容相同的记账凭证，在摘要栏注明"注销某月某日某号凭证"字样，同时再用蓝字重新填制一张正确的记账凭证，注明"订正某月某日某号凭证"字样。如果会计科目没有错误，只是金额错误，也可以将正确数字与错误数字之间的差额，另编一张调整的记账凭证，调增金额用蓝字，调减金额用红字。发现以前年度记账凭证有错误的，应当用蓝字填制一张更正的记账凭证。

（六）记账凭证填制完经济业务事项后，如有空行，应当自金额栏最后一笔金额数字下的空行处至合计数上的空行处划线注销。

第五十二条　填制会计凭证，字迹必须清晰、工整，并符合下列要求：

（一）阿拉伯数字应当一个一个地写，不得连笔写。阿拉伯金额数字前面应当书写货币币种符号或者货币名称简写和币种符号。币种符号与阿拉伯金额数字之间不得留有空白。凡阿拉伯数字前写有币种符号的，数字后面不再写货币单位。

（二）所有以元为单位（其他货币种类为货币基本单位，下同）的阿拉伯数字，除表示单价等情况外，一律填写到分；无角分的，角位和分位可写"00"，或者符号"－－"；有角无分的，分位应当写"0"，不得用符号"－－"代替。

（三）汉字大写数字金额如零、壹、贰、叁、肆、伍、陆、柒、捌、玖、拾、佰、仟、万、亿等，一律用正楷或者行书体书写，不得用0、一、二、三、四、五、六、七、八、九、十等简化字代替，不得任意自造简化字。大写金额数字到元或者角为止的，在"元"或者"角"字之后应当写"整"字或者"正"字；大写金额数字有分的，分字后面不写"整"或者"正"字。

（四）大写金额数字前未印有货币名称的，应当加填货币名称，货币名称与金额数字之间不得留有空白。

（五）阿拉伯金额数字中间有"0"时，汉字大写金额要写"零"字；阿拉伯数字金额中间连续有几个

"0"时，汉字大写金额中可以只写一个"零"字；阿拉伯金额数字元位是"0"，或者数字中间连续有几个"0"、元位也是"0"但角位不是"0"时，汉字大写金额可以只写一个"零"字，也可以不写"零"字。

第五十三条 实行会计电算化的单位，对于机制记账凭证，要认真审核，做到会计科目使用正确，数字准确无误。打印出的机制记账凭证要加盖制单人员、审核人员、记账人员及会计机构负责人、会计主管人员印章或者签字。

第五十四条 各单位会计凭证的传递程序应当科学、合理，具体办法由各单位根据会计业务需要自行规定。

第五十五条 会计机构、会计人员要妥善保管会计凭证。

（一）会计凭证应当及时传递，不得积压。

（二）会计凭证登记完毕后，应当按照分类和编号顺序保管，不得散乱丢失。

（三）记账凭证应当连同所附的原始凭证或者原始凭证汇总表，按照编号顺序，折叠整齐，按期装订成册，并加具封面，注明单位名称、年度、月份和起讫日期、凭证种类、起讫号码，由装订人在装订线封签外签名或者盖章。

对于数量过多的原始凭证，可以单独装订保管，在封面上注明记账凭证日期、编号、种类，同时在记账凭证上注明"附件另订"和原始凭证名称及编号。

各种经济合同、存出保证金收据以及涉外文件等重要原始凭证，应当另编目录，单独登记保管，并在有关的记账凭证和原始凭证上相互注明日期和编号。

（四）原始凭证不得外借，其他单位如因特殊原因需要使用原始凭证时，经本单位会计机构负责人、会计主管人员批准，可以复制。向外单位提供的原始凭证复制件，应当在专设的登记簿上登记，并由提供人员和收取人员共同签名或者盖章。

（五）从外单位取得的原始凭证如有遗失，应当取得原开出单位盖有公章的证明，并注明原来凭证的号码、金额和内容等，由经办单位会计机构负责人、会计主管人员和单位领导人批准后，才能代作原始凭证。如果确实无法取得证明的，如火车、轮船、飞机票等凭证，由当事人写出详细情况，由经办单位会计机构负责人、会计主管人员和单位领导人批准后，代作原始凭证。

第三节 登记会计账簿

第五十六条 各单位应当按照国家统一会计制度的规定和会计业务的需要设置会计账簿。会计账簿包括总账、明细账、日记账和其他辅助性账簿。

第五十七条 现金日记账和银行存款日记账必须采用订本式账簿。不得用银行对账单或者其他方法代替日记账。

第五十八条 实行会计电算化的单位，用计算机打印的会计账簿必须连续编号，经审核无误后装订成册，并由记账人员和会计机构负责人、会计主管人员签字或者盖章。

第五十九条 启用会计账簿时，应当在账簿封面上写明单位名称和账簿名称。在账簿扉页上应当附启用表，内容包括：启用日期、账簿页数、记账人员和会计机构负责人、会计主管人员姓名，并加盖名章和单位公章。记账人员或者会计机构负责人、会计主管人员调动工作时，应当注明交接日期、接办人员或者监交人员姓名，并由交接双方人员签名或者盖章。

启用订本式账簿，应当从第一页到最后一页顺序编定页数，不得跳页、缺号。使用活页式账页，应当按账户顺序编号，并须定期装订成册。装订后再按实际使用的账页顺序编定页码。另加目录，记明每个账户的名称和页次。

第六十条 会计人员应当根据审核无误的会计凭证登记会计账簿。登记账簿的基本要求是：

（一）登记会计账簿时，应当将会计凭证日期、编号、业务内容摘要、金额和其他有关资料逐项记入账内，做到数字准确、摘要清楚、登记及时、字迹工整。

（二）登记完毕后，要在记账凭证上签名或者盖章，并注明已经登账的符号，表示已经记账。

（三）账簿中书写的文字和数字上面要留有适当空格，不要写满格；一般应占格距的二分之一。

（四）登记账簿要用蓝黑墨水或者碳素墨水书写，不得使用圆珠笔（银行的复写账簿除外）或者铅笔书写。

（五）下列情况，可以用红色墨水记账：

1. 按照红字冲账的记账凭证，冲销错误记录；

2. 在不设借贷等栏的多栏式账页中，登记减少数；

3. 在三栏式账户的余额栏前，如未印明余额方向的，在余额栏内登记负数余额；

4. 根据国家统一会计制度的规定可以用红字登记的其他会计记录。

（六）各种账簿按页次顺序连续登记，不得跳行、隔页。如果发生跳行、隔页，应当将空行、空页划线注销，或者注明"此行空白""此页空白"字样，并由记账人员签名或者盖章。

（七）凡需要结出余额的账户，结出余额后，应当在"借或贷"等栏内写明"借"或者"贷"等字样。没有余额的账户，应当在"借或贷"等栏内写"平"字，并在余额栏内用"0"表示。

现金日记账和银行存款日记账必须逐日结出余额。

（八）每一账页登记完毕结转下页时，应当结出本页合计数及余额，写在本页最后一行和下页第一行有关栏内，并在摘要栏内注明"过次页"和"承前页"字样；也可以将本页合计数及金额只写在下页第一行有关栏内，并在摘要栏内注明"承前页"字样。

对需要结计本月发生额的账户，结计"过次页"的本页合计数应当为自本月初起至本页末止的发生额合计数；对需要结计本年累计发生额的账户，结计"过次页"的本页合计数应当为自年初起至本页末止的累计数；对既不需要结计本月发生额也不需要结计本年累计发生额的账户，可以只将每页末的余额结转次页。

第六十一条　账簿记录发生错误，不准涂改、挖补、刮擦或者用药水消除字迹，不准重新抄写，必须按照下列方法进行更正：

（一）登记账簿时发生错误，应当将错误的文字或者数字划红线注销，但必须使原有字迹仍可辨认；然后在划线上方填写正确的文字或者数字，并由记账人员在更正处盖章。对于错误的数字，应当全部划红线更正，不得只更正其中的错误数字。对于文字错误，可只划去错误的部分。

（二）由于记账凭证错误而使账簿记录发生错误，应当按更正的记账凭证登记账簿。

第六十二条　各单位应当定期对会计账簿记录的有关数字与库存实物、货币资金、有价证券、往来单位或者个人等进行相互核对，保证账证相符、账账相符、账实相符。对账工作每年至少进行一次。

（一）账证核对。核对会计账簿记录与原始凭证、记账凭证的时间、凭证字号、内容、金额是否一致，记账方向是否相符。

（二）账账核对。核对不同会计账簿之间的账簿记录是否相符，包括：总账有关账户的余额核对，总账与明细账核对，总账与日记账核对，会计部门的财产物资明细账与财产物资保管和使用部门的有关明细账核对等。

（三）账实核对。核对会计账簿记录与财产等实有数额是否相符。包括：现金日记账账面余额与现金实际库存数相核对；银行存款日记账账面余额定期与银行对账单相核对；各种财物明细账账面余额与财物实存数额相核对；各种应收、应付款明细账账面余额与有关债务、债权单位或者个人核对等。

第六十三条　各单位应当按照规定定期结账。

（一）结账前，必须将本期内所发生的各项经济业务全部登记入账。

（二）结账时，应当结出每个账户的期末余额。需要结出当月发生额的，应当在摘要栏内注明"本月合计"字样，并在下面通栏划单红线。需要结出本年累计发生额的，应当在摘要栏内注明"本年累计"字样，并在下面通栏划单红线；12月末的"本年累计"就是全年累计发生额。全年累计发生额下面应当通栏划单红线。年度终了结账时，所有总账账户都应当结出全年发生额和年末余额。

（三）年度终了，要把各账户的余额结转到下一会计年度，并在摘要栏注明"结转下年"字样；在下一会计年度新建有关会计账簿的第一行余额栏内填写上年结转的余额，并在摘要栏内注明"上年结转"字样。

第四节　编制财务报告

第六十四条　各单位必须按照国家统一会计制度的规定，定期编制财务报告。

财务报告包括会计报表及其说明。会计报表包括会计报表主表、会计报表附表、会计报表附注。

第六十五条　各单位对外报送的财务报告应当根据国家统一会计制度规定的格式和要求编制。

单位内部使用的财务报告，其格式和要求由各单位自行规定。

第六十六条　会计报表应当根据登记完整、核对无误的会计账簿记录和其他有关资料编制，做到数字真实、计算准确、内容完整、说明清楚。

任何人不得篡改或者授意、指使、强令他人篡改会计报表的有关数字。

第六十七条　会计报表之间、会计报表各项目之间，凡有对应关系的数字，应当相互一致。本期会计报表与上期会计报表之间有关的数字应当相互衔接。如果不同会计年度会计报表中各项目的内容和核算方法有变更的，应当在年度会计报表中加以说明。

第六十八条　各单位应当按照国家统一会计制度的规定认真编写会计报表附注及其说明，做到项目齐全，内容完整。

第六十九条　各单位应当按照国家规定的期限对外报送财务报告。

对外报送的财务报告，应当依次编写页码，加具封面，装订成册，加盖公章。封面上应当注明：单位名称，单位地址，财务报告所属年度、季度、月度，送出日期，并由单位领导人、总会计师、会计机构负责人、会计主管人员签名或者盖章。

单位领导人对财务报告的合法性、真实性负法律责任。

第七十条　根据法律和国家有关规定应当对财务报告进行审计的，财务报告编制单位应当先行委托注册会计师进行审计，并将注册会计师出具的审计报告随同财务报告按照规定的期限报送有关部门。

第七十一条　如果发现对外报送的财务报告有错误，应当及时办理更正手续。除更正本单位留存的财务报告外，并应同时通知接受财务报告的单位更正。错误较多的，应当重新编报。

第四章　会计监督

第七十二条　各单位的会计机构、会计人员对本单位的经济活动进行会计监督。

第七十三条　会计机构、会计人员进行会计监督的依据是：

（一）财经法律、法规、规章；

（二）会计法律、法规和国家统一会计制度；

（三）各省、自治区、直辖市财政厅（局）和国务院业务主管部门根据《中华人民共和国会计法》和国家统一会计制度制定的具体实施办法或者补充规定；

（四）各单位根据《中华人民共和国会计法》和国家统一会计制度制定的单位内部会计管理制度；

（五）各单位内部的预算、财务计划、经济计划、业务计划等。

第七十四条　会计机构、会计人员应当对原始凭证进行审核和监督。

对不真实、不合法的原始凭证，不予受理。对弄虚作假、严重违法的原始凭证，在不予受理的同时，应当予以扣留，并及时向单位领导人报告，请求查明原因，追究当事人的责任。

对记载不准确、不完整的原始凭证，予以退回，要求经办人员更正、补充。

第七十五条　会计机构、会计人员对伪造、变造、故意毁灭会计账簿或者账外设账行为，应当制止和纠正；制止和纠正无效的，应当向上级主管单位报告，请求作出处理。

第七十六条　会计机构、会计人员应当对实物、款项进行监督，督促建立并严格执行财产清查制度。发现账簿记录与实物、款项不符时，应当按照国家有关规定进行处理。超出会计机构、会计人员职权范围的，应当立即向本单位领导报告，请求查明原因，作出处理。

第七十七条　会计机构、会计人员对指使、强令编造、篡改财务报告行为，应当制止和纠正；制止和纠正无效的，应当向上级主管单位报告，请求处理。

第七十八条　会计机构、会计人员应当对财务收支进行监督。

（一）对审批手续不全的财务收支，应当退回，要求补充、更正。

（二）对违反规定不纳入单位统一会计核算的财务收支，应当制止和纠正。

（三）对违反国家统一的财政、财务、会计制度规定的财务收支，不予办理。

（四）对认为是违反国家统一的财政、财务、会计制度规定的财务收支，应当制止和纠正；制止和纠正无效的，应当向单位领导人提出书面意见请求处理。

单位领导人应当在接到书面意见起十日内作出书面决定，并对决定承担责任。

（五）对违反国家统一的财政、财务、会计制度规定的财务收支，不予制止和纠正，又不向单位领导人提出书面意见的，也应当承担责任。

（六）对严重违反国家利益和社会公众利益的财务收支，应当向主管单位或者财政、审计、税务机关报告。

第七十九条　会计机构、会计人员对违反单位内部会计管理制度的经济活动，应当制止和纠正；制止和纠正无效的，向单位领导人报告，请求处理。

第八十条　会计机构、会计人员应当对单位制定的预算、财务计划、经济计划、业务计划的执行情况进行监督。

第八十一条　各单位必须依照法律和国家有关规定接受财政、审计、税务等机关的监督，如实提供会计凭证、会计账簿、会计报表和其他会计资料以及有关情况，不得拒绝、隐匿、谎报。

第八十二条　按照法律规定应当委托注册会计师进行审计的单位，应当委托注册会计师进行审计，并配合注册会计师的工作，如实提供会计凭证、会计账簿、会计报表和其他会计资料以及有关情况，不得拒绝、隐匿、谎报，不得示意注册会计师出具不当的审计报告。

第五章　内部会计管理制度

第八十三条　各单位应当根据《中华人民共和国会计法》和国家统一会计制度的规定，结合单位类型和内容管理的需要，建立健全相应的内部会计管理制度。

第八十四条　各单位制定内部会计管理制度应当遵循下列原则：

（一）应当执行法律、法规和国家统一的财务会计制度。

（二）应当体现本单位的生产经营、业务管理的特点和要求。

（三）应当全面规范本单位的各项会计工作，建立健全会计基础，保证会计工作的有序进行。

（四）应当科学、合理，便于操作和执行。

（五）应当定期检查执行情况。

（六）应根据管理需要和执行中的问题不断完善。

第八十五条　各单位应当建立内部会计管理体系。主要内容包括：单位领导人、总会计师对会计工作的领导职责；会计部门及其会计机构负责人、会计主管人员的职责、权限；会计部门与其他职能部门的关系；会计核算的组织形式等。

第八十六条　各单位应当建立会计人员岗位责任制度。主要内容包括：会计人员的工作岗位设置；各会计工作岗位的职责和标准；各会计工作岗位的人员和具体分工；会计工作岗位轮换办法；对各会计工作岗位的考核办法。

第八十七条　各单位应当建立账务处理程序制度。主要内容包括：会计科目及其明细科目的设置和使用；会计凭证的格式、审核要求和传递程序；会计核算方法；会计账簿的设置；编制会计报表的种类和要求；单位会计指标体系。

第八十八条　各单位应当建立内部牵制制度。主要内容包括：内部牵制制度的原则；组织分工；出纳岗位的职责和限制条件；有关岗位的职责和权限。

第八十九条　各单位应当建立稽核制度。主要内容包括：稽核工作的组织形式和具体分工；稽核工作的职责、权限；审核会计凭证和复核会计账簿、会计报表的方法。

第九十条 各单位应当建立原始记录管理制度。主要内容包括：原始记录的内容和填制方法；原始记录的格式；原始记录的审核；原始记录填制人的责任；原始记录签署、传递、汇集要求。

第九十一条 各单位应当建立定额管理制度。主要内容包括：定额管理的范围；制定和修订定额的依据、程序和方法；定额的执行；定额考核和奖惩办法等。

第九十二条 各单位应当建立计量验收制度。主要内容包括：计量检测手段和方法；计量验收管理的要求；计量验收人员的责任和奖惩办法。

第九十三条 各单位应当建立财产清查制度。主要内容包括：财产清查的范围；财产清查的组织；财产清查的期限和方法；对财产清查中发现问题的处理办法；对财产管理人员的奖惩办法。

第九十四条 各单位应当建立财务收支审批制度。主要内容包括：财务收支审批人员和审批权限；财务收支审批程序；财务收支审批人员的责任。

第九十五条 实行成本核算的单位应当建立成本核算制度。主要内容包括：成本核算的对象；成本核算的方法和程序；成本分析等。

第九十六条 各单位应当建立财务会计分析制度。主要内容包括：财务会计分析的主要内容；财务会计分析的基本要求和组织程序；财务会计分析的具体方法；财务会计分析报告的编写要求等。

第六章 附 则

第九十七条 本规范所称国家统一会计制度，是指由财政部制定，或者财政部与国务院有关部门联合制定，或者经财政部审核批准的在全国范围内统一执行的会计规章、准则、办法等规范性文件。

本规范所称会计主管人员，是指不设置会计机构、只在其他机构中设置专职会计人员的单位行使会计机构负责人职权的人员。

本规范第三章第二节和第三节关于填制会计凭证、登记会计账簿的规定，除特别指出外，一般适用于手工记账。实行会计电算化的单位，填制会计凭证和登记会计账簿的有关要求，应当符合财政部关于会计电算化的有关规定。

第九十八条 各省、自治区、直辖市财政厅（局）、国务院各业务主管部门可以根据本规范的原则，结合本地区、本部门的具体情况，制定具体实施办法，报财政部备案。

第九十九条 本规范由财政部负责解释、修改。

第一百条 本规范自公布之日起实施。1984 年 4 月 24 日财政部发布的《会计人员工作规则》同时废止。

企业常用会计科目表

总序	顺序	代号	科目名称	总序	顺序	代号	科目名称
			一、资产类	43	24	1503	可供出售金融资产
1	1	1001	库存现金	44	25	1511	长期股权投资
2	2	1002	银行存款	45	26	1512	长期股权投资减值准备
5	3	1012	其他货币资金	46	27	1521	投资性房地产
8	4	1101	交易性金融资产	47	28	1531	长期应收款
10	5	1121	应收票据	48	29	1532	未实现融资收益
11	6	1122	应收账款	50	30	1601	固定资产
12	7	1123	预付账款	51	31	1602	累计折旧
13	8	1131	应收股利	52	32	1603	固定资产减值准备
14	9	1132	应收利息	53	33	1604	在建工程
18	10	1221	其他应收款	54	34	1605	工程物资
19	11	1231	坏账准备	55	35	1606	固定资产清理
26	12	1401	材料采购	62	36	1701	无形资产
27	13	1402	在途物资	63	37	1702	累计摊销
28	14	1403	原材料	64	38	1703	无形资产减值准备
29	15	1404	材料成本差异	65	39	1711	商誉
30	16	1405	库存商品	66	30	1801	长期待摊费用
31	17	1406	发出商品	67	41	1811	递延所得税资产
32	18	1407	商品进销差价	69	42	1901	待处理财产损溢
33	19	1408	委托加工物资				二、负债类
34	20	1411	包装物及低值易耗品（或周转材料）	70	43	2001	短期借款
40	21	1471	存货跌价准备	77	44	2101	交易性金融负债
41	22	1501	持有至到期投资	79	45	2201	应付票据
42	23	1502	持有至到期投资减值准备	80	46	2202	应付账款

总序	顺序	代号	科目名称	总序	顺序	代号	科目名称
81	47	2203	预收账款	115	68	4104	利润分配
82	48	2211	应付职工薪酬	116	69	4201	库存股
83	49	2221	应交税费	五、成本类			
84	50	2231	应付利息	117	70	5001	生产成本
85	51	2232	应付股利	118	71	5101	制造费用
86	52	2241	其他应付款	119	72	5201	劳务成本
93	53	2401	递延收益	120	73	5301	研发支出
94	54	2501	长期借款	六、损益类			
95	55	2502	应付债券	124	74	6001	主营业务收入
100	56	2701	长期应付款	129	75	6051	其他业务收入
101	57	2702	未确认融资费用	131	76	6101	公允价值变动损益
102	58	2711	专项应付款	138	77	6111	投资收益
103	59	2801	预计负债	142	78	6301	营业外收入
104	60	2901	递延所得税负债	143	79	6401	主营业务成本
三、共同类				144	80	6402	其他业务支出
107	61	3101	衍生工具	145	81	6405	税金及附加
108	62	3201	套期工具	155	82	6601	销售费用
109	63	3202	被套期项目	156	83	6602	管理费用
四、所有者权益类				157	84	6603	财务费用
110	64	4001	实收资本	159	85	6701	资产减值损失
111	65	4002	资本公积	160	86	6711	营业外支出
112	66	4101	盈余公积	161	87	6801	所得税费用
114	67	4103	本年利润	162	88	6901	以前年度损益调整

会计学基础（含实训）

（第4版）

主　编　任伟峰　张　勇　降艳琴
副主编　王恺悦　刘洪锋　谷文辉　龚雅洁

北京理工大学出版社
BEIJING INSTITUTE OF TECHNOLOGY PRESS

内 容 简 介

本书以最新税收法律法规、《会计法》和《企业会计准则》为依据，按照高等职业院校最新专业教学标准，紧扣德技并修、立德树人育人目标，以就业为导向，全面贯彻产教融合发展理念编写而成。

本书共由九个项目组成，项目一为认识会计工作与企业经济业务，从会计工作的基本认知入手，介绍企业的经济业务；项目二为会计工作准备，介绍会计核算基本前提、会计基础、会计信息质量要求、会计科目与账户、借贷记账法等会计基本概念和记账方法；项目三为建立会计账簿，介绍进入工作岗位如何设置会计账簿；项目四为填制和审核会计凭证，介绍原始凭证和记账凭证的取得、填制和审核；项目五为主要经济业务核算及记账凭证填制，介绍企业资金筹集、供应、生产、销售、财务成果形成与分配、资金退出等经济业务的账务处理；项目六为登记会计账簿，介绍账簿的登记、更正错账和账务处理程序；项目七为对账和结账，介绍对账的内容、财产清查的账务处理和结账的方法；项目八为编制会计报表，介绍资产负债表和利润表的编制方法；项目九为整理和归档会计档案，介绍会计资料的整理方法和会计档案的保管要求。

本书既可以作为高等职业院校财经商贸大类相关专业的学生用书，也可以作为社会相关人员的培训用书。

图书在版编目（CIP）数据

会计学基础：含实训 / 任伟峰，张勇，降艳琴主编.
4 版 . -- 北京：北京理工大学出版社，2024.6.
ISBN 978 - 7 - 5763 - 4256 - 7

Ⅰ. F230

中国国家版本馆 CIP 数据核字第 2024GP5189 号

责任编辑： 王俊洁　　　　**文案编辑：** 王俊洁
责任校对： 刘亚男　　　　**责任印制：** 施胜娟

出版发行 / 北京理工大学出版社有限责任公司
社　　址 / 北京市丰台区四合庄路 6 号
邮　　编 / 100070
电　　话 / (010) 68914026 （教材售后服务热线）
　　　　　　 (010) 68944437 （课件资源服务热线）
网　　址 / http：//www.bitpress.com.cn

版印次 / 2024 年 6 月第 4 版第 1 次印刷
印　　刷 / 三河市天利华印刷装订有限公司
开　　本 / 787 mm × 1092 mm　1/16
印　　张 / 24.25
字　　数 / 573 千字
总定价 / 99.80 元

Preface 前言

    "会计学基础"是财经商贸类专业学生学习财务基础知识的入门课程，系统阐述会计的基础理论和方法，为培养财务思维、了解财务工作、学习财会专业核心课程奠定理论和方法基础。本书根据初学者的认知规律，对教材结构和内容进行了精心的组织和安排，在强调会计理论学习的基础上，强化会计实务训练，注重引导学生学原理、懂逻辑、精操作、守操守，领悟会计程序和会计方法所蕴含的智慧，掌握基本概念、基本方法和基本技能，从而为后续会计课程学习打下坚实基础。

    本教材在编写中形成以下特色：

1. 践行课程思政，落实立德树人根本任务

    本书贯彻党的二十大精神，将社会主义核心价值观、家国情怀、职业素养以"会计论道与素养提升"的方式呈现，引导学生树立坚持诚信、奉公守法，坚持准则、守责敬业，坚持学习、守正创新的会计人员职业道德规范，教师可根据企业的不同业务场景融入相应的思政元素，实现思政教育与专业知识的有机融合，让学生在知识学习中浸润理想信念教育。

2. 以就业为导向，校企"双元"合作开发

    本书全面贯彻产教融合发展理念，以就业为导向，选取企业日常发生的真实业务，紧密对接企业岗位实际工作，符合企业业务发展实际和会计岗位能力要求。在本书编写过程中，河北企融会计师事务所全面参与，提供了内容真实、结构完整的企业运营、生产销售等业务案例，使教材素材真实、丰富，并融合了企业新理念、新方法、新技术、新元素。企业专家的支持和参与使理论知识与实践操作能够更好地结合，提升了本书内容的操作性和应用性。

3. 以会计工作过程为主线，重构教学内容

    本书以会计岗位的实际工作过程为主线，结合企业的资金运动过程，重构教学内容，形成"知证账表档"有序递进的内容安排，并将全书主要经济业务前后连贯，形成一个完整案例，在每个任务后安排同步练习，对于主要经济业务，以课内实训的形式设置证、账、表技能训练，有利于训练和提高会计基本技能，实现学以致用、学练结合。

4. 融入新技术，体现财务工作数智化发展变革

    在本书中，为贯彻大数据发展理念，增加"知识链接""拓展阅读"模块，将数字技术、人工智能对会计工作的影响等前沿知识穿插于教材中，以拓展学生的视野，引导学生了解大

数据对会计职业的影响和会计行业的发展趋势，培养其持续学习的能力和创新的意识，以适应快速变化的技术环境和行业需求。

5. 配套丰富的教学资源，实施线上线下混合式教学

本书落实加快建设数字中国的进程，推进大数据与会计专业教学相结合的数字化要求，配套丰富的教学资源，包括微课、动画、思维导图、思政案例等，并建设了智慧职教 MOOC 在线开放课程和数字教材，对全部教学内容进行了详细讲解和分析，能满足不同地域、不同时间、不同类别的学生学习，实现了"纸媒"与"数媒"的无缝对接，增强了课程的直观性和趣味性，提升了学习效果。

本书由任伟峰、张勇、降艳琴担任主编，具体编写分工如下：任伟峰、张勇负责编写项目一和会计学基础实训，王恺悦、谷文辉编写项目二、项目四、项目七和项目八，降艳琴编写项目五，刘洪锋编写项目三和项目六，龚雅洁编写项目九，全书由任伟峰总纂。

为突出职业特色，我们多次到省内会计师事务所、代理记账公司进行调研，河北企融会计师事务所总经理王春锋和我们一起制定教材提纲，为教材提供实例和实训资料，我们在此表示诚挚的感谢。本书在编写过程中我们广泛阅读了大批专家、学者公开出版的专著和教材，在此一并表示感谢。

受编者学识水平和编写时间所限，书中不当之处在所难免，恳请同行、业内专家及教材使用者提出宝贵建议和意见，我们将不胜感谢！

编　者

Contents
目 录

项目一 ▶ 认识会计工作与企业经济业务 ·········· 1

　　任务1　认识会计工作 ·········· 2

　　任务2　认识企业经济业务 ·········· 16

项目二 ▶ 会计工作准备 ·········· 32

　　任务1　理解会计基本理论 ·········· 33

　　任务2　设置会计科目与账户 ·········· 44

　　任务3　掌握借贷记账法 ·········· 55

项目三 ▶ 建立会计账簿 ·········· 71

　　任务1　认识会计账簿 ·········· 72

　　任务2　设置并启用会计账簿 ·········· 75

项目四 ▶ 填制和审核会计凭证 ·········· 84

　　任务1　认识会计凭证 ·········· 85

　　任务2　取得和填制原始凭证 ·········· 87

　　任务3　审核原始凭证 ·········· 99

　　任务4　填制和审核记账凭证 ·········· 103

项目五 ▶ 主要经济业务核算及记账凭证填制 ·········· 112

　　任务1　资金筹集业务的核算 ·········· 113

　　任务2　供应过程业务的核算 ·········· 119

　　任务3　生产过程业务的核算 ·········· 130

　　任务4　销售过程业务的核算 ·········· 146

　　任务5　财务成果形成与利润分配业务的核算 ·········· 154

　　任务6　资金退出业务的核算 ·········· 165

项目六 ▶ 登记会计账簿 170

任务 1　登记会计账簿 170
任务 2　更正错账 177
任务 3　掌握账务处理程序 181

项目七 ▶ 对账和结账 190

任务 1　对账 191
任务 2　财产清查 196
任务 3　结账 210

项目八 ▶ 编制会计报表 215

任务 1　认识财务会计报告 216
任务 2　编制资产负债表 222
任务 3　编制利润表 231

项目九 ▶ 整理和归档会计档案 240

任务 1　整理会计档案 241
任务 2　保管会计档案 243

参考文献 251

项目一　认识会计工作与企业经济业务

思维导图

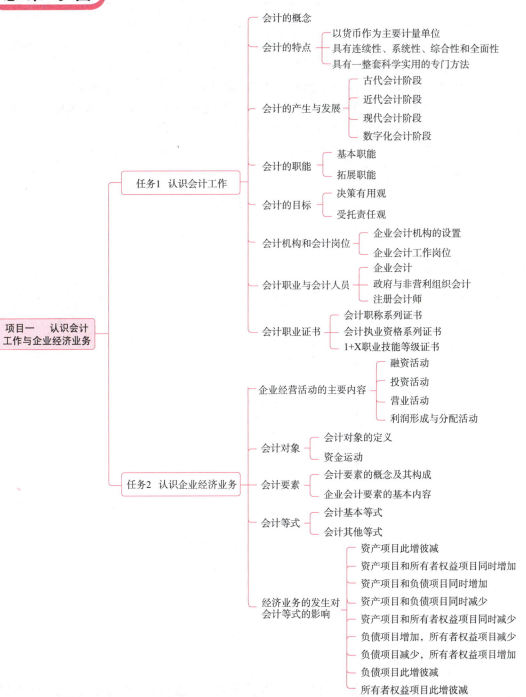

项目一　认识会计工作与企业经济业务

任务1　认识会计工作

- 会计的概念
- 会计的特点
  - 以货币作为主要计量单位
  - 具有连续性、系统性、综合性和全面性
  - 具有一整套科学实用的专门方法
- 会计的产生与发展
  - 古代会计阶段
  - 近代会计阶段
  - 现代会计阶段
  - 数字化会计阶段
- 会计的职能
  - 基本职能
  - 拓展职能
- 会计的目标
  - 决策有用观
  - 受托责任观
- 会计机构和会计岗位
  - 企业会计机构的设置
  - 企业会计工作岗位
- 会计职业与会计人员
  - 企业会计
  - 政府与非营利组织会计
  - 注册会计师
- 会计职业证书
  - 会计职称系列证书
  - 会计执业资格系列证书
  - 1+X职业技能等级证书

任务2　认识企业经济业务

- 企业经营活动的主要内容
  - 融资活动
  - 投资活动
  - 营业活动
  - 利润形成与分配活动
- 会计对象
  - 会计对象的定义
  - 资金运动
- 会计要素
  - 会计要素的概念及其构成
  - 企业会计要素的基本内容
- 会计等式
  - 会计基本等式
  - 会计其他等式
- 经济业务的发生对会计等式的影响
  - 资产项目此增彼减
  - 资产项目和所有者权益项目同时增加
  - 资产项目和负债项目同时增加
  - 资产项目和负债项目同时减少
  - 资产项目和所有者权益项目同时减少
  - 负债项目增加，所有者权益项目减少
  - 负债项目减少，所有者权益项目增加
  - 负债项目此增彼减
  - 所有者权益项目此增彼减

任务引入

新学期伊始，学习会计的大一新生正在教室里整理着新发的教材和课表。

新生张阳指着课表上的"会计学基础"课程，对同学李彤说："这学期有门课叫'会计学基础'，应该是咱们学习的第一门会计课程啦。"

"嗯嗯，"李彤附和着，"除了这门课，咱们应该还会有'企业财务会计''邮政财务会计''管理会计''成本会计'等好多门课程呢，这是师姐告诉我的。"

"这么多门会计课程啊，要学的内容可真多，那你说，会计究竟是做什么的呢？"张阳问道。

"我感觉，会计就是每天在写写算算。"李彤回答。

"我觉得会计就是管钱、算账、记账，电视上就是这么演的。"张阳接着说。

这时，前排的同学李想听到了他们俩的对话，转过头来说："你们两个说得都不对，听我妈妈讲，会计是反映企业经营情况的，比如是赚了还是赔了。"

"那你说，会计具体是怎样反映企业经营情况的？我和李彤说得不对吗？"张阳追问李想。李想想了想，笑着说："其实我也说不清楚，那我们就一起去问问老师吧？"

任务 1 认识会计工作

学习目标

1. 知识目标

（1）理解会计的概念和特点。

（2）了解会计产生和发展的历史，了解新时代会计的发展趋势。

（3）掌握会计的基本职能和拓展职能。

（4）理解会计的目标。

（5）了解会计机构和会计岗位的设置。

2. 能力目标

（1）能准确辨识会计不同发展阶段的标志。

（2）能准确认知会计职业，制定职业生涯规划。

3. 素质目标

（1）培养学生对中华会计文化的认同感和自豪感，增强文化自信和职业自信，增强爱国主义情怀。

（2）培养学生与时俱进、适应会计行业数智化转型的创新精神。

（3）培养学生树立服务企业、服务社会的会计服务意识。

知识准备

一、会计的概念

会计是经济管理的重要组成部分，是以货币为主要计量单位，运用专门的方法，对经济

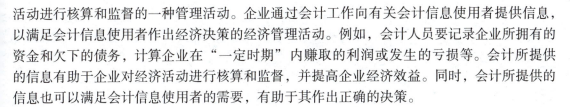

活动进行核算和监督的一种管理活动。企业通过会计工作向有关会计信息使用者提供信息，以满足会计信息使用者作出经济决策的经济管理活动。例如，会计人员要记录企业所拥有的资金和欠下的债务，计算企业在"一定时期"内赚取的利润或发生的亏损等。会计所提供的信息有助于企业对经济活动进行核算和监督，并提高企业经济效益。同时，会计所提供的信息也可以满足会计信息使用者的需要，有助于其作出正确的决策。

【提示】

由于企业经济活动内容的复杂性及利益相关者的广泛性，为表达企业的财务状况与经营成果并达到有效经营管理的目的，企业必须借助会计对企业经济活动进行分类、记录、分析和汇总，最后通过会计报告的编制与发布，将企业的经营成果和财务状况如实地向企业利益相关者发布，也正是从这个角度出发，会计被称为"企业语言"或"商业语言"。这一语言在企业内部各部门之间是通用的，在一个国家甚至是国际上也是通用的。

二、会计的特点

（一）会计是以货币作为主要计量单位

会计是为了从数量上核算和监督各企事业单位经济活动的过程，需要运用实物量度、劳动量度和货币量度三种计量尺度，但应以货币量度为主。只有借助统一的货币量度，才能取得经营管理上所必需的连续的、系统而综合的会计资料。因此，在会计上，对于各种经济事务即使已按实物量度或劳动量度进行计算和记录，最终仍需要按货币量度综合加以核算。

（二）会计具有连续性、系统性、综合性和全面性

会计对经济活动过程进行核算和监督，是按照经济活动发生的时间顺序不间断地连续记录，并且对现在或将来可能影响企业收益的、能够用货币表现的经济业务，都必须全面、准确地记录下来，不能遗漏和任意取舍。会计日常记录的内容，应当按照国家的方针、政策、制度或会计惯例及管理的要求，定期进行归类整理，以揭示经济业务所固有的内部联系，以便随时提供企业经营管理所需的各种资料。

（三）会计具有一整套科学实用的专门方法

为了正确反映企业经济活动，会计在长期发展的过程中，形成了一系列科学实用的专门核算方法，按照经济业务发生的顺序连续、系统、全面地记录和计算，为企业经营管理提供必要的经济信息。这些专门核算方法相互联系，相互配合，构成一个完整的核算和监督经济活动过程及其结果的方法体系，这是会计管理区别于其他经济管理的重要特征之一。

三、会计的产生与发展

会计与人类的生活密切相关，是适应人类生产实践和经济管理的客观需要而产生的，并随着社会实践的不断发展而发展，是人类从事生产实践管理活动的产物。

会计在人类社会发展的长河中有着悠久的历史。具体而言，从会计产生至今，大致经历了四个发展阶段，即古代会计阶段、近代会计阶段、现代会计阶段和数字化会计阶段。

（一）古代会计阶段

此阶段大致是原始社会中后期至封建社会末期这一历史时期。会计是适应生产活动发展

的需要而产生的，对生产活动进行科学、合理的管理是会计产生的根本动因。在原始社会，采用"结绳""堆石""刻竹"等简单的方法计量和记录生产活动的过程和结果。这就是原始的会计或会计萌芽。

随着社会生产力的发展，生产规模不断扩大和生产社会化，特别是私有制的出现，生产过程中便逐步产生了用货币形式进行计量和记录的方法，会计便逐渐从生产职能中分离出来，成为独立的职能。

我国从西周开始出现"会计"的命名和较为严格的会计机构。根据西周"官厅会计"核算的具体情况考察，会计在开始运用时，其基本含义是"零星算之为计，总合算之为会"，即既有日常的零星核算，又有岁终的综合核算，通过日积月累到岁终的核算，达到正确考核王朝财政收支的目的。同时，西周王朝也建立了较为严格的会计机构，设立了专管钱粮赋税的官员，建立了所谓"以参互考日成，以月要考月成，以岁会考岁成"的"日成""月要"和"岁会"等报告文书，初步具有了旬报、月报、年报等会计报表的雏形，发挥了会计既能对经济活动进行记录核算，又能对经济活动进行审核监督的作用。我国"会计"命名的出现，是我国会计理论产生、发展的一种表现，而这种完备的会计机构的出现，也是我国会计发展史上的一个突出进步。

与此同时，会计核算的记账方法也是逐步发展的。我国账簿的设置，开始是使用单一的流水账，即按经济业务发生先后顺序登记的一种单一的序时账簿，后来才从单一注水账发展成为"草流"（也叫底账）、"细流"和"总清"三账，一直使用到明清时期。对会计的结算方法，也从原始社会末期开始的"盘点结算法"发展成为"三柱结算法"，即根据本期收入、支出和结余三者之间的关系，通过"入－去＝余"的公式，结算本期财产物资增减变化及其结果。到了唐、宋两代，我国创建了"四柱结算法"，通过"旧管＋新收－开除＝实在"的基本公式结账，为我国通行的收付记账法奠定了基础。到了清代，"四柱结算法"已成为系统反映王朝经济活动或私家经济活动全过程的科学方法，成为中式会计方法的精髓。明末清初，随着手工业、商业的发达和资本主义经济萌芽的产生，我国商人又进一步设计了"龙门账"，把会计科目划分为"进""缴""存""该"四大类（即收、付、资产、负债），"进"和"缴"为一线，"存"和"该"为另一线。设总账进行"分类记录"，并编制"进缴表"和"存该表"（即利润表和资产负债表），实行双轨计算盈亏，在两表上计算出的盈亏数应当相等，称为"合龙门"，以此核对全部账目的正误。

人类会计方法的演进，经历了由单式簿记向复式簿记转化的过程，它是社会经济发展的客观要求。一般人们认为，从单式记账法过渡到复式记账法，是近代会计形成的标志。

（二）近代会计阶段

此阶段是指从运用复式簿记开始到 20 世纪 40 年代末的时期。随着经济活动的不断发展，人们更加需要从有关簿记中获取相应的经济往来和经营成果的具体数字和信息。直到 12 世纪，簿记方法才有了重要的发展，在商品经济十分发达的意大利佛罗伦萨有人发明了复式记账法。1494 年，意大利数学家卢卡·帕乔利的《算术、几何与比例概要》一书在威尼斯出版发行，对借贷记账法做了系统的介绍，并介绍了以日记账、分录账和总账三种账簿为基础的会计制度，这是会计发展史上一个重要的里程碑，标志着近代会计的开始。

（三）现代会计阶段

此阶段大致从 20 世纪 50 年代至今。一方面，由于科技日新月异，会计服务对象和服务内容不断扩展；同时，各国经济法律、法规不断完善，也促进了会计技术的规范和发展；19 世纪末 20 世纪初，世界经济中心从西欧移至美国，出现了众多的跨国公司，公司的会计处理难度加大。另一方面，由于市场竞争更趋激烈，为了在市场竞争中生存，企业强烈要求增收节支，提高经济效益，这就对会计技术提出了新的更高的要求。在此背景下，政府相关部门设计制定了更加严密的会计法规，实现会计对企业经营的全面控制。传统会计逐步发展成为财务会计和管理会计两大分支，即以对外提供财务信息为主的财务会计和适应管理要求、为管理决策提供信息的管理会计，共同服务于市场经济下的现代企业。

财务会计和管理会计都是以现代企业经济活动所产生的数据为依据，通过科学的程序和方法，提供用于经济决策与控制的、以财务信息为主的经济信息。财务会计主要为外部利益关系集团服务，提供受托主体履行和完成经济责任的信息，以满足外部利益集团的需要，因此财务会计又称为"对外报告会计"，是一种社会化的会计；管理会计主要为企业内部各个层次的委托人服务，为其提供加强经济管理、提高全面经济效益和社会效益的信息，因此，管理会计又称为"对内报告会计"，是一种个性化的会计。

（四）数字化会计阶段

人类社会正在从工业经济向数字经济转型。中国共产党第二十次全国代表大会报告（以下简称党的二十大报告）指出："加快发展数字经济，促进数字经济和实体经济深度融合，打造具有国际竞争力的数字产业集群。"数字经济包括互联网、大数据、人工智能同实体经济的融合，推动制造业加速向数字化、网络化、智能化发展。

随着智能化、数字化时代的到来，会计行业的工作经历了从早期手工记账核算到会计电算化，再到如今应用人工智能技术的转变。如今，财务软件、电子发票、财务共享管理制度的产生，财务智能机器人也被越来越多的企业、银行广泛运用。财务软件和财务机器人可以帮助或代替人工处理操作规范化程度高、重复性高、耗费时间长、附加值偏低的会计工作任务。

财务机器人实现了信息的语音、扫描录入，财务软件可自动生成证、账、表，更加高效准确地完成会计基础核算工作，提高会计工作的效率，会计人员因此节省了大量用于基础核算工作的时间，从而能将更多的精力投入在企业内部管理型的工作上，会计职能的重心向预测、决策、规划、控制、评价等目前人工智能无法取代的管理会计的职能转移。在财务智能化时代，对于财务人员来说，最重要的将不是财务操作能力，而是管理与分析能力。因此，管理会计是未来会计的发展趋势。

会计的发展历程说明，经济的发展离不开会计，会计理论和方法的进步和提升又会进一步促进经济的发展。会计既是经济管理必不可少的工具，同时它本身又是经济管理的组成部分。经济越发展，会计就越重要。会计是一门经济管理学科，它的理论与方法体系随着社会政治、经济的发展以及经济管理的需要而不断发展和变化，以适应社会经济发展对会计的要求。

讲解视频 1-1 会计的产生与发展

【会计论道与素养提升】

> 了解会计产生和发展的历史，是学好会计知识、做好会计工作的第一步。
>
> 通过学习我国古代会计的发展历程，我们可以领略到中国会计历史的源远流长。迄今为止，《企业会计准则》仍在不断修订完善，作为会计人员，需要不断学习提升，才能跟上时代的步伐。新时代，科学技术的飞速发展，互联网、云计算、大数据、人工智能等新兴技术的大量涌现，也带来了会计的变革。
>
> 通过回溯源远流长的中国会计发展史，讲好中国故事，让世界领略中华文化的独特魅力，读懂绵延传承的中国智慧。
>
> 习近平在党的二十大报告中要求我们坚定历史自信、文化自信，坚持古为今用、推陈出新，把马克思主义思想精髓同中华优秀传统文化精华贯通起来、同人民群众日用而不觉的共同价值观念融通起来，不断赋予科学理论鲜明的中国特色。
>
> 会计历史是会计文化的一部分，会计文化是会计人的全部精神活动及其附属产品的总和，在会计发展过程中始终发挥着导向、规范和调控的作用。学习和了解会计文化，也是对中华传统文化的继承与弘扬。
>
> 今后，会计还会随着时代的进步不断发展，作为新时代的会计人，应当坚持学习，守正创新，将会计工作同现代技术相结合，更好地适应当今社会的要求。

四、会计的职能

会计的职能，是指会计在经济管理过程中所具有的功能。马克思将会计的职能精辟地概括为会计是对"过程的控制和观念的总结"。其中，"观念的总结"是指用观念上的货币对生产活动及其结果的数量进行核算；"过程的控制"是指对生产过程中的各种经济活动进行干预和监督。随着经济的不断发展，经济关系的复杂化和管理水平不断提高，会计职能的内涵也在不断拓宽，会计的职能包括基本职能和拓展职能。

（一）基本职能

1. 会计核算职能

会计核算职能是会计的传统职能和首要职能，也是全部会计工作的基础环节。会计核算是指人们以货币为主要计量单位，通过确认、计量、记录和报告等环节，对特定主体的经济活动进行记账、算账和报账，为相关会计信息使用者提供决策所需的会计信息。会计核算贯穿于经济活动的整个过程，是会计最基本和最重要的职能，又称反映职能。记账是指对特定主体的经济活动采用一定的记账方法，在账簿中进行登记，以反映在账面上；算账是指在日常记账的基础上，对特定主体一定时期内的收入、费用、利润和某一特定日期的资产、负债、所有者权益进行计算，核算出该时期的经营成果和该日期的财务状况；报账就是在算账的基础上，将特定会计主体的财务状况、经营成果和现金流量情况，以会计报表的形式向有关各方报告。

会计核算的内容主要包括以下几项：

（1）资产的增减和使用；

（2）负债的增减；

（3）净资产（所有者权益）的增减；

（4）收入、支出、费用、成本的增减；

（5）财务成果的计算和处理；

（6）需要办理会计手续、进行会计核算的其他事项。

知 识 链 接

会计核算方法，是对会计要素进行确认、计量、记录和报告所采用的方法，或者是对会计对象进行连续、系统、全面地反映和监督时所采用的一整套专门方法。

当会计主体（企业）的经济业务发生后，首先，会计人员要填制（或取得）并审核原始凭证，按照设置的会计科目和账户，运用复式记账法，编制记账凭证；其次，要根据会计凭证登记会计账簿，然后根据会计账簿和有关资料，对生产经营过程中发生的各项费用进行成本、费用计算，并依据财产清查的方法对账簿的记录加以核实；最后，在账实相符的基础上，根据会计账簿资料编制会计报表。

在会计核算过程中，填制和审核会计凭证是开始环节，登记会计账簿是中间环节，编制会计报表是最终环节。在一个会计期间，企业所发生的经济业务，都要通过这三个环节将大量的经济业务转换为系统的会计信息，即从填制和审核会计凭证开始，经过登记会计账簿，最后编制出会计报表，这一周而复始的变化过程，一般称为会计循环。在这个循环过程中，以三个环节为联结点，联结其他的核算方法，从而构成了一个完整的会计核算方法体系。

2. 会计监督职能

会计监督职能是会计的另一项基本职能，具有强制性、权威性和严肃性等特点。会计监督就是利用会计核算的信息资料，根据国家有关法规和经济管理的要求，围绕特定经济目标，对特定主体的经济活动和会计核算的真实性、完整性、合法性和合理性进行监督和控制的过程。会计监督是通过价值指标来进行的，通过价值指标可全面、及时、有效地控制各单位的经济活动，确保经济主体在法制的框架内开展经济活动，并严格执行内部控制制度，为增收节支、提高经济效益严格把关。

会计监督的内容主要包括以下几项：

（1）对原始凭证进行审核和监督；

（2）对伪造、变造、故意毁灭会计账簿或者账外设账行为，应当制止和纠正；

（3）对实物、款项进行监督，督促建立并严格执行财产清查制度；

（4）对指使、强令编造、篡改财务报告行为，应当制止和纠正；

（5）对财务收支进行监督；

（6）对违反单位内部会计管理制度的经济活动，应当制止和纠正；

（7）对单位制定的预算、财务计划、经济计划、业务计划的执行情况进行监督等。

知 识 链 接

2020 年习近平总书记在十九届中央纪委四次全会上强调要完善党和国家监督体系，以党内监督为主导，推动人大监督、民主监督、行政监督、司法监督、审计监督、财会监督、统计监督、群众监督、舆论监督有机贯通、相互协调。2023 年习近平总书记在二十届中央纪委二次全会上强调健全党统一领导、全面覆盖、权威高效的监督体系，是实现国家治理体系和治理能力现代化的重要标志。财会监督是国家监督体系的一部分，党的十八大以来，财会监督在推进全面从严治党、促进经济社会健康发展等方面发挥了重要作用。通过严肃财经纪律，健全财会监督体系，提升财会监督效能，有助于推动健全党统一领导、全面覆盖、权威高效的监督体系。

3. 会计核算职能与会计监督职能的关系

会计核算职能与会计监督职能是相辅相成、辩证统一的。会计核算是会计监督的基础，没有核算提供的各种会计资料，监督就失去了依据；会计监督又是会计核算质量的保障，没有监督的核算，难以保证核算提供信息的质量。

（二）拓展职能

1. 预测经济前景

预测经济前景是指企业根据财务报告等提供的信息，对生产经营管理决策及其发展趋势进行定量或者定性的判断、预计和评估，以指导和调整生产经营管理活动，提高经济效益。

2. 参与经济决策

参与经济决策是指企业根据财务报告等提供的信息，对各备选方案采用定量分析或者定性分析方法进行经济可行性分析，为企业生产经营管理活动提供与决策相关的信息。

3. 评价经营业绩

评价经营业绩是指企业根据财务报告等提供的信息，采用适当的方法，依据相应的评价标准，对企业一定期间的经营成果，进行定量或者定性的对比分析，并作出客观、公正、真实的综合评判。

五、会计的目标

会计的目标又称会计目的，是指要求会计工作需要完成的任务或应当达到的标准。会计工作的目的在于向财务报告使用者提供与决策有关的会计信息，反映企业管理层受托责任履行情况，有助于财务报告使用者作出经济决策。

（一）向财务报告使用者提供与决策有用的信息（决策有用观）

财务报告使用者主要包括投资者、债权人、政府及其有关部门和社会公众等，其中最主要的使用者是投资者，其他使用者的需要服从投资者的需要。因此，在提供财务报告时，应首先考虑报告所涵盖的信息是否有利于投资者的决策。

（二）反映企业管理层受托责任的履行情况（受托责任观）

在现代公司制下，企业所有权和经营权相分离，企业管理层是受委托人之托经营管理企业及其各项资产，负有受托责任。因此，财务报告应当反映企业管理层受托责任的履行情况，以有助于评价企业的经营管理责任以及资源使用的有效性。

六、会计机构和会计岗位

会计机构是各单位根据会计工作需要而设置的专门办理会计事务的

讲解视频 1-2
什么是会计

职能部门。会计人员是从事会计核算、进行会计监督的人员。建立健全会计机构，配备与会计工作要求相适应的具有一定素质和数量的会计人员，是充分发挥会计职能、做好会计工作、提高会计信息质量的重要前提和保证。

（一）企业会计机构的设置

2024年7月1日新修订实施的《会计法》第35条规定："各单位应当根据会计业务的需要，设置会计机构；或者在有关机构中设置会计人员并指定会计主管人员；或者委托经批准设立从事会计代理记账业务的中介机构代理记账。"一般而言，一个单位是否需要设置会计机构，往往取决于单位规模的大小、经济业务的繁简、财务收支的多少、经营管理的要求等因素。

《会计法》对会计机构的设置作出了三种规定：

1. 根据业务需要设置会计机构

即各单位可以根据单位的会计业务繁简情况决定是否设置会计机构，并没有要求每个单位都设置会计机构。一般来说，在企业化管理的事业单位，大、中型企业，应当设置会计机构。而对那些规模很小的企业，业务和人员都不多的行政单位等，可以不单独设置会计机构，可以将业务并入其他职能部门，或者进行代理记账。

2. 不能单独设置会计机构的单位，应当在有关机构中设置会计人员并指定会计主管人员

这是由于会计工作的专业性、政策性强等特点所决定的。会计主管人员是指负责组织管理会计事务、行使会计机构负责人职权的负责人。会计主管人员作为中层管理人员，行使会计机构负责人的职权，按照规定的程序任免。

3. 实行代理记账

既不单独设置会计机构，也不在有关机构中配备会计人员的，应当根据我国《代理记账管理办法》的规定，委托会计师事务所或者持有代理记账许可证的其他代理记账机构进行记账，以满足会计核算的需要，但应在单位内部相关机构中设置一名出纳人员，负责日常货币收支业务和财产保管等工作。

代理记账，是指由依法批准设立的中介机构或具备一定条件的单位代替独立核算单位办理记账、结账、报账业务。

代理记账的基本程序如下：

首先，委托人与代理记账机构在相互协商的基础上签订书面委托合同。其次，代理记账机构根据委托合同约定，定期派人到委托人所在地办理会计核算业务，或者根据委托人送交的原始凭证在代理记账机构所在地办理会计核算业务。

代理记账从业人员应遵守会计法律法规和国家统一的会计制度，依法履行职责；对在执行业务中掌握的商业秘密，负有保密义务；对委托人示意要求作出不当会计处理，提供不实会计资料，以及其他不符合法律法规要求的应当拒绝；对委托人提出的有关会计处理原则问题负有解释的责任。

（二）企业会计工作岗位

在会计机构内部要合理地配备会计人员，建立健全岗位责任制度。按照会计工作内容分工，企业会计工作岗位一般可分为以下几种：会计主管、出纳、资金管理、预算管理、固定资产核算、存货核算、成本核算、工资核算、往来结算、收入利润核算、税务会计、总账报表、稽核、档案管理、管理会计和会计信息化管理岗位等，以上这些岗位可以是一人一岗、

一人多岗或一岗多人，各单位可以根据本单位的会计业务量和会计人员配备的实际情况具体确定。

对于企业的会计人员，应有计划地进行岗位轮换，这既有利于会计人员比较全面地了解和熟悉各项会计工作，提高业务水平，又能起到互相监督的作用。

七、会计职业与会计人员

会计职业有广义和狭义之分，广义的会计职业是指整个会计行业；狭义的会计职业是指利用会计专门的知识和技能，为经济社会提供会计服务，获取合理报酬的职业。我国人力资源和社会保障部将会计职业定义为："从事国家机关、社会团体、企事业单位和其他经济组织会计核算和会计监督的专业人员。"会计职业是社会的一种分工，履行会计职能，为社会提供会计服务，正确处理企业利益相关者和社会公众的经济利益及其关系，是会计职业的社会属性，同时会计职业还具有规范性、经济性、技术性和时代性。

作为社会组成部分的各类组织，按照是否营利，可以分为营利组织或企业和政府与非营利组织。会计主要是为这些组织服务的，我们把服务于前者的会计称为企业会计，把服务于后者的会计称为政府与非营利组织会计。另外，把会计师事务所这一行业称为公共会计。会计人员所从事的职业大体可分为下列三种：

（一）企业会计

企业会计是指在企业机构从事财务会计、成本会计、管理会计、税务、预算及会计信息系统等工作的人员。由于现代会计主要是针对企业的经济活动来展开研究的，所以，本书以企业会计为重点。企业会计主要包括财务会计、税务会计、成本会计、管理会计。

（二）政府与非营利组织会计

政府会计是指在政府机关从事会计或审计工作的人员。其他非营利组织，如教会、慈善机构、医院、学校等，与政府机构相类似，皆以非营利为主要目标，所以也可以效仿政府会计，建立一套非营利组织的会计制度。

（三）注册会计师

注册会计师是一种独立提供服务的专门性职业，其提供企业财务报表签证及相关服务并收取费用。一般而言，注册会计师提供以下服务：

1. 审计

审计俗称查账，是注册会计师的主要业务之一。凡具备一定规模的企业如上市公司，必须聘请注册会计师，为企业的财务报表查核、验证，并提出专业意见说明财务报表的编制是否符合一般公认的会计原则，是否公允地展示了企业的财务状况、经营结果与现金流量变动。企业的财务报表经注册会计师查核签证后，更能获得外部人员的信赖。

2. 税务服务

注册会计师为企业提供税费的计算、申报及税务筹划服务。因税收法律法规内容繁杂，一般企业有关税务性的工作都会聘请注册会计师协助，以达到节税的目的。

3. 管理咨询服务

注册会计师为企业提供会计信息系统的建构、存货控制、财务规划等服务。近年来注册会计师的管理咨询工作日增，因许多企业缺乏专业管理人才，致使其寻求注册会计师提供管理服务，许多会计师事务所会单独设立管理咨询服务部门，但注册会计师不得同时为一家公司既提供审计服务，又提供管理咨询服务。

党的二十大报告提出，高质量发展是全面建设社会主义现代化国家的首要任务。高质量发展首先是经济的高质量发展，既要提高效率，又要防控风险。现代会计在促进微观企业发展、宏观经济治理和防范金融风险上都有先天优势，会计工作提供财务信息、反映资本效率、监督资本配置，是现代企业制度重要的内容和运行基础，在企业价值创造中发挥着重要作用。

【提示】

什么人需要懂得会计知识

市场经济发展到今天，不是只有做会计的人，才需要掌握会计知识，而是所有从事经济管理工作的人都需要懂得会计知识，都要能看懂财务报表，才能在经济活动中做到游刃有余。比如，作为企业的总经理，通过财务报表，能够对企业的财务状况、经营成果做到心中有数，较好地进行经营决策。作为股民，通过财务报表，可以了解自己投资的股票业绩、收益如何。营销人员不懂会计知识，就不能很好地分析产品的价格优势，进行产品推销；业务人员不懂得会计知识，不会计算成本、税费，就不能清楚地计算每笔生意的利润；管理人员不懂得会计知识，就不能在管理过程中利用会计知识为自己的管理服务。

并不是所有学会计专业的学生将来都一定要做会计，但是现在社会中许多岗位都需要掌握一定的会计知识。下面列举的岗位都与会计有关，可称为会计专业岗位目标群：企业的统计员、核算员、品质检验员、稽核员、出纳、收银员、采购员、仓库保管员、材料会计、工资会计、往来账会计、固定资产会计、销售会计、成本会计、税务会计、总账报表会计、银行会计、注册会计师助理、注册会计师、财务经理、财务总监、总经理助理、总经理、董事长等，从事这些岗位的人员有会计知识作基础，就能够更好地胜任。

八、会计职业证书

（一）会计职称系列证书

会计是每一个组织中最重要的岗位之一，初学者应该对自己的职业生涯做好规划，在会计职业晋级道路上，有些岗位是必须取得一定的资格或证书才可以担任的。

会计职称一般在单位评薪和评级时使用。在我国，会计职称分高、中、初三个级别：高级会计师、中级会计师、初级会计师，其对应的职称资格考试，分别为高级会计职称考试、中级会计职称考试和初级会计职称考试，并由财政部颁发全国统一的职称资格证书；此外，根据《会计专业职务试行条例》的规定，参加职称考试还有一定的学历和工作年限要求。

（二）会计执业资格系列证书

执业资格是政府对某些责任较大、社会通用性强、关系公共利益的专业技术工作实行的准入控制。获取资质的人可以依法独立开业或独立从事某种专业技术服务。会计执业资格证书包括注册会计师、国际注册会计师、英国特许管理会计师，这些会计执业资格系列考试，考试难度大，就业前景好，考试合格后可进入大型跨国企业、会计师事务所、审计师事务所等从事高端会计职业。

（三）1＋X职业技能等级证书

2019年，教育部等部门联合印发《关于在院校实施"学历证书＋若干职业技能等级证书"制度试点方案》，部署启动"学历证书＋若干职业技能等级证书"（简称1＋X证书）制度试点工作。"1"为学历证书，"X"为若干职业技能等级证书，学生在获得学历证书的同时，可以考取多类职业技能等级证书。不同专业可考取不同的职业技能等级证书，每人可以考取多个职业技能等级证书。

教育部甄选了一批实力雄厚、社会影响力强大的企业作为X证书的发证和考试机构，实施职业技能水平评价相关工作，为社会培养职业技能人才。目前，与财务会计专业相关的X证书有智能财税、财务数字化应用、大数据财务分析、业财一体信息化应用、业财税融合成本管控、业财税融合大数据投融资分析等职业技能等级证书。

拓展阅读

会计职业的特点

据教育部发布的全国高校名单，截至2024年6月20日，全国高等职业院校共计1 560所，其中，专科层次职业学校1 509所，本科层次职业学校51所。其中，85％以上的学院开设大数据与会计、会计信息管理、大数据与财务管理等相关专业。可见，会计仍然是当今社会的热门职业。对于会计初学者，应从以下几个方面认识会计职业：

1. 会计入职容易，但需不断努力才能干好干精

会计入职门槛相对比较低，在我国取消会计从业资格证书以后，从事会计工作，已经没有硬性的证书要求。但会计职业想要得到好的发展，要不断取得初级、中级、高级会计师证书。会计是一个非常讲究实际经验和专业技巧的职业，要不断提高专业素质和专业技巧。而要有一份好工作，需要含金量高的证书。

2. 社会需求量趋于减少，高水平的会计人员依然短缺

会计人员多，社会对会计的需求也大，基本上每个企业都需要会计，有的大型企业集团甚至需要多名甚至数十名会计人员。相对其他行业，会计专业毕业生的择业范围宽广，机会较多。随着社会经济的高速发展，很多职业都要求从业人员具有一定的财务知识，这也为以后会计人员的发展提供了更多的选择机会。很多商界成功人士最早都是从事会计工作的，同时，大企业的财务总监大都必须具有会计专业背景。

在财务智能化背景下，只会记账的低端会计会逐渐被淘汰，运用大数据和云计算能使传统的会计录入、填制记账凭证等基础工作更加便捷、迅速地完成，从而极大地提高工作效率，也减少了对基础核算会计人员的需求。但高级财务人才仍然是稀缺的。目前，具有丰富会计工作实践经验，并且取得会计执业相关证书，如注册会计师、国际会计师等的中高级会计人才已成为市场上的"抢手货"。企业对高水平财务人员的要求相当高，比如企业财务总监需要具有财务会计、管理、经济法、税法、金融、计算机、国际贸易等方面的知识，运用财务数据和方法，管理公司各个环节的支出，为企业做到降本增效、提升利润，具有很强的分析判断能力，具有良好的沟通能力，这需要多年的实践和经验积累。

3. 会计职业的寿命长

"会计越老越吃香。"会计可以干几十年。会计是一种重视实践经验的工作，一般岗位

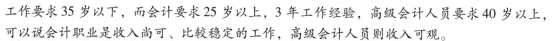
工作要求35岁以下，而会计要求25岁以上，3年工作经验，高级会计人员要求40岁以上，可以说会计职业是收入尚可、比较稳定的工作，高级会计人员则收入可观。

4. 会计职业有一定的责任和风险

随着市场经济的发展，会计环境日趋复杂化，会计人员的工作压力越来越大，会计人员的职业风险也在不断提高。

会计职业风险是指会计职业行为产生的差错或不良后果应由会计行为人承担责任的可能性。主要表现在以下几个方面：一是由于会计理论和技术发展滞后于经济发展的局限性，可能导致错误的会计信息，给会计人员带来风险；二是会计工作专业技术性强、规则性强，职业能力要求高，工作忙碌，由于会计人员自身业务水平、知识面、职业判断能力的局限性，很可能造成会计业务处理的错误或者不当，导致会计信息的错报、漏报，给会计人员带来风险；三是由于会计人员自身职业道德的缺失，受利益驱动，主动或被动提供虚假的会计信息，给会计人员带来风险；四是由于企业内部控制缺失，导致经营失败，给会计人员带来风险。

会计工作贯穿于企业经营管理链条中的每一个环节。企业的任何一个控制环节出问题，多多少少都与财务相关。选择了会计职业，就要认识到它的风险性，树立职业信念，以诚信为本，坚持准则。时刻牢记会计人员职业风险的客观存在，通过各种手段在合理的范围内规避会计人员的职业风险。

随堂讨论

联系一家企业或校内工厂，带领学生到企业财务处，参观会计人员的工作内容，或搜集企业财务工作的场景资料，了解会计人员对本职业的认识及从事会计工作应具备的职业素质。

任务：根据参观学习情况，结合自己对会计职业的认识，以"会计职业认知"为题，谈谈自己对于会计职业的认识、对未来会计职业的设想和目标。

【会计论道与素养提升】

会计人员应具备的职业素质

1. 良好的职业道德

道德素质是基础，如果一个会计工作者没有良好的道德素养，那他的业务水平越高，就越可能给企业、国家造成更大的损失。会计人员的职业道德包括坚持诚信、守法奉公，坚持准则、守责敬业，坚持学习、守正创新。

2. 过硬的专业知识、娴熟的业务技能、丰富的工作经验

专业知识是会计人员素质的基础，是判断职业能力的先决条件，也是会计人员应具备的最起码的从业知识，主要包括会计基础、财务管理、相关行业的会计理论以及行业财务制度、管理会计和财务软件等。与会计工作有密切关系的财政、税收、金融等相关知识，这是会计人员提高职业判断能力的必要条件。同时，会计人员必须具备熟练的计算机操作技能，掌握大数据、财务共享技术等一系列新技术、新知识，以提

高自身的业务素质。会计是一项实践性很强的技术工作，业务技能、动手能力很重要。会计人员在获得一定专业理论知识的基础上，特别强调实际操作能力及岗位所要求的业务素质。一般而言，具有几年的财会实践工作经验，并取得中级会计师、注册会计师的中高级会计人才，会成为市场上的"抢手货"。

3. 具有终身学习意识和自学的能力

随着经济的飞速发展，与之相适应的是会计人员的知识需要不断更新。会计人员在学校时完成的学习，只是知识学习的开端，要想完美地完成自己的工作，还必须具有终身学习的意识，必须不断地学习新知识，更新自己的知识体系。企业本身也是一个学习机构，从事工作时，必须坚持学习，做到活到老、学到老，学习和工作会成为密不可分的整体，这样才能适应会计工作的需要。

4. 良好的沟通能力

财务部门一般是单位的综合性部门，要和单位内外部方方面面的人打交道，因此应具备一定的沟通协调能力，具有良好的语言和文字表达能力，能简要、准确地陈述问题和观点，文明礼貌、团结协作、互相支持，能正确处理好上下级之间、部门之间、单位内外的关系，树立会计人员良好的社会形象。

对内，会计人员要与基层单位联系，要确认、计量、记录、跟踪各方面的会计信息和会计资料，要与采购、生产、保管、销售以及科研等环节和部门的人员来往，要全面、系统、总括地了解企业的经营情况，要通过对经营活动的处理、分析和汇总，向决策层提供决策依据和生产经营的数据资料。对外，会计人员要与工商、税务、银行以及政府有关部门联系，完成工商事项纳税申报、银行账户等业务的办理；与供应商、经销商交往，完成材料采购、货物销售的收付款，索取并开具发票。

5. 一定的信息化素养和智能工具应用能力

党的二十大报告指出："完善科技创新体系，坚持创新在我国现代化建设全局中的核心地位。"技术的进步已经成为新时代的主流，新技术的出现，为会计领域带来了更多的机遇和挑战，会计人员需要更多地掌握大数据技术和信息系统知识，进行会计核算、数据分析等工作，不断学习和适应新的技术，以支持企业管理层作出更具决策价值的数据分析和预测。

课后拓展

1. 如何理解财务会计与管理会计的联系与区别？
2. 请以思维导图的形式，总结本任务内容，并以小组为单位进行分享。

同步练习

一、单项选择题

1. 关于会计，下列说法错误的是（　　　）。

A. 会计是一项经济管理活动

B. 会计的主要工作是核算和监督

C. 会计的对象是某一主体平时所发生的经济活动

D. 货币是会计唯一的计量单位

2. 会计主要利用的计量单位是（　　　）。

A. 实物计量单位　　　　　　　　　B. 劳动计量单位

C. 货币计量单位　　　　　　　　　D. 工时计量单位

3. 会计的（　　　）职能，是对特定主体的经济活动进行确认、计量、记录和报告。

A. 核算　　　　　　　　　　　　　B. 预测经济前景

C. 监督　　　　　　　　　　　　　D. 评价

4. 下列各项中，对企业会计核算资料的真实性、完整性、合法性和合理性进行审查的会计职能是（　　　）。

A. 参与经济决策职能　　　　　　　B. 评价经营业绩职能

C. 监督职能　　　　　　　　　　　D. 核算职能

5. 下列各项中，关于会计基本职能的说法，正确的是（　　　）。

A. 会计核算职能是对特定主体经济活动和相关会计核算的真实性、完整性、合法性和合理性进行审查

B. 财物的收发、增减和使用属于会计核算职能

C. 根据财务报告等提供的信息，定量或者定性地判断和推测经济活动的发展变化规律属于会计的基本职能

D. 会计的基本职能包括对经营业绩的评价

二、多项选择题

1. 下列各项中，属于会计的基本特征的有（　　　）。

A. 以货币为主要计量单位　　　　　B. 准确完整性

C. 连续系统性　　　　　　　　　　D. 会计处理复杂性

2. 会计的基本职能是（　　　）。

A. 会计核算　　　　　　　　　　　B. 会计监督

C. 会计预测　　　　　　　　　　　D. 会计决策

3. 下列各项中，关于会计职能关系的表述，正确的有（　　　）。

A. 会计拓展职能只包括预测经济前景

B. 会计监督是会计核算职能的基础

C. 会计核算职能是会计最基本的职能

D. 会计监督是会计核算质量的保障

4. 下列各项中，属于会计拓展职能的有（　　　）。

A. 预测经济前景　　　　　　　　　B. 参与经济决策

C. 信息与沟通　　　　　　　　　　D. 评价经营业绩

5. 下列各项中，关于会计职能的表述，正确的有（　　　）。

A. 会计核算与会计监督是基本职能

B. 会计监督职能是会计核算职能的基础

C. 会计核算职能是会计监督职能的保障

D. 预测经济前景、参与经济决策和评价经营业绩是会计的拓展职能

6. 下列有关会计职能的相关表述中，错误的有（   ）。

A. 会计核算职能贯穿于经济活动的全过程，是会计的最基本职能

B. 会计核算职能是指会计以货币为唯一计量单位，对特定主体的经济活动进行确认、计量、记录和报告

C. 会计监督职能是指对特定主体经济活动和相关会计核算的真实性、合法性进行审查

D. 会计监督的内容包括对原始凭证进行审核和监督

7. 下列各项中，属于企业会计目标的有（   ）。

A. 进行会计核算，实施会计监督

B. 进行财产物资的收发、增减和使用

C. 反映企业管理层受托责任的履行情况

D. 向财务报告使用者提供有用的会计信息

8. 下列各项中，属于会计职业特征的有（   ）。

A. 会计职业具有社会性
B. 会计职业具有规范性

C. 会计职业具有技术性
D. 会计职业具有时代性

三、判断题

1. 会计核算职能贯穿于经济活动的全过程，是会计最基本的职能。   （   ）

2. 会计的监督职能，是指会计机构、会计人员对其特定主体经济活动和相关会计核算的真实性、完整性、合法性和合理性进行审查，使之达到预期经济活动和会计核算目标的功能。

（   ）

3. 会计循环是指在一个会计期间依次连续运用会计核算方法，对经济业务进行反映和监督的过程。   （   ）

任务2　认识企业经济业务

学习目标

1. 知识目标

（1）了解企业经济业务的内容。

（2）掌握各会计要素的内容、特征和分类。

（3）掌握会计等式和经济业务的发生对会计等式的影响。

2. 能力目标

（1）能识别企业主要经济业务和涉及的静态会计要素、动态会计要素。

（2）能理解会计等式的平衡关系。

（3）能分析不同经济业务发生对会计等式的影响。

3. 素质目标

（1）培养学生脚踏实地、量入为出的正确的财富观和消费观。

（2）通过认知企业创业经营涉及的会计要素，提升学生的创业意识。

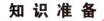

一、企业经营活动的主要内容

企业经营活动的主要内容按照经营环节可以分为以下四个方面：

（一）融资活动

融资活动，亦称筹资活动，是指企业资金的筹措或取得的交易。没有资金，企业无法开展经营。所以，筹集资金的融资活动，是企业一切活动的关键。如何筹措足够的资金，供日后投资及营运活动使用，是企业经营的首要任务。

（二）投资活动

投资活动，是指企业将所筹集的资金，转换成企业营运所必要的资产交易。通常企业在进行营业活动之前，必须先投资或取得某些供营业活动使用的资产，如厂房、仓库、机器设备等，之后才能开张营业。例如企业要经营，需要购置或租用厂房，并安装生产设备；有些企业除实物资产投资外，还需购置无形资产，开展研发活动。

（三）营业活动

赚取利润是企业设立的主要目标之一，融资与投资是企业达成目标的手段，唯有通过营业活动将投资资金收回并获利，才是企业营运的真正目的。营业活动，指企业运用资产，从事生产、制造、销售等一系列的活动，通过提供商品或劳务，以实现创造利润的目标。

企业的营业活动包括新产品的研发活动、原料采购、产品的生产活动与销售活动、推销与售后服务的营销活动、收入与费用的结算活动等。就制造业企业而言，按照营业活动的不同内容、所处环节和特定目的，可以将其分为：原料采购、产品生产、产品销售、其他活动。

（四）利润形成与分配活动

公司是为股东创造利润并使其权益最大化而存在的。企业通过营业活动和对外投资活动，取得收入，扣除成本费用后的净值就是企业的经营成果，前者大于后者的差额称为利润，前者小于后者的差额称为亏损。

虽然公司是为股东创造利润而存在的，但企业创造的利润不一定全部分配给业主或投资者。按照《公司法》的规定，企业净利润要按照法定的顺序进行分配。

企业营业活动除以上主要交易或事项内容以外，还包括一些其他内容，如新产品的研发活动，将不需要的材料销售、房屋机器设备的租赁、因企业管理等活动而支付的各项费用等。

【提示】

会计交易或事项

会计交易或事项，又称交易事项，是指企业与用户相关的，并且导致经营实体的各项资产和权益发生变化的经济事项。所谓交易，是指企业与外部主体之间发生的价值交换行为。如收到投资者的投资、购进材料物资并支付款项、销售产品并收到款项等。所谓事项，是指企业内部发生的价值转移行为和一些外部因素对企业生产经营活动的直接影响，如生产产品领用材料、产品完工入库、自然灾害等不可抗力因素给企业造成的损失等。

二、会计对象

（一）会计对象的定义

会计对象是指会计所要核算和监督的内容，即会计工作的内容。会计是以货币为主要计量单位，对特定单位的经济活动进行核算和监督。因此，凡是特定主体中能够以货币表现的经济活动，包括上述企业经营活动的全部内容，都是会计核算和监督的内容，也就是会计对象。

（二）资金运动

会计对象中的内容就是特定单位中发生的、能够以货币表现的经济活动。而以货币表现的经济活动，通常又称为价值运动或资金运动，所以人们又把会计对象的内容概括地描述为生产经营过程中的资金运动。企业的资金在生产经营和收支活动中不断发生变化，构成了资金运动。资金运动包括资金投入、资金循环与周转、资金退出等过程。

由于企业、事业和行政单位的经济活动的具体内容不同，资金运动的方式也不同，因此，这些单位所要核算和监督的具体对象也不一样。下面以工业企业为例进行说明。

工业企业的经济业务主要是制造、销售产品，在生产经营过程中，其资金运动从货币资金形态开始，依次经过供应、生产和销售阶段，不断改变其形态，最后又回到货币资金形态。人们可以将其概括为资金筹集业务、供应过程业务、生产过程业务、销售过程业务、财务成果的形成和分配业务以及资金退出业务等。

1. 资金筹集业务

资金筹集业务是指企业从各种渠道筹集生产经营活动所需资金的业务。企业的资金有两个来源：一是业主所提供的资金，属于自有资金，其对企业所拥有的权益（请求权），称为业主权益（或股本）；二是债主（债权人）所提供的资金，为外来资金，其对企业所拥有的权益（求偿权），称为负债。

2. 供应过程业务

供应过程业务是指企业为产品生产过程准备必要的劳动资料和劳动对象的业务，即购置生产所必需的固定资产、购买进行产品生产需要的原材料。因此，供应过程的业务主要包括固定资产购入和材料采购业务。

3. 生产过程业务

生产过程业务是指生产者利用劳动手段对劳动对象进行加工，制造出社会所需的产品的业务。生产费用的发生、归集和分配，以及产品成本的计算，是产品生产过程业务的主要内容。

4. 销售过程业务

销售过程业务是指企业将其生产的产品按销售合同的规定对外销售给客户，并收取货款的业务。因此，确认销售收入、与客户办理结算、收回货款、支付销售费用、计算税金及附加等是产品销售过程业务的内容。

5. 财务成果的形成和分配业务

财务成果的形成和分配业务包括财务成果的确定和利润分配两项内容。企业收回货币资

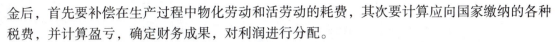

金后，首先要补偿在生产过程中物化劳动和活劳动的耗费，其次要计算应向国家缴纳的各种税费，并计算盈亏，确定财务成果，对利润进行分配。

6. 资金退出业务

资金退出业务是指企业生产经营资金退出企业生产经营过程的业务。其主要的业务内容包括减少企业资本、偿还企业债务、缴纳各种税费和向投资者支付利润等。

工业企业资金循环图如图 1 - 1 所示。

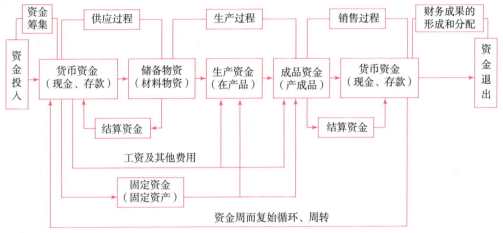

图 1 - 1　工业企业资金循环图

商品流通企业与制造业企业一样也有资金的投入与资金的退出。除此之外，商品流通企业的经营过程分为商品购进和商品销售两个过程。在商品购进的过程中，由货币资金转化为商品资金；在商品销售的过程中，由商品资金转化为货币资金。在商品流通企业的商品购销过程中，也要消耗一定的人力、物力和财力，它们表现为商品流通费用，同时也会获得销售收入和实现经营成果。因此，商品流通企业的资金沿着"货币资金—商品资金—货币资金"的方式运动。

三、会计要素

（一）会计要素的概念及其构成

会计对象的内容繁多，涉及面广，为了便于会计核算，必须对其做进一步分类，这样不仅有利于对不同经济类别进行确认、计量、记录和报告，而且可以为建立会计科目和设计会计报表提供依据。这种分类的类别，在会计上称为会计要素。概括地说，所谓会计要素，就是对会计对象按其经济特征所作的进一步分类。它是会计对象的基本组成部分。

企业的会计要素由资产、负债、所有者权益、收入、费用和利润六项构成。其中前三项反映了企业在一定时点上（月末、季末、半年末、年末）的资金运动静态表现；后三项反映了企业在一定期间（月度、季度、半年度、年度）的资金运动动态表现。

（二）企业会计要素的基本内容

1. 资产

资产是指由过去的交易或事项形成并由企业拥有或控制的资源，该资源预期会给企业带来经济利益。

1）资产的特征

根据上述定义，说明作为一项资产，必须具备以下几个基本特征：

（1）资产是过去的交易或事项所形成的。这就是说，作为企业资产，必须是现实的而不是预期的资产，它是企业过去已经发生的交易或事项所产生的结果。

（2）资产是企业拥有或控制的资源。这就是说，一项资源要作为企业资产，企业必须拥有此项资产的所有权，并可以由企业自行使用或处置。但在某些条件下，对一些由特殊方式形成的资产，企业虽然不拥有所有权，但能够控制的，也可作为企业资产（如融资租入固定资产）。

（3）预期给企业带来经济利益。这是资产最重要的特征。所谓预期给企业带来经济利益，是指能直接或间接增加流入企业的现金或现金等价物的潜力。如果预期不能带来经济利益，就不能确认为企业的资产。

2）资产的分类

资产按照其流动性可分为流动资产和非流动资产。

（1）流动资产是指预计在一个正常营业周期中变现、出售或耗用，或者主要为交易目的而持有，或者预计在资产负债表日起一年内（含一年）变现，或者自资产负债表日起一年内（含一年），交换其他资产或清偿负债的能力不受限制的现金或现金等价物。流动资产主要包括库存现金、银行存款、交易性金融资产、应收票据、应收账款、预付账款、应收利息、应收股利、其他应收款、存货等。

（2）非流动资产是指流动资产以外的资产，如长期股权投资、固定资产、投资性房地产、无形资产等。

2. 负债

负债是指企业过去的交易或者事项形成的、预期会导致经济利益流出企业的现时义务。

1）负债的特征

根据负债的定义，负债具有以下几个方面的特征：

（1）负债是企业承担的现时义务。负债是企业目前承担的现时义务。现时义务是指企业在现行条件下已承担的义务。未来发生的交易或者事项形成的义务不属于现时义务，不应当确认为负债。

（2）负债的清偿会导致经济利益流出企业。负债是企业所承担的现实义务，履行义务时必然会引起企业经济利益的流出。否则，就不能作为企业的负债来处理。

（3）负债由过去的交易或者事项所形成。负债是企业过去的交易或者事项所形成的结果。过去的交易或者事项包括购买商品、使用劳务、接受贷款等。预期在未来发生的交易或者事项不形成负债。

2）负债的分类

负债按其流动性，可分为流动负债和非流动负债。

（1）流动负债是指预计在一个正常营业周期内清偿、自资产负债表日起一年内（含一年）到期应予以清偿、企业无权自主地将清偿期推迟到资产负债表日年一年以上的负债。它主要包括短期借款、应付票据、应付账款、预收账款、应付职工薪酬、应交税费、应付利息、应付股利、其他应付款等。

（2）非流动负债是指偿还期在一年或超过一年的一个营业周期以上的债务，包括长期借款、应付债券、长期应付款等。

3. 所有者权益

所有者权益是指企业资产扣除负债后由所有者享有的剩余权益。公司的所有者权益又称为股东权益。

1）所有者权益的特征

（1）除非发生减资、清算，企业不需要偿还所有者权益。它基本上是企业可以永久利用的一笔资本。

（2）企业清算时，只有在清偿所有的负债后，所有者权益才返还给所有者。所有者在分配被清算企业剩余财产时的末位次序，决定了所有者承担着较债权人更大的风险。

（3）所有者凭借所有者权益能够参与利润的分配。

2）所有者权益的分类

所有者权益在性质上体现为所有者对企业资产的剩余权益，在数量上也就体现为资产减去负债后的余额，所有者权益包括企业投资人对企业的投入资本、直接计入所有者权益的利得和损失、留存收益等。

所有者投入的资本既包括所有者投入的、构成注册资本或股本部分的金额，也包括所有者投入的、超过注册资本或股本部分的资本溢价或股本溢价。

直接计入所有者权益的利得和损失，即不应计入当期损益、会导致所有者权益发生增减变动的、与所有者投入资本或者向所有者分配利润无关的利得或者损失。其中，利得是指由企业非日常活动所形成的、会导致所有者权益增加的、与所有者投入资本无关的经济利益的流入。损失是指由企业非日常活动所发生的、会导致所有者权益减少的、与向所有者分配利润无关的经济利益的流出。

留存收益，即企业历年实现的净利润中留存于企业的部分，主要包括盈余公积和未分配利润。

以上三个会计要素称为资产负债表要素，又称静态要素，其关系用公式表示为：

$$资产 = 负债 + 所有者权益$$

该恒等式是编制资产负债表的理论根据。

4. 收入

收入是指企业在日常活动中形成的、会导致所有者权益增加的、与所有者投入资本无关的经济利益的总流入。

1）收入的特征

根据收入的定义，收入具有以下几个方面的特征：

（1）收入由企业在日常活动中所形成。日常活动，是指企业为完成其经营目标所从事的经常性的活动以及与之相关的活动。例如工业企业制造并销售产品、商业企业销售商品等。

（2）收入会导致经济利益的流入。收入使企业资产增加或者负债减少，但这种经济利益的流入不包括由所有者投入资本的增加所引起的经济利益流入。

（3）收入最终导致所有者权益增加。因收入所引起的经济利益流入，使得企业资产的增加或者负债的减少，最终会导致所有者权益增加。

2）收入的分类

收入按企业从事日常活动的性质不同，可分为销售商品收入、提供劳务收入和让渡资产使用权收入；按企业经营业务的主次不同，可分为主营业务收入和其他业务收入。

5. 费用

费用是指企业在日常活动中发生的、会导致所有者权益减少的、与向所有者分配利润无关的经济利益的总流出。

1) 费用的特征

根据费用的定义，费用具有以下几个方面的特征：

（1）费用是企业日常活动中所发生的。日常活动中所发生的费用包括销售成本、职工薪酬、折旧费用等。

（2）费用会导致经济利益的流出。费用使企业资产减少或者负债增加，但这种经济利益的流出不包括向所有者分配利润引起的经济利益流出。

（3）费用最终导致所有者权益减少。因费用所引起的经济利益流出使得企业资产减少或者负债增加，最终会导致所有者权益减少。

2) 费用的分类

费用可分为营业支出、期间费用和资产减值损失。

（1）营业支出，即营业成本和税金及附加。其中，营业成本是指已销售商品、已提供劳务等经营活动发生的生产（劳务）成本。生产成本包括直接费用和间接费用。直接费用，是指为生产商品和提供劳务等发生的直接人工、直接材料、商品进价和其他直接费用。直接费用与营业收入有明确的因果关系，应直接计入生产经营成本，与营业收入进行配比。间接费用，是指为生产商品、提供劳务而发生的共同性费用。这些费用同提供的商品与劳务也具有一定的因果关系，但需要采用一定的标准分配计入生产经营成本，并与营业收入相配比。

（2）期间费用，包括企业行政管理部门为组织和管理生产经营活动而发生的管理费用，为筹集资金等而发生的财务费用，为销售商品和提供劳务而发生的销售费用和为组织商品流通而发生的进货费用。由于期间费用与会计期间直接相联，故期间费用与其发生期的收入相配比，在当期的利润中应全额予以抵减。

（3）资产减值损失，即资产已发生的不能带来经济利益的减值损失。

6. 利润

利润是指企业在一定会计期间的经营成果。利润包括收入减去费用后的净额、直接计入当期利润的利得和损失等。

直接计入当期利润的利得和损失是指应当计入当期损益、会导致所有者权益发生增减变动、与所有者投入资本或者向所有者分配利润无关的利得或者损失，如营业外收支等。

讲解视频 1-3 会计
对象和会计要素

知 识 链 接

非日常活动中形成的经济利益流入和流出

收入有广义与狭义之分。我国《企业会计准则——基本准则》采用的是狭义的收入概念。广义的收入是指会计期间内经济利益的增加。企业获取收入的表现形式是：由于资产流入企业、资产增加或负债减少而引起所有者权益增加。但是，并非所有资产增加或负债减少而引起的所有者权益增加都是企业的收入。例如，企业所有者对企业投资，虽然会导致资产增加或负债减少，并使所有者权益增加，但不属于企业获取收入的经济业务。非日常活动形成的经济利益的流入不能确认为收入，而应当计入利得，如接受其他企业的捐赠利得、固定资产和无形资产等长期资产的处置净收益、非货币性资产交换利得、债务重组利得、罚没利得等。

狭义的收入是指企业在日常活动中形成的、会导致所有者权益增加的、与所有者投入资本无关的经济利益的总流入。它主要包括营业收入、投资收益等。营业收入是指企业由于销售商品、提供劳务及让渡资产使用权等日常活动所形成的经济利益的总流入。它有各种各样的名称，如销售收入、服务费收入、使用费收入和租金收入等。投资收益是指企业对外投资所获取的投资报酬，如债券投资的利息收入、股票投资的股利收入等。

费用有广义与狭义之分。我国《企业会计准则——基本准则》采用的是狭义的费用概念。

广义的费用是指会计期间内经济利益的减少。企业发生费用的表现形式是：由于资产减少或负债增加而引起所有者权益减少。但是，并非所有资产减少、负债增加而引起所有者权益减少都意味着企业发生了一项费用，例如，企业所有者撤回投资或向所有者分配利润，虽然会引起资产减少或负债增加，并使所有者权益减少，但不属于企业发生费用的经济业务。非日常活动形成的经济利益的流出不能确认为费用，而应当计入损失，如企业对外进行公益性捐赠、固定资产处置净损失、上缴的行政部门罚款等。

狭义的费用是指企业在日常活动中发生的、会导致所有者权益减少的、与向所有者分配利润无关的经济利益的总流出。它主要包括营业成本、税金及附加、销售费用、管理费用、财务费用等。

四、会计等式

会计等式又称会计方程式，是表明各会计要素之间相互关系的数学表达式。会计等式揭示了会计要素之间的内在联系，是会计核算的理论基础。

（一）会计基本等式

一个企业要开展生产经营活动，首先必须拥有一定数量的资产，如库存现金、银行存款等货币资金，或是材料、机器设备等实物资产，等等。资产是企业正常经营的物质基础。通常，企业的资产主要来自投资者的原始投入。此外，企业还可以通过向债权人举债的方式获取资产。

权益，是指资产的提供者对企业资产所拥有的权利。权益和资产密切相连，是对同一个企业的经济资源从两个不同的角度所进行的表述。资产表明的是企业经济资源存在的形式及分布情况，而权益则表明的是企业经济资源所产生的利益的归属。因此资产与权益从数量上总是相等的，有多少资产就应有多少权益，用公式表示即为：

$$资产 = 权益$$

由于企业资产的出资人包括投资者和债权人，因而对资产的要求权自然分为投资者权益和债权人权益。投资者权益或所有者权益，是指所有者对企业资产抵减负债后的净资产所享有的权利。债权人权益，即负债，要求企业到期还本付息的权利。所有者与债权人享有的索偿权从性质上完全不同，债权人对企业资产有索偿权，投资者提供的资产一般不规定偿还期限，也不规定企业应定期偿付的资产报酬。但享有在金额上等于投入资本加上企业自创立以来所累计的资本增值。因此，所有者权益又称净权益，权益由负债和所有者权益组成。用公式表示为：

$$权益 = 负债 + 所有者权益$$

基于法律上债权人权益优于所有者权益，则会计恒等式表达为：

$$资产 = 负债 + 所有者权益$$

这一等式称会计基本等式，又称会计恒等式。它表明了资产、负债和所有者权益三个会计要素之间的基本关系，反映了企业在某一特定时点所拥有的资产及债权人和投资者对企业资产要求权的基本状况。这一等式是设置账户、复式记账和编制资产负债表的理论依据。

企业运用债权人和投资者所提供的资产，经其经营运作后获得收入，同时以发生相关费用为代价。将一定期间实现的收入与费用配比，就能确定该期间企业的经营成果。用公式表示如下：

$$收入 - 费用 = 利润（亏损）$$

（二）会计其他等式

如前所述，凡是收入，会引起资产的增加或是负债的减少，进而使所有者权益增加；凡是费用，会引起资产的减少或是负债的增加，进而使所有者权益减少。因此在会计期间，会计恒等式又有如下的转化形式：

$$资产 = 负债 + 所有者权益 +（收入 - 费用）$$
$$资产 = 负债 + 所有者权益 + 利润$$

收入与费用两大会计要素记载的经济业务事项，依据配比原则并通过结账形成利润，最终转化为所有者权益。因此，在会计期末，会计恒等关系又恢复至其基本形式，即为：

$$资产 = 负债 + 所有者权益$$

这一平衡关系构建了资产负债表的基本框架，可以总括地反映企业某特定时点的财务状况。例如表 1 - 1 是某企业 202 × 年 11 月 30 日的资产负债表的简化格式。

从表 1 - 1 的资产负债表中，可以了解到这家企业的资产合计为 1 500 000 元，这一资产总额由两个方面的权益构成：一是债权人提供的 300 000 元（负债）；二是所有者提供的 1 200 000 元（所有者权益）。资产负债表的重要特征就是企业的资产总计与负债及所有者权益总计相等。

表1-1 资产负债表
202 × 年 11 月 30 日   元

资产	金额	负债及所有者权益	金额
货币资金	600 000	短期借款	100 000
应收账款	400 000	应付账款	200 000
存货	500 000	实收资本	1 000 000
		盈余公积	200 000
资产总计	1 500 000	负债及所有者权益总计	1 500 000

五、经济业务的发生对会计等式的影响

企业的经济业务事项复杂多样，但从其对资产、负债和所有者权益影响的角度考察，经济业务事项主要有九种基本类型：资产项目此增彼减；资产项目和所有者权益项目同时增加；资产项目和负债项目同时增加；资产项目和负债项目同时减少；资产项目和所有者权益

项目同时减少；负债项目增加，所有者项目权益减少；负债项目减少，所有者权益项目增加；负债项目此增彼减；所有者权益项目此增彼减。现以某企业202×年12月发生的部分经济业务事项为例，对上述九种基本业务事项作具体说明。

（一）资产项目此增彼减

【例1-1】企业从银行提取现金50 000元备用。

这笔业务使该企业资产中的库存现金增加50 000元，该企业因这一业务使资产中的银行存款减少，两者金额均为50 000元。这笔业务对会计等式的影响如图1-2所示。

	资产	=	负债	+	所有者权益
经济业务事项发生前	1 500 000		300 000		1 200 000
经济业务事项引起的变动	+50 000				
	-50 000				
经济业务事项发生后	1 500 000	=	300 000	+	1 200 000

图1-2　资产项目此增彼减

（二）资产项目和所有者权益项目同时增加

【例1-2】企业收到投资者投入资金8 000 000元，已存入银行。

这笔业务增加了资产中的银行存款。同时，也使企业所有者权益中的实收资本项目增加，两者的金额均为8 000 000元。这笔业务对会计等式的影响如图1-3所示。

	资产	=	负债	+	所有者权益
经济业务事项发生前	1 500 000		300 000		1 200 000
经济业务事项引起的变动	+8 000 000				+8 000 000
经济业务事项发生后	9 500 000	=	300 000	+	9 200 000

图1-3　资产项目和所有者权益项目同时增加

（三）资产项目和负债项目同时增加

【例1-3】企业购买原材料50 000元，款项尚未支付。

这笔业务使企业资产中的原材料增加，同时也使负债中的应付账款增加，两者金额均为50 000元。这笔业务对会计等式的影响如图1-4所示。

	资产	=	负债	+	所有者权益
经济业务事项发生前	9 500 000		300 000		9 200 000
经济业务事项引起的变动	+50 000		+50 000		
经济业务事项发生后	9 550 000	=	350 000	+	9 200 000

图1-4　资产项目和负债项目同时增加

（四）资产项目和负债项目同时减少

【例1-4】企业以银行存款30 000元偿还上笔材料部分购货款。

这笔业务使企业资产中的银行存款减少，而这一减少的存款正好予以弥补应付账款，使负债也发生减少，两者金额均为 30 000 元。这笔业务对会计等式的影响如图 1-5 所示。

	资产	=	负债	+	所有者权益
经济业务事项发生前	9 550 000		350 000		9 200 000
经济业务事项引起的变动	− 30 000		− 30 000		
经济业务事项发生后	9 520 000	=	320 000	+	9 200 000

图 1-5　资产项目和负债项目同时减少

（五）资产项目和所有者权益项目同时减少

【例 1-5】企业某投资人投资到期撤回资本 200 000 元，企业用银行存款支付。

这笔业务使企业资产中的银行存款减少，同时撤资导致所有者权益减少，两者金额均为 200 000 元。这笔业务对会计等式的影响如图 1-6 所示。

	资产	=	负债	+	所有者权益
经济业务事项发生前	9 520 000		320 000		9 200 000
经济业务事项引起的变动	− 200 000				− 200 000
经济业务事项发生后	9 320 000	=	320 000	+	9 000 000

图 1-6　资产项目和所有者权益项目同时减少

（六）负债项目增加，所有者权益项目减少

【例 1-6】企业宣告分派现金股利 30 000 元。

这笔业务由于股利未付，使企业负债中的应付股利增加，同时通过利润分配导致所有者权益减少，两者金额均为 30 000 元。这笔业务对会计等式的影响如图 1-7 所示。

	资产	=	负债	+	所有者权益
经济业务事项发生前	9 320 000		320 000		9 000 000
经济业务事项引起的变动			+ 30 000		− 30 000
经济业务事项发生后	9 320 000	=	350 000	+	8 970 000

图 1-7　负债项目增加，所有者权益项目减少

（七）负债项目减少，所有者权益项目增加

【例 1-7】经协商，将所欠某企业账款 100 000 元转为对本企业的投资。

这笔业务使企业负债中的应付账款减少，同时所有者权益中的实收资本增加，两者金额均为 100 000 元。这笔业务对会计等式的影响如图 1-8 所示。

	资产	=	负债	+	所有者权益
经济业务事项发生前	9 320 000		350 000		8 970 000
经济业务事项引起的变动			− 100 000		+ 100 000
经济业务事项发生后	9 320 000	=	250 000	+	9 070 000

图 1-8　负债项目减少，所有者权益项目增加

（八）负债项目此增彼减

【例1-8】企业向银行取得短期借款，直接偿还第三笔业务所欠购货款20 000元。

这笔业务使企业增加了负债项目的短期借款，同时取得的短期借款直接用以冲减应付账款，使应付账款金额减少，两者金额均为20 000元。这笔业务对会计等式的影响如图1-9所示。

	资产	=	负债	+	所有者权益
经济业务事项发生前	9 320 000	=	250 000	+	9 070 000
经济业务事项引起的变动			+20 000		
			-20 000		
经济业务事项发生后	9 320 000	=	250 000	+	9 070 000

图1-9 负债项目此增彼减

（九）所有者权益项目此增彼减

【例1-9】企业以盈余公积200 000元转增资本。

这笔业务一方面使企业所有者权益中的盈余公积减少；另一方面使企业所有者权益中的另一个项目实收资本增加，两者金额均为200 000元。这笔业务对会计等式的影响如图1-10所示。

	资产	=	负债	+	所有者权益
经济业务事项发生前	9 320 000	=	250 000	+	9 070 000
经济业务事项引起的变动					+200 000
					-200 000
经济业务事项发生后	9 320 000	=	250 000	+	9 070 000

图1-10 所有者权益项目此增彼减

上述九种基本业务类型可作如表1-2所示汇总。

表1-2 九种基本业务类型汇总　　　　　　　　　　　　　　　　　元

序号	资产	=	负债	+	所有者权益
1	+ -				
2	+				+
3	+		+		
4	-		-		
5	-				-
6			+		
7			-		+
8			+ -		
9					+ -

上述会计事项的九种基本类型，使会计基本等式两边发生同增或同减的数目变化 [第（二）、（三）、（四）、（五）]，或是会计基本等式一边发生此增彼减数目变化 [第（一）、（六）、（七）、（八）、（九）]。但无论是上述哪一种情况，均不会破坏资产、负债及所有者权益之间的数量恒等关系。

实际中，还可能涉及一些更为复杂的情形。

【例 1–10】企业购买机器设备一台，价值 50 500 元，其中 50 000 元以转账支票支付，余款以库存现金付讫。

这笔经济使企业资产项目中的固定资产增加 50 500 元，银行存款减少 50 000 元，库存现金减少 500 元。这笔业务对会计等式的影响如图 1–11 所示。

	资产	=	负债	+	所有者权益
经济业务事项发生前	9 320 000	=	250 000	+	9 070 000
经济业务事项引起的变动	+50 500				
	–50 000				
	–500				
经济业务事项发生后	9 320 000	=	250 000	+	9 070 000

图 1–11　资产项目此增彼减

虽然这笔业务涉及两个以上的项目，但总体上仍属于资产项目此增彼减的基本业务类型，对会计等式的数量平衡关系没有任何影响。

【例 1–11】企业向银行取得 600 000 元的短期借款，其中 500 000 元直接用于偿还应付账款，余款存入银行。

这笔业务使企业负债中的短期借款增加 600 000 元，应付账款减少 500 000 元，资产项目中的银行存款增加 100 000 元。这笔业务对会计等式的影响如图 1–12 所示。

	资产	=	负债	+	所有者权益
经济业务事项发生前	9 320 000	=	250 000	+	9 070 000
经济业务事项引起的变动	+100 000		+600 000		
			–500 000		
经济业务事项发生后	9 420 000	=	350 000	+	9 070 000

图 1–12　复合业务

这笔业务同时包含了负债项目此增彼减和资产与负债同时增加两种基本业务类型。这一类会计事项称为复合业务。同时，正如上述分析所示，复合业务同样不对会计恒等关系产生任何影响。

明确会计事项的类型，对于会计核算，尤其是复式记账的运用具有重要的意义。

【提示】

在分析经济业务发生对会计要素的影响时，首先，应根据经济业务的内

讲解视频 1–4
会计等式

容，初步判断出涉及的会计要素内容有哪些，一项经济业务可能涉及两个或两个以上的会计要素，或者是同一项会计要素中两类不同的内容；其次，根据经济业务发生引起会计要素的增减变动情况，判断出经济业务对会计要素的影响。

课后拓展

1. 企业购买机器设备一台，价值 500 000 元，其中 200 000 元以转账支票支付，余款暂欠。这笔经济业务会引起企业的会计要素如何变化？是否会影响到会计恒等关系？

2. 请以思维导图的形式，总结本任务内容，并以小组为单位进行分享。

同步练习

一、单项选择题

1. 下列各项中，不属于企业"日常活动"的是（　　　）。

A. 工业制造企业制造并销售商品　　　　B. 房地产开发企业销售商品房

C. 咨询公司提供咨询服务　　　　　　　D. 工业企业销售办公楼

2. 下列各项中，应当确认为企业资产的是（　　　）。

A. 支付的广告费支出　　　　　　　　　B. 预期购入的生产设备

C. 已经腐烂变质的原材料　　　　　　　D. 企业拥有的专利权

3. 下列项目中属于流动资产的是（　　　）。

A. 预付账款　　　B. 应付账款　　　C. 无形资产　　　D. 短期借款

4. 所有者权益是企业投资人对企业净资产的所有权，在数量上等于（　　　）。

A. 全部资产扣除流动负债　　　　　　　B. 全部资产扣除长期负债

C. 全部资产加上全部负债　　　　　　　D. 全部资产扣除全部负债

5. 下列属于需要在一年或超过一年的一个营业周期内偿还的债务是（　　　）。

A. 向银行借入的 3 年期借款　　　　　　B. 应付甲公司的购货款

C. 应收乙公司的销货款　　　　　　　　D. 租入包装物支付的押金

6. 资产和权益在数量上（　　　）。

A. 必然相等　　　B. 不一定相等　　　C. 只有期末时相等　　　D. 有时相等

7. 下列经济业务发生，使资产项目和所有者权益项目同时增加的是（　　　）。

A. 生产产品领用材料　　　　　　　　　B. 以现金发放应付工资

C. 收到购买单位预付的购货款存入银行　D. 以资本公积转增资本

8. 以下属于资产项目与负债项目同增的业务是（　　　）。

A. 从银行借入短期借款　　　　　　　　B. 以未到期商业汇票支付赊购材料款

C. 宣告发放现金股利　　　　　　　　　D. 用银行存款预付货款

9. 下列各项中，导致"资产 = 负债 + 所有者权益"会计等式左右两边金额保持不变的经济业务是（　　　）。

A. 收到投资者以专利权出资　　　　　　B. 支付会计师事务所审计费用

C. 取得短期借款存入银行　　　　　　　D. 以银行存款预付货款

10. 某企业月初资产总额 300 万元，本月发生下列经济业务：（1）赊购材料 10 万元；（2）用银行存款偿还短期借款 20 万元；（3）收到购货单位偿还的欠款 15 万元，存入银行。月末资产总额为（　　）。

A. 310 万元　　　　　B. 290 万元　　　　　C. 295 万元　　　　　D. 305 万元

11. 某企业 9 月末负债总额为 100 万元，10 月收回应收账款 5 万元，收到购货单位预付的货款 8 万元，10 月月末计算出应交主营业务税金 0.5 万元。月末负债总额为（　　）。

A. 108.5 万元　　　　B. 103.5 万元　　　　C. 113.5 万元　　　　D. 106.5 万元

二、多项选择题

1. 下列各项中，属于资产要素特征的有（　　）。

A. 预期会给企业带来经济利益

B. 过去的交易或事项形成的

C. 必须拥有所有权

D. 与该资源有关的经济利益很可能流入企业

2. 以下项目属于企业资产要素范围的是（　　）。

A. 存放在企业仓库中的原材料　　　　　B. 存入银行的款项

C. 暂欠某单位购货款　　　　　　　　　D. 应收某单位销售款

3. 以下项目属于企业所有者权益要素范围的是（　　）。

A. 应付未付投资者的利润

B. 投资者投入资本

C. 按国家规定从税后利润中提取的各种公积金

D. 未分配利润

4. 下列各项中，属于收入的有（　　）。

A. 销售商品收入　　　　　　　　　　　B. 提供劳务收入

C. 销售原材料收入　　　　　　　　　　D. 出租固定资产收入

5. 反映企业财务状况的会计要素有（　　）。

A. 资产　　　　　B. 收入　　　　　C. 负债　　　　　D. 所有者权益

6. 下列会计科目属于流动资产类的有（　　）。

A. 无形资产　　　　　B. 原材料　　　　　C. 应收账款　　　　　D. 库存现金

7. 下列经济业务发生，使资产项目与所有者权益项目同时减少的有（　　）。

A. 收到短期借款存入银行　　　　　　　B. 以银行存款偿还应付账款

C. 以银行存款支付广告费用　　　　　　D. 以银行存款支付投资人撤回投资

8. 下列经济业务发生，使资产项目之间此增彼减的有（　　）。

A. 生产产品领用材料　　　　　　　　　B. 以现金支付应付工资

C. 以银行存款偿还前欠购料款　　　　　D. 以银行存款支付购买固定资产款

9. 下列经济业务中，会引起会计等式左右两边同时发生增减变动的有（　　）。

A. 收到应收账款存入银行　　　　　　　B. 购进材料尚未付款

C. 接受投资人追加投资　　　　　　　　D. 用银行存款偿还长期借款

三、判断题

1. 资产是企业所拥有的或者控制的，能以货币计量并且具有实物形态的经济资源。

（　　）

2. 所有者权益是企业投资人对企业资产的所有权。（　　）

3. 不论发生什么样的经济业务，会计等式两边会计要素的平衡关系都不会破坏。

（　　）

4. 所有经济业务的发生都会引起会计等式两边发生变化。（　　）

5. 会计等式是设置账户、复式记账以及编制会计报表的理论根据。（　　）

6. 经济业务又称为会计事项或交易事项。（　　）

7. 取得了收入，会表现为资产要素和收入要素同时增加，或者是在增加收入时减少负债。

（　　）

8. 发生了费用，会表现为费用要素的增加和资产要素的减少，或者是在增加费用时增加负债。（　　）

9. 某企业将一项符合负债定义的现时义务确认为负债，要满足两个条件，与该义务有关的经济利益很可能流出企业和未来企业流出的经济利益的金额能够可靠计量。（　　）

10. 损失是指由企业非日常活动所发生的，会导致所有者权益减少的，与向所有者分配利润无关的经济利益的流出。（　　）

项目小结

　　会计是以货币为主要计量单位，反映和监督一个单位经济活动的一种经济管理工作。其主要特点为：以货币为主要计量单位；连续性、全面性和综合性；有一整套专门方法。

　　会计的职能，是指会计在经济管理工作中所具有的功能。其基本职能为会计核算和会计监督；拓展职能包括预测经济前景、参与经济决策、评价经营业绩。

　　会计的目标包括向财务报告使用者提供与决策有用的信息（决策有用观）和反映企业管理层受托责任的履行情况（受托责任观）。

　　各单位应当根据会计业务的需要，设置会计机构；或者在有关机构中设置会计人员并指定会计主管人员；不具备设置条件的，应当委托经批准设立从事会计代理记账业务的中介机构代理记账。

　　会计对象是指会计核算和会计监督的内容，即以货币表现的经济活动或资金运动。

　　会计要素是会计对象的具体化，分为资产、负债、所有者权益、收入、费用和利润六大要素。资产、负债和所有者权益是财务状况要素，收入、费用和利润是经营成果要素。

　　"资产 = 负债 + 所有者权益"是会计基本等式，是编制资产负债表的理论依据。企业经济业务在资产、负债和所有者权益之间的变化可以归纳为九种类型，每一种经济业务的发生都不会影响会计等式的恒等关系。

思维导图

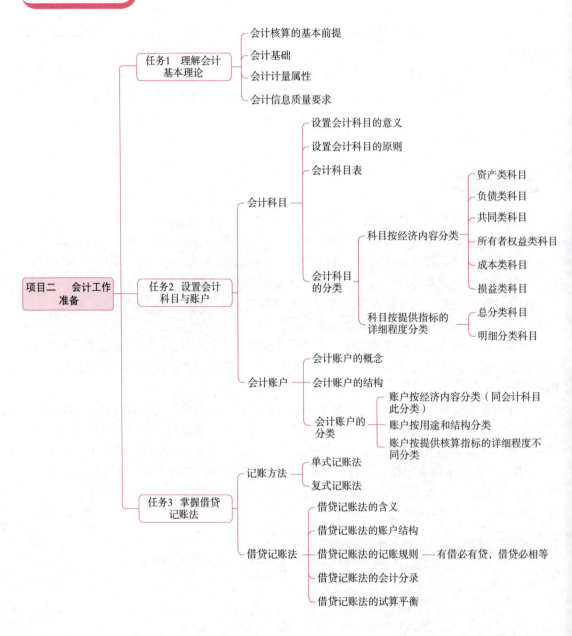

项目二　会计工作准备

- 任务1　理解会计基本理论
  - 会计核算的基本前提
  - 会计基础
  - 会计计量属性
  - 会计信息质量要求

- 任务2　设置会计科目与账户
  - 会计科目
    - 设置会计科目的意义
    - 设置会计科目的原则
    - 会计科目表
    - 会计科目的分类
      - 科目按经济内容分类
        - 资产类科目
        - 负债类科目
        - 共同类科目
        - 所有者权益类科目
        - 成本类科目
        - 损益类科目
      - 科目按提供指标的详细程度分类
        - 总分类科目
        - 明细分类科目
  - 会计账户
    - 会计账户的概念
    - 会计账户的结构
    - 会计账户的分类
      - 账户按经济内容分类（同会计科目此分类）
      - 账户按用途和结构分类
      - 账户按提供核算指标的详细程度不同分类

- 任务3　掌握借贷记账法
  - 记账方法
    - 单式记账法
    - 复式记账法
  - 借贷记账法
    - 借贷记账法的含义
    - 借贷记账法的账户结构
    - 借贷记账法的记账规则 — 有借必有贷，借贷必相等
    - 借贷记账法的会计分录
    - 借贷记账法的试算平衡

任 务 引 入

教室中，同学们刚刚上完今天的"会计学基础"课程，还在讨论着课上学习的内容。

"老师在课上说，会计对企业发生的经济业务进行核算和监督，通过会计记录，我们就可以知道企业的盈利情况。但我有一个疑问，好多企业过年过节都不休息，也就是说，企业的生产经营是不间断的，那这个盈利情况究竟是什么时间的呢？"张阳对李彤说。

"是啊，我也有这样的疑问，既然生产经营不间断，那么会计核算也应该是一直进行的，只有到最后才知道盈利结果才对。"李彤说。

旁边的王峰听到后加入了讨论："我觉得不是，肯定不能到生产经营的最后才知道盈利结果，否则企业老板拿什么去支付工人们每月的工资呢？所以我觉得，在进行会计核算时，应该遵循一些原则和规范，这可能就是我们后续要学习的内容。"

任务1　理解会计基本理论

学 习 目 标

1. 知识目标

（1）理解会计主体、持续经营、会计分期和货币计量的含义。

（2）理解两种会计核算基础的原理和使用。

（3）掌握权责发生制和收付实现制的基本要求。

（4）理解会计要素的计量属性。

（5）理解八大会计信息质量要求的含义。

（6）掌握会计信息质量要求的主要内容。

2. 能力目标

（1）能分析会计核算前提在不同经济业务中的使用。

（2）能够区分权责发生制和收付实现制的适用范围。

（3）能够运用权责发生制和收付实现制确认企业的收入和费用。

（4）能够按照会计准则要求选择会计要素的计量属性。

（5）能够分析会计信息质量要求在会计工作中的应用。

3. 素质目标

（1）引导学生树立坚持准则、遵纪守法的职业道德。

（2）培养学生谨慎稳重、持续进取的价值取向。

知 识 准 备

一、会计核算的基本前提

为了实现会计的目标，保证会计工作的正常有效，必须明确会计核算的前提和基础，是组织和开展会计工作必须具备的前提条件，离开这些前提条件，就不能构建会计的理论体系。

会计核算的基本前提也称会计假设，是对会计核算所处的时间、空间环境所做的合理设定，或对会计核算的范围、内容、要求等作出规定，把会计核算限定在一定的条件下。因此，会计核算的基本前提是进行会计核算时必须明确的前提条件。我国《企业会计准则——基本准则》把会计核算的基本前提分为会计主体、持续经营、会计分期和货币计量四个基本内容。

（一）会计主体

会计主体是企业会计确认、计量和报告的空间范围，也是会计为之服务的特定单位。它界定了从事会计工作和提供会计信息的空间范围，凡是拥有独立的资金、自主经营、独立核算、自负盈亏并编制会计报表的企业或组织都是一个会计主体。只有规定了会计主体，才使会计核算有明确的范围，才能正确反映会计主体的资产、负债和所有者权益的增减变化以及收入、费用和利润的实现情况，使一个企业的财务状况和经营成果独立地反映出来，为企业相关信息使用者提供所需要的信息。基于这一前提，首先，企业在会计核算时要划清各会计主体之间的界限。例如，恒源公司销售产品给恒生公司，根据会计主体这一前提，恒源公司会计的服务对象就是恒源公司这个会计主体，会计核算的内容必须是交付产品和收回货款，绝不能记录成对方的支付货款和收到产品。其次，要求每个会计主体的财务活动必须与业主个人的财务活动区分开来。例如，私营企业主的家庭开支就不能在企业账上反映，尽管法律上承认该企业是业主个人所有。显然只有坚持会计主体独立性观念，从会计主体整体出发，才能正确计算它在经营活动中取得的收益或发生的损失，正确计算它的资产和负债，从而为经营提供可靠的信息。如果会计主体不明确，资产和负债就难以界定，收入和支出便无法衡量，各种会计核算方法的应用就无从谈起。所以必须划清各个会计主体财务活动的界限。

会计主体可以是独立的法人，也可以是非法人。一般来讲，法律主体必然是会计主体，但会计主体不一定都是法人主体。例如，独资企业和合伙企业都不是法律主体，但它们都是独立的会计主体。

知识链接

什么是法人

法人是具有民事权利能力和民事行为能力，依法独立享有民事权利和承担民事义务的组织。法人应当有自己的名称、组织机构、住所、财产或者经费。

会计主体与法人（法律主体）并非对等的概念，法人可作为会计主体，但会计主体不一定是法人。例如，由自然人所创办的独资与合伙企业不具有法人资格，这类企业的财产和债务在法律上被视为业主或合伙人的财产和债务，但在会计核算上必须将其作为会计主体，以便将企业的经济活动与其所有者个人的经济活动以及其他实体的经济活动区别开来。

企业集团由若干具有法人资格的企业组成，各个企业既是独立的会计实体，也是法律主体，但为了反映整个集团的财务状况、经营成果及现金流量情况，还应编制该集团的合并会计报表，企业集团是会计主体，但通常不是一个独立的法人。

（二）持续经营

持续经营是指在正常的情况下，会计主体的生产经营活动将按照既定的目标持续经营，在可以预见的将来，不会面临破产清算。持续经营为会计的正常工作规定了时间范围，即会计主体的经营活动将无限期继续存在下去，这样才能开展常规的会计核算工作，企业采用的会计方法、会计程序才能稳定，才能准确地反映企业财务状况和经营成果。例如，固定资产计提折旧，会计上按固定资产的平均使用年限计算折旧，分期转入成本费用，这就是以持续经营为前提的。企业在经营过程中由于激烈竞争和管理不善等原因，难免有破产倒闭的可能，但持续生产经营是大多数会计主体存在的事实，所以这个前提是被广泛承认的。对于少数无力偿债、无法经营、宣布破产清算的企业单位不再适用。

（三）会计分期

会计分期是指将会计主体连续不断的生产经营活动划分为若干相等的会计期间，以便分期结算账目和编制财务会计报告，及时提供企业有关财务状况和经营成果的会计信息。世界各国大多按照日历年度作为会计年度，但是也有按业务年度作为会计年度的，例如将 7 月 1 日起至下年 6 月 30 日作为会计年度。我国《会计法》规定我国会计年度自公历 1 月 1 日起至 12 月 31 日止。《企业会计准则——基本准则》规定会计期间为年度和中期，中期是指短于一个完整的会计年度的报告期间，包括月度、季度和半年度。

（四）货币计量

货币计量是指会计主体在进行会计核算时，要求经济业务的处理选择以货币作为量度来加以确认。企业的各种财产物资因为计量单位不同（实物量度、劳动量度、货币量度等）无法直接相加汇总，但可以把不同的计量单位都转化为货币单位形式，这样就可以直接汇总，综合反映会计信息指标，例如，企业有原材料 100 千克，价值 20 万元；库存商品 2 000 件，价值 50 万元；厂房一栋，价值 500 万元等。从这个意义上讲，货币量度是会计记账的基本计量单位，其他量度则是会计记账的辅助计量单位。在多种货币存在的条件下，或经济业务是用外币结算时，就要确定某一种货币作为记账本位币，我国企业会计制度规定，企业的会计核算以人民币为记账本位币。业务收支以人民币以外的货币为主的企业，可以选定其中 1 种货币作为记账本位币，但编制的财务会计报告应当折算为人民币。在境外设立的中国企业向国内报送的财务会计报告，也应当折算为人民币。

【提示】

企业会计的职业风险主要产生于以货币作为主要计量单位和公司治理等多方面。因为以货币作为计量单位受到多种计量属性以及币值变动的影响，不同交易或者事项的确认、计量、记录和报告采用不同的计量属性，形成不同的会计核算结果，产生不同的经济后果，导致会计面临不同会计技术处理、职业判断和选择不当甚至产生会计差错的职业风险。

如上所述，会计核算的四项基本前提是对会计所处的经济环境所作的合乎情理的推断和假定，会计假设本质上是一种理想化、标准化的会计环境。会计核算的四项基本前提是相互依存、相互补充的关系。会计主体确立了会计核算的空间范围，持续经营与会计分期确立了会计核算的时间范围，货币计量为会计核算提供了必要手段。

讲解视频 2-1　会计核算的基本前提

二、会计基础

会计基础是指会计确认、计量、记录和报告的基础。实际工作中，由于各种原因，经济业务发生的时间与之相应的现金收支行为发生的时间往往不一致，会发生一些应收未收、应付未付的经济事项，这就产生了两种会计核算基础：收付实现制和权责发生制。收付实现制是指以收入和费用的实际收支期间为标准确认收入和费用的方法；权责发生制是指以收入和费用的归属期间为标准确认收入和费用的方法。《企业会计准则——基本准则》规定："企业应当以权责发生制为基础进行会计确认、计量和报告。"

（一）权责发生制

权责发生制是以权利和责任的发生来决定收入和费用的归属。其主要内容是：凡是当期已经发生的收入和已经发生或应当负担的费用，不论款项是否支付，都应当作为本期收入和费用处理；凡是不属于当期的收入和费用，即使款项已经在当期收付，都不应作为当期的收入和费用处理。这种分期归属原则，叫作权责发生制原则。

权责发生制的核心就是根据权责关系的实际发生和影响期间来确认企业的收入和费用，所以它能够正确地反映各期的成本和费用情况，反映各期收入和费用的配比关系，正确地计算当期损益，以利于提供完整、准确的会计信息。

例如，恒源公司于 2024 年 4 月 10 日销售商品 10 万元给恒生公司，双方协议款项将于 2024 年 7 月 10 日结算。根据权责发生制原则，销售商品的行为已经发生，4 月份有权利确认收入 10 万元；再如，恒源公司 2024 年 1 月预交全年租金 12 万元，每月 1 万元，根据权责发生制原则，12 万元的费用受益期分属在 12 个月中，因此，应该每月承担 1 万元的房租费，而不应该将 12 万元全数计入 1 月份的费用。

（二）收付实现制

收付实现制与权责发生制不同，对于收入和费用是按照现金是否收到或付出确定其归属期的。其主要内容是：凡是在本期收到的收入，不论其是否属于本期，均作为本期收入记账处理；凡是本期实际支付的款项，不论其是否应该由本期负担，均作为本期费用记账处理。

仍按上述举例，恒源公司将于 2024 年 7 月实际收到款项，根据收付实现制原则，10 万元的销售收入应该在 7 月份实际收到款项时入账；而 1 月份预交的全年租金，也不按照受益期分摊，1 月份实际支付的，就全部计入 1 月份的费用。

讲解视频 2-2 会计
的核算基础

三、会计计量属性

会计计量是为了将符合确认条件的会计要素登记入账并列报于财务报表而确定其金额的过程。企业应当按照规定的会计计量属性进行计量，确定其金额。计量属性是指被计量对象（会计要素）的数量化特征的表现形式。计量属性的不同选择会使相同的计量对象表现为不同货币的数额。企业在对会计要素进行计量时，可采用的计量属性有历史成本、重置成本、可变现净值、现值、公允价值等。

（一）历史成本

在历史成本计量下，资产按照购置时支付的现金或者现金等价物的金额，或者按照购置资产时所付出的公允价值计量。负债按照因承担现时义务而实际收到的款项或者资产的金额，或者承担现时义务的合同金额，或者按照日常活动中为偿还负债预期需要支付的现金或者现金等价物的金额计量。历史成本具有可靠性，但是，历史成本属性只能反映资源的存在、反映资源过去和现在用到何处，不能代表可能产生的未来经济利益对资源委托者的报酬。尤其是在物价变动明显时，其可比性、相关性下降，经营业绩和持有收益不能分清，非货币性资产和负债会出现低估，难以真实揭示企业的财务状况。

（二）重置成本

重置成本是指资产按照现在购买相同或者相似资产所需支付的现金或者现金等价物的金额。负债按照现在偿付该项债务所需支付的现金或者现金等价物的金额。这种计量属性能够避免因价格变动的收益虚计，较为客观地评价企业的管理业绩。但重置成本确定较为困难，无法与原持有资产完全吻合，从而影响信息的可靠性；另外，重置成本仍然不能消除货币购买力变动的影响。

（三）可变现净值

在可变现净值计量下，资产按照其正常对外销售所能收到现金或者现金等价物的金额扣减该资产至完工时估计将要发生的成本、估计的销售费用以及相关税费后的金额计量。这种计量属性能反映预期变现能力，评价企业的财务应变能力，消除费用分摊的主观随意性。可变现净值作为资产的现实价值与决策的相关性较强，但不适用于所有资产，因为它无法反映企业预期使用资产的价值，因而并非所有资产、负债都有变现价值。

（四）现值

在现值计量下，资产按照预计从其持续使用和最终处置中所产生的未来净现金流入量的折现金额计量。负债按照预计期限内需要偿还的未来净现金流出量的折现金额计量。现值计量属性考虑了货币时间价值，与决策的相关性最强，能够体现经营管理责任的全部要求。然而，由于现值计量基于一系列假设与判断，难以实现真实可靠计量，其未来现金流入量现值的计算是不确定的，与决策的可靠性较差。

（五）公允价值

在公允价值计量下，资产和负债按照在公平交易中熟悉情况的交易双方自愿进行资产交换或者债务清偿的金额计量。公允价值计量具有较强的相关性，用户通过公允价值信息可以了解企业当前所持有的资产负债的真实价值，从而作出对企业风险及管理业绩的评价。

四、会计信息质量要求

会计核算的前提是从会计实践中抽象出来的符合质量要求的会计信息，其最终目的是保证会计信息的有用性，而为了保证会计信息的质量，就必须明确会计信息质量要求。会计信息质量要求是财务会计报告所提供信息应达到的基本标准和要求。

会计信息质量的高低，直接关系到会计信息的真实与否。为实现企业管理的目标，为相关信息使用者提供高质量的会计信息，我国《企业会计准则——基本准则》对会计信息质量提出以下八个方面的要求：

（一）真实性

真实性要求企业以实际发生的交易或者事项为依据进行会计确认、计量和报告，如实地反映各项会计要素及其相关信息，保证会计信息真实可靠，内容完整。会计记录的是企业已经发生的经济业务，真实性要求会计记账必须还原已经发生的经济业务的全貌，不能有任何人为的操纵。贯彻真实性要求，就是要求会计工作以客观事实为依据，经得起验证。

（二）相关性

相关性要求企业提供的会计信息应当与财务会计报告使用者的经济决策需要相关，有助于财务会计报告使用者对企业过去、现在或者未来的情况作出评价或者预测。会计信息资料既要满足国家宏观管理调控的需要，也要满足企业内部管理、投资人和债权人等方面的需要，这就要求企业在选择会计核算程序和方法时必须考虑企业经营特点和管理的需要，设置账簿时要考虑有利于信息的输出和不同信息使用者的需要。

（三）明晰性

明晰性（也叫可理解性）要求企业提供的会计信息清晰明了，便于财务会计报告使用者理解和使用。明晰性要求有关经济业务的说明简明扼要、通俗易懂；会计记录准确、清晰，不得随意涂抹、刮擦和挖补；填制会计凭证、登记会计账簿做到依据合法、账户对应关系清楚、文字摘要完整；在编制会计报表时，项目勾稽关系清楚、项目完整、数字准确。

（四）可比性

可比性要求同一企业在不同会计期间采用的会计处理方法和程序，前后各期必须一致，不得随意变更，如确需变更的，应当在财务报告附注中说明。此外，不同企业对会计信息的处理应当采用一致的会计政策，以确保会计信息口径一致、相互可比。可比性原则，是为了会计信息使用者能对同一企业不同时期、不同企业同一时期的会计信息进行比较、分析及利用，可以了解企业的现状，预测企业的未来发展趋势，也有利于国家进行宏观经济管理。

（五）实质重于形式

实质重于形式要求企业应当按照交易或者事项的经济实质进行会计确认、计量和报告，不应仅以交易或者事项的法律形式为依据。在实际工作中，可能会碰到一些经济实质与法律形式不吻合的业务或事项，例如，企业对非短期和非低价值租入的固定资产，在租期未满以前，所有权并没有转移给承租人，但与该项固定资产相关的收益和风险已经转移给承租人，承租人实际上也在行使对该项固定资产的控制，因此承租人应该将其视同自有固定资产进行核算与管理。

（六）重要性

重要性要求企业提供的会计信息反映与企业财务状况、经营成果和现金流量等有关的所有重要交易或者事项。具体来说，对资产、负债、损益等有较大影响，并进而影响财务会计报告，影响使用者据此作出合理判断的重要会计事项，必须按照规定的会计方法和程序进行处理，并在财务会计报告中予以充分、准确的披露；对于次要的会计事项，在不影响会计信息真实性和不至于误导财务会计报告使用者作出正确判断的前提下，可适当简化处理。

重要性原则要求企业在提供会计信息时，对于重要的经济事项应该单独反映，比如，企业销售商品款项尚未收回，销售商品作为企业收入的主要来源属于企业重要的经济事项，应单独在"应收账款"账户反映；又如，企业存放在外单位的押金，这不是企业经常性的、

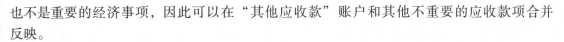

也不是重要的经济事项，因此可以在"其他应收款"账户和其他不重要的应收款项合并反映。

（七）谨慎性

谨慎性要求企业对交易或者事项进行会计确认、计量和报告时保持应有的谨慎，不应高估资产或者收益，不应低估负债或者费用。谨慎性要求的依据如下：

（1）会计环境中存在着大量不确定因素影响会计要素的精确确认和计量，必须按照一定的标准进行估计和判断；

（2）因为在市场经济中，企业的经济活动有一定的风险性，提高抵御经营风险和市场竞争能力需要谨慎；

（3）使会计信息建立在谨慎性的基础上，避免夸大利润和权益、掩盖不利因素，有利于保护投资者和债权人的利益；

（4）可以抵消管理者过于乐观的负面影响，有利于正确决策。

根据这一要求，我国《企业会计准则——基本准则》规定，如果企业的资产发生贬值，应该计提资产减值损失，防止企业不良资产挂账。谨慎性要求的实质是不少计费用、不多估资产、不多计利润，使企业在激烈的竞争中站稳脚跟，增强抵御风险的能力。

知 识 链 接

为了符合谨慎性原则，企业要设置秘密准备吗

秘密准备是人为地将资产负债表中的资产低报或负债高报，从而虚减损益表中的收益，是人为操纵企业收益的手段之一，旨在为以后各期收益的虚增埋下伏笔。

企业在面临不确定因素的情况下作出会计职业判断时，应保持谨慎，不高估资产或收益，也不低估负债或费用。但谨慎性的应用并不允许企业设置秘密准备，如果企业故意低估资产或者收益，或者故意高估负债或者费用，不符合会计信息的可靠性和相关性要求，损害会计信息质量，扭曲企业实际的财务状况和经营成果，从而对会计信息使用者的决策产生误导，这是《企业会计准则——基本准则》所不允许的。

（八）及时性

及时性要求企业对已经发生的经济事项及时进行会计确认、计量和报告，不得提前或者滞后，只有这样才能保证会计信息的时效性，满足企业管理的需要。因此，会计账务处理要及时进行，不得拖延，财务会计报告的编制要及时，并要在规定日期内报送有关部门，否则，再有用的会计信息也会失去它的利用价值。但是及时必须以真实和正确为前提，不能为了及时报送财务会计报告，采用提前结转的方式。

经济高质量发展归根结底为企业高质量发展，高质量的会计信息对于企业管理非常重要，可以为企业决策提供可靠的依据，促进企业的高质量发展。因为高质量的会计信息可以使资金提供者快速了解企业并作出更准确评价，显著提高企业融资效率和降低融资成本，高效且低成本的融资会激发企业的创新意愿，实现企业创新能力的提高，进而提升企业产品的市场竞争力，促进营运效率提高，最终实现企业的高质量发展。

【会计论道与素养提升】

瑞幸咖啡财务造假，股价暴跌美股退市
——会计信息质量要求——真实性

2020 年 1 月 31 日，知名做空机构浑水声称，收到了一份长达 89 页的匿名做空报告，直指瑞幸数据造假。

2020 年 4 月 2 日，美国多家律师事务所发布声明，提醒投资者，在 2019 年 11 月 13 日至 2020 年 1 月 31 日间购买过瑞幸咖啡股票的投资者如果试图追回损失，可以与律所联系。

2020 年 4 月 2 日，因虚假交易额 22 亿元人民币，瑞幸咖啡盘前暴跌 85%。

2020 年 4 月 4 日凌晨，瑞幸咖啡自曝造假 22 亿元事件持续发酵，周五收盘，瑞幸股价再次大跌 15.94%，报 5.38 美元。中国证监会此前称，对该公司财务造假行为表示强烈的谴责。

2020 年 4 月 7 日，瑞幸咖啡宣布停牌，在完全满足纳斯达克要求的补充信息之前，交易继续暂停。

2020 年 6 月 27 日，瑞幸咖啡发布声明称，公司于 6 月 29 日在纳斯达克停牌，并进行退市备案。同时，瑞幸咖啡全国 4 000 多家门店将正常运营。

企业提供的会计信息，必须遵循真实性原则，做到坚持准则，客观公正。会计工作必须还原已经发生的经济业务全貌，不能有任何人为的操纵。对于热衷于企业造假，以在刀尖上舞蹈引以为傲的机构，造假也许会让公司表面上看似生意兴隆，但最终总会引火烧身。

课后拓展

1. 权责发生制的前提是什么？固定资产计提折旧的前提是什么？

2. 请以思维导图的形式，总结本任务内容，并以小组为单位进行分享。

3. 请每位学生结合本任务内容，搜集资料，以表格的形式总结八大会计信息质量要求，包含每个会计信息质量要求的侧重点及其应用（表 2－1），并以小组为单位讨论分享。

表 2－1　会计信息质量要求总结

会计信息质量要求	侧重点	应用举例
真实性		
相关性		
明晰性		
可比性		

续表

会计信息质量要求	侧重点	应用举例
实质重于形式		
重要性		
谨慎性		
及时性		

同步练习

一、单项选择题

1. 人们通常说的会计主体与法律主体是（　　）。

A. 有区别的　　　　B. 相互一致的　　　　C. 不相关的　　　　D. 相互可替代的

2. 货币计量前提包含着（　　）假设。

A. 会计分期　　　　B. 持续经营　　　　C. 会计主体　　　　D. 币值稳定

3. 下列各项中，不属于企业会计基本假设的是（　　）。

A. 货币计量　　　　B. 会计主体　　　　C. 实质重于形式　　　　D. 持续经营

4. 会计主体对会计核算范围从（　　）上进行了有效的划定。

A. 空间　　　　B. 内容　　　　C. 时间　　　　D. 空间和时间

5. 持续经营为（　　）提供了理论依据。

A. 复式记账方法　　　　　　　　　B. 会计计量

C. 会计主体确认　　　　　　　　　D. 会计内容的划分

6. 收付实现制和权责发生制两种会计基础的划分，是基于（　　）会计基本假设。

A. 会计主体　　　　B. 持续经营　　　　C. 会计分期　　　　D. 货币计量

7. 某企业6月采购10 000元办公用品交付使用，预付第3季度办公用房租金45 000元，支付第2季度短期借款利息6 000元，其中4—5月累计计提利息4 000元。不考虑其他因素，该企业6月应确认的期间费用为（　　）元。

A. 12 000　　　　B. 10 000　　　　C. 6 000　　　　D. 5 500

8. 企业在对会计要素进行计量时，一般采用（　　）进行计量。

A. 历史成本　　　　B. 重置成本　　　　C. 可变现净值　　　　D. 公允价值

9. 下列各项中，关于会计信息质量可靠性要求的表述，正确的是（　　）。

A. 企业进行核算应与财务报告使用者的经济决策需要相关

B. 企业应当以实际发生的交易或者事项为依据进行会计核算

C. 不同企业同一会计期间发生相同的交易，应当采用同一会计政策

D. 企业进行核算应便于财务报告使用者理解和使用

10. 同一企业在不同会计期间对于相同的交易或事项，应当采取一致的会计政策，不得随意变更，该表述属于会计信息质量要求的（　　）。

A. 明晰性　　　　B. 可比性　　　　C. 重要性　　　　D. 谨慎性

11. 在会计核算过程中，会计处理方法前后各期（　　）。

A. 应当一致，不得随意变更　　　　　　B. 可以变动，但须经过批准

C. 可以任意变动　　　　　　　　　　　D. 应当一致，不得变动

12. 下列各项中，体现谨慎性要求的是（　　　）。

A. 对固定资产采用年限平均法计提折旧

B. 不应高估资产或者收益、低估负债或者费用

C. 高估资产、低估负债

D. 对承担的可能性较小的环保责任确认预计负债

13. 下列各项中，符合谨慎性会计信息质量要求的是（　　　）。

A. 在存货的可变现净值低于成本时，按可变现净值计量

B. 确认收入时不考虑很可能发生的保修义务

C. 采用年限平均法计提固定资产折旧

D. 金额较小的低值易耗品采用一次摊销法摊销

14. 某企业本期购入一批原材料，因暂时未生产领用，因此一直未登记入账，这违背了会计信息质量要求中的（　　　）要求。

A. 及时性　　　　B. 实质重于形式　　　　C. 谨慎性　　　　D. 重要性

15. 企业将其租入的资产（短期租赁和低价值资产租赁除外），在会计确认时将其视为企业的资产核算，体现了会计信息质量要求中的（　　　）要求。

A. 可靠性　　　　B. 实质重于形式　　　　C. 谨慎性　　　　D. 及时性

二、多项选择题

1. 会计对经济活动的计量可以采用（　　　）。

A. 货币量度　　　　B. 实物量度　　　　C. 其他量度　　　　D. 劳动量度

2. 下列各项中，关于会计基本假设的说法，正确的有（　　　）。

A. 业务收支以外币为主的企业，可以选定某种外币作为记账本位币，但是编报的财务会计报告应折算为人民币，体现货币计量假设

B. 对自有业务进行确认、计量、记录和报告体现会计主体假设

C. 对外购固定资产按照预计使用年限计提折旧体现持续经营假设

D. 按年编制财务报告体现会计分期假设

3. 下列各项中，可确认为会计主体的有（　　　）。

A. 子公司　　　　B. 销售部门　　　　C. 集团公司　　　　D. 母公司

4. 下列组织可以作为一个会计主体进行核算的有（　　　）。

A. 独资企业　　　　　　　　　　　　B. 生产车间

C. 分公司　　　　　　　　　　　　　D. 多家公司组成的企业集团

5. 关于会计基本假设，下列说法不正确的有（　　　）。

A. 会计分期假设指出会计核算应当以持续、正常的生产经营活动为前提

B. 据以分期结算盈亏，按期编制财务报告，从而向财务报告使用者提供财务信息是持续经营假设的目的

C. 会计分期是将企业持续经营的生产经营活动划分为连续的、长短不同的期间

D. 会计分期假设指会计主体在会计确认、计量、记录和报告时主要以货币作为计量单位，来反映会计主体的生产经营活动

6. 下列关于权责发生制会计基础的表述，正确的有（　　　）。

A. 权责发生制是指以取得收取款项的权利或支付款项的义务为标准来确认本期收入和费用

B. 在权责发生制下，收入、费用的确认应当以收入和费用的实际收支作为确认的标准

C. 在权责发生制下，凡是当期已经实现的收入和已经发生或者应负担的费用，无论款项是否收付，都应当作为当期的收入和费用，计入利润表

D. 在权责发生制下，本月销售货物且收到款项 10 万元，预收下月货款 20 万元，本月销售 30 万元货物但款项预计下月收到，本月应确认的收入为 10 万元

7. 下列各项中，符合谨慎性会计信息质量要求的有（　　　）。

A. 金额较小的低值易耗品一次摊销计入当期损益

B. 在财务报表中对收入和利得、费用和损失进行分类列报

C. 对很可能承担的环保责任确认预计负债

D. 固定资产预期可收回金额低于其账面价值的差额确认资产减值损失

8. 下列各项中，符合会计信息质量要求的有（　　　）。

A. 租入资产视为企业资产核算符合实质重于形式要求

B. 及时进行会计确认、计量、记录和报告，可以提前但不得延后

C. 企业发生的支出金额较小，从支出的受益期来看，可能需要在若干会计期间进行分摊，但根据重要性要求，可以一次性计入当期损益

D. 企业应当根据其所处的环境和实际情况，从项目性质和真实性两方面判断其重要性

9. 下列各项中，体现谨慎性会计信息质量要求的有（　　　）。

A. 固定资产按直线法计提折旧

B. 低值易耗品金额较小的，在领用时一次性计入成本费用

C. 对售出商品很可能发生的保修义务确认预计负债

D. 当存货成本高于可变现净值时，计提存货跌价准备

10. 谨慎性要求具体运用的办法是（　　　）。

A. 不高估收益 　　　　　　　　　　　B. 不高估资产

C. 低估费用和损失 　　　　　　　　　D. 足额计算费用和损失

11. 下列各项中，体现可靠性要求的有（　　　）。

A. 要求企业根据真实的交易进行会计核算

B. 要求企业提供的会计信息应当与投资者等财务报告使用者的经济决策需要相关

C. 要求企业如实反映符合确认和计量要求的会计要素及其他相关信息

D. 要求企业提供的会计信息应当清晰明了，便于投资者等财务报告使用者理解和使用

12. 下列各项企业的会计处理中，符合谨慎性质量要求的有（　　　）。

A. 在存货的可变现净值低于成本时，计提存货跌价准备

B. 在应收款项实际发生坏账损失时，确认坏账损失

C. 对售出商品很可能发生的保修义务确认预计负债

D. 企业将属于研究阶段的研发支出确认为研发费用

13. 下列各项中，不属于会计信息质量要求的有（　　　）。

A. 重要性 　　　　　　B. 谨慎性 　　　　　　C. 货币计量 　　　　　　D. 权责发生制

三、判断题

1. 会计主体与法人主体是同一概念。 （　　）
2. 由于会计分期才产生了权责发生制和收付实现制。 （　　）
3. 会计主体是指会计工作服务的特定对象，是企业会计确认、计量、记录和报告的空间范围。 （　　）
4. 我国会计年度自公历 1 月 1 日起至 12 月 31 日止。 （　　）
5. 最常见的会计期间是一个月。 （　　）
6. 持续经营前提为企业的财产计价和收益的确定提供了理论基础。 （　　）
7. 我国《企业会计准则》规定应采用收付实现制作为会计核算的基础。 （　　）
8. 在我国，政府会计应采用收付实现制作为会计核算的基础。 （　　）
9. 企业会计的职业风险主要产生于以持续经营作为基本假设和公司治理等多方面。 （　　）
10. 权责发生制是以现金收付作为确认标准来处理业务。 （　　）
11. 会计信息质量要求中的谨慎性要求会计核算工作中做到谦虚谨慎，不夸大企业的资产。 （　　）
12. 会计信息质量要求中的可比性要求会计核算方法前后各期应当保持一致，不得变更。 （　　）

任务 2　设置会计科目与账户

学习目标

1. 知识目标

（1）了解会计科目和会计账户的基本概念。
（2）理解会计科目与账户的关系、总分类账户与明细分类账户的关系。
（3）掌握会计账户的基本结构及其登记方法。

2. 能力目标

（1）能根据企业生产经营特点设置会计科目。
（2）能根据经济业务内容判断所属会计科目。
（3）能正确判断账户的类别并准确运用。

3. 素质目标

（1）在账户的设置与管理中，养成严谨细致的工作作风，体悟爱岗敬业的职业精神。
（2）学会合理设置账户，在坚持准则的同时，具备灵活创新、为管理服务的理念。

知识准备

一、会计科目

（一）设置会计科目的意义

会计科目是对会计要素进行的再次分类。企业的资金运动是复杂多样的，为了分类反映复杂的资金活动，要对会计对象进行初步的分类，即分为六大会计要素：资产、负债、所有者权益、收入、费用和利润。但这六大会计要素又各自包含很多的内容，如企业的资产有库存现金、银行存款、房屋、设备等；企业的负债有的是从银行借入的，有的是欠供货方的购货款等，这些项目也需要进行分类核算和监督，以满足不同信息使用者的需求。因此，为了记录企业发生的具体经济事项，需要对会计要素进行进一步分类，分类后的名称就叫作会计科目。

例如，企业拥有的现款叫作"库存现金"，存在银行账户的款项叫作"银行存款"，购买的准备生产用的材料叫作"原材料"，如果购买的原材料尚在运输途中，叫作"在途物资"，销售后尚未收回的款项叫作"应收账款"，房屋、设备、车辆等在生产过程中原有实物形态不会改变的资产，叫作"固定资产"等。

再如，从银行借入的短期款项叫作"短期借款"，借入的长期款项叫作"长期借款"，购买的货物尚未付款叫作"应付账款"，应付未付的职工工资等叫作"应付职工薪酬"等。

这些名称就叫作会计科目，所以，会计科目是为了具体记录某一种经济事项所使用的一种专业术语。当某一具体的经济事项发生增减变化时，就用其相应的会计科目进行记录，反映这类事项的增减变化情况。通过设置会计科目，不仅能够分门别类地核算和监督会计对象的具体内容，还能统一核算指标口径、提供相关会计核算资料。

（二）设置会计科目的原则

设置会计科目是会计核算的一种专门方法，为了更好地发挥会计科目在核算中的作用，设置会计科目应遵循以下原则：

1. 统一性原则

会计科目是由财政部统一制定的。为适应国家宏观经济管理的需要，保证对外提供会计信息指标和口径的一致性和可比性，财政部根据《企业会计准则》和《小企业会计准则》分别提供了统一的会计科目表，来满足不同性质的企业使用会计科目的需要。

2. 灵活性原则

由于各个企业的行业特点不同，内部经营管理对会计信息的要求不同，因此，企业在符合国家统一要求的原则下，可以设置具备本行业特征的会计科目。例如，邮政企业专营集邮邮票业务，因此设置"集邮票品"科目；邮政企业经营报刊业务，所以设置"报刊"科目核算其增减变化。

3. 科学性原则

只有科学地设置会计科目，才能全面地反映会计要素的内容，覆盖企业发生的所有的经济事项。会计科目的设置应能保证对各会计要素做全面的反映，形成一个完整的、科学的体系，每一个会计科目都应有特定的核算内容，要有明确的含义和界限，各个会计科目之间既要有一定的联系，又要各自独立，不能交叉重叠，不能含糊不清。

4. 稳定性原则

为满足企业管理的需求，不同时期的会计信息应有连贯性和可比性。因此，会计科目的设置不应轻易变动，要保持相对稳定，尤其是在年度中间一般不要变更会计科目。

知 识 链 接

在我国财政部制定的《企业会计准则——应用指南》中，明确了会计科目的定义、使用范围和具体操作方法，规定了我国企业应当设置的会计科目，涵盖了各类企业的交易或事项。企业在不违反会计准则中确认、计量和报告规定的前提下，可以根据本单位的实际情况自行增设、分拆、合并会计科目。企业不存在的交易或事项，可以不设置相关的会计科目。会计科目编号供企业填制会计凭证、登记会计账簿、查阅会计账目、采用会计软件系统时参考，企业可以结合实际情况，自行确定会计科目编号。

（三）会计科目表

现将《企业会计准则》规定的一般企业常用会计科目一览表如表2-2所示。

表2-2　一般企业常用会计科目一览表

序号	编号	会计科目名称	序号	编号	会计科目名称
一、资产类			27	1601	*固定资产
1	1001	*库存现金	28	1602	*累计折旧
2	1002	*银行存款	29	1603	固定资产减值准备
3	1012	其他货币资金	30	1604	在建工程
4	1101	交易性金融资产	31	1605	工程物资
5	1121	应收票据	32	1606	固定资产清理
6	1122	*应收账款	33	1701	*无形资产
7	1123	*预付账款	34	1702	累计摊销
8	1131	*应收股利	35	1703	无形资产减值准备
9	1132	*应收利息	36	1711	商誉
10	1221	*其他应收款	37	1801	长期待摊费用
11	1231	坏账准备	38	1811	递延所得税资产
12	1401	材料采购	39	1901	*待处理财产损益
13	1402	*在途物资	二、负债类		
14	1403	*原材料	40	2001	*短期借款
15	1404	材料成本差异	41	2101	交易性金融负债
16	1405	*库存商品	42	2201	应付票据
17	1406	发出商品	43	2202	*应付账款
18	1407	商品进销差价	44	2203	*预收账款
19	1408	委托加工物资	45	2211	*应付职工薪酬
20	1411	周转材料	46	2221	*应交税费
21	1471	存货跌价准备	47	2231	*应付利息
22	1501	债权投资	48	2232	*应付股利
23	1502	债权投资减值准备	49	2241	*其他应付款
24	1511	长期股权投资	50	2501	*长期借款
25	1512	长期股权投资减值准备	51	2502	应付债券
26	1521	投资性房地产	52	2701	长期应付款

序号	编号	会计科目名称	序号	编号	会计科目名称
53	2711	专项应付款	68	5301	研发支出
54	2801	预计负债	六、损益类		
55	2901	递延所得税负债	69	6001	*主营业务收入
三、共同类			70	6051	*其他业务收入
56	3101	衍生工具	71	6101	公允价值变动损益
57	3201	套期工具	72	6111	投资收益
58	3202	被套期项目	73	6301	*营业外收入
四、所有者权益类			74	6401	*主营业务成本
59	4001	*实收资本	75	6402	*其他业务成本
60	4002	*资本公积	76	6403	*税金及附加
61	4101	*盈余公积	77	6601	*销售费用
62	4103	*本年利润	78	6602	*管理费用
63	4104	*利润分配	79	6603	*财务费用
64	4201	库存股	80	6701	资产减值损失
五、成本类			81	6702	信用减值损失
65	5001	*生产成本	82	6711	*营业外支出
66	5101	*制造费用	83	6801	*所得税费用
67	5201	劳务成本	84	6901	以前年度损益调整

注：标*的会计科目在《会计学基础》中需重点掌握。

（四）会计科目的分类

每个会计科目都核算某一特定的经济内容，各个会计科目之间既有联系又有区别，它们构成了会计科目体系。为了正确设置和运用会计科目，需要对会计科目进行合理的分类。

1. 科目按经济内容分类

按经济内容分类是会计科目最基本的分类方法，可分为以下五类：

1）资产类科目

资产类科目是记录企业具体资产增减变化的会计科目。例如，反映货币性资产的"库存现金""银行存款"等科目；反映债权性资产的"应收票据""应收账款"等科目；反映存货类资产的"原材料""库存商品"等科目，反映劳动手段的"固定资产"科目等。

2）负债类科目

负债类科目是记录企业负债增减变化的会计科目。例如，反映企业从银行的借款"短期借款""长期借款"等科目；反映企业尚欠的购货款"应付账款""应付票据"等科目；反映应付未付职工工资等的"应付职工薪酬"等科目。

3）共同类科目

略。

4）所有者权益类科目

所有者权益类科目是记录企业所有者权益增减变化的会计科目。例如，反映企业接受投资人投资的"实收资本"等科目；反映留存收益的"盈余公积""未分配利润"等科目。

5）成本类科目

成本类科目是记录企业需要进行成本计算的经济事项的会计科目。例如，反映制造成本的"生产成本""制造费用"等科目。

6）损益类科目

损益类科目是记录企业收入的实现和费用的发生等经济事项的会计科目。例如，反映企业收入的"主营业务收入""其他业务收入"等科目；反映企业生产管理过程中发生费用的"主营业务成本""管理费用""财务费用""销售费用"等科目；反映企业营业外收支情况的"营业外收入""营业外支出"等科目。

2. 科目按提供指标的详细程度分类

按提供指标的详细程度分类，会计科目分为总分类科目和明细分类科目。

为满足不同层次管理的需要，会计科目应该分层设置，既要设置总分类科目，又要设置明细分类科目。

1）总分类科目

总分类科目（即总账科目或一级科目）提供总括核算资料，是进行总分类核算的依据。例如"库存现金""银行存款""固定资产""实收资本""管理费用"等科目都属于总分类科目。财政部统一制定的会计科目都属于总分类科目。

2）明细分类科目

明细分类科目是把总分类科目所反映的经济内容进行详细分类的科目，是用来辅助总分类科目，反映会计核算资料详细、具体指标的科目。

总分类科目与明细分类科目之间的关系如表 2-3 所示。

表 2-3 　总分类科目与明细分类科目之间的关系

总分类科目 （一级科目）	明细分类科目	
	二级科目（子目）	三级科目（细目）
原材料	原料及主要材料	棉花
		面纱
	燃料	汽油
		煤

二、会计账户

（一）会计账户的概念

会计账户（简称账户）是指按照会计科目设置并具有一定格式，用来分类、系统、连续地记录经济业务，反映会计要素增减变化情况和结果的一种工具。会计科目是对会计对象具体内容进行的分类，但它们只是一种分类项目，不具有特定的结构和格式，不能记录反映经济业务发生后引起的各项资产、负债和所有者权益项目的增减变动情况及其结果。因此，为了对企业的经济活动和财务收支情况进行全面、系统、连续和分类的记录，为企业经营管理和有关方面提供各种会计信息，有效反映和监督经济活动的过程及结果，必须根据会计科目开设相应的账户。

会计账户与会计科目是既有联系又有区别的两个不同概念。它们都是按照会计对象要素的经济内容设置的，会计账户根据会计科目开设，会计科目的名称就是会计账户的名称，同名称的会计科目与会计账户反映相同的经济内容。因此，会计科目的性质决定了会计账户的性质，会计账户的分类与会计科目的分类一样，按经济内容分类可分为资产类账户、负债类账户、所有者权益类账户、损益类账户和成本类账户；按提供指标的详细程度分为总分类账户和明细分类账户。两者的区别是会计科目只是个名称，它表明某类经济业务的内容，其本身并不能记录经济内容的增减变化情况，而会计账户既有名称，又有结构，能够把经济业务的发展情况及其结果，分类、连续、系统地记录和反映。例如，"银行存款"这个会计科目只规定核算企业银行存款的增减变化及其结余数额，而"银行存款"这个会计账户可以把银行存款在一定会计期间的增加、减少及结余情况记录下来，以随时反映银行存款变化情况。

【提示】

在实际工作中，由于会计账户根据会计科目设置，且两者在性质、内容和分类方面完全一致，因此，实务中常常对会计科目和会计账户两个概念不做严格区分，两者作为同义词语而互相通用。

（二）会计账户的结构

会计账户通过分类记录发生的各种经济事项，为企业提供日常核算资料和信息，为编制会计报表提供依据，因此，必须具有一定的格式，即结构。会计是以货币为主要计量单位来反映经济活动的，各项经济业务的发生都要引起会计对象、会计要素的变化，从数量方面来看，无非是增加或减少两种情况，因此，用来分类记录经济业务的会计账户，在结构上也相应分为两个基本部分：一方记增加，一方记减少。至于哪一方记增加，哪一方记减少，则取决于会计账户的性质和类型。一般来说，会计账户结构应包括以下内容：

（1）账户的名称，即会计科目；

（2）日期和摘要；

（3）增加方和减少方的金额及余额；

（4）凭证号数，即说明记载账户记录的依据。

会计账户的基本结构如表2-4所示。

表2-4　会计账户的基本结构（会计科目）

年		凭证号数	摘要	左方金额	右方金额	余额
月	日					

为了便于讲课及做练习，教科书中经常采用被简化的账户格式——"丁"字或"T"字

形账户来说明账户结构，这种"T"字形账户仅仅用来说明实际记账所用的轮廓，但有些资料，例如日期和其他资料一般被省略了，账户的基本结构如图 2-1 所示。

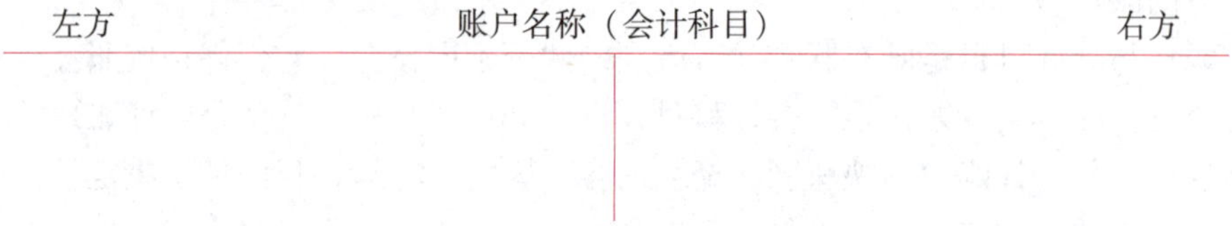

左方	账户名称（会计科目）	右方

图 2-1　账户的基本结构

上列"T"字形账户格式分为左右两方，分别用来记录经济业务发生所引起的会计要素的增加额和减少额。增减金额相抵后的差额，即是余额。余额按时间不同，分为期初余额和期末余额。因此，通过账户可提供该账户期初余额、本期增加额、本期减少额和期末余额。本期增加额是在一定时期（月、年）内登记在账户中的增加金额之和，也叫本期增加发生额。本期减少额是在一定时期（月、年）内登记在账户中的减少金额之和，也叫本期减少发生额。期初余额是上期结转来的数字，即上期期末余额。期末余额如果没有期初余额，就是本期增加发生额与本期减少发生额相抵后的差额，如果有期初余额，期末余额应该按下式计算：

期末余额 = 期初余额 + 本期增加发生额 - 本期减少发生额

本期增加发生额和本期减少发生额是记在账户的左方还是右方，账户的余额反映在左方还是右方，取决于账户的性质和类型。

（三）会计账户的分类

1. 账户按经济内容分类

会计账户是根据会计科目设置的，会计科目是对经济内容的分类，因此，会计账户首先是按经济内容划分的。

账户按经济内容分类，就是按账户所反映的会计对象的具体内容进行分类。企业会计对象的具体内容有资产、负债、所有者权益、收入、费用和利润六大会计要素。由于企业会计在一定期间内实现的利润最终要归属于所有者权益，所以在对账户按经济内容分类时，将利润并入所有者权益类。又由于企业在生产经营过程中需要进行成本计算，所以专门设置成本类账户，用于专门计算成本。收入和费用体现为当期的损益，因此将收入类和费用类账户并为一起，称为损益类账户。对于有特殊经济业务的企业，设置共同类账户。这样，账户按经济内容分类可以分为六大类：资产类账户、负债类账户、所有者权益类账户、损益类账户、成本类账户和共同类账户，如表 2-5 所示。

表 2-5　账户按经济内容分类

类型		账户
资产类账户	流动资产账户	库存现金、银行存款、其他货币资金、交易性金融资产、应收票据、应收账款、预付账款、应收股利、应收利息、其他应收款、在途物资、原材料、库存商品、发出商品、委托加工物资、周转材料、材料成本差异等
	非流动资产账户	长期股权投资、长期应收款、投资性房地产、固定资产、累计折旧、无形资产、累计摊销、在建工程、长期待摊费用等

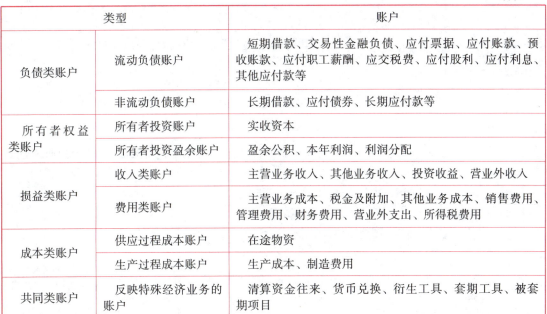

类型		账户
负债类账户	流动负债账户	短期借款、交易性金融负债、应付票据、应付账款、预收账款、应付职工薪酬、应交税费、应付股利、应付利息、其他应付款等
	非流动负债账户	长期借款、应付债券、长期应付款等
所有者权益类账户	所有者投资账户	实收资本
	所有者投资盈余账户	盈余公积、本年利润、利润分配
损益类账户	收入类账户	主营业务收入、其他业务收入、投资收益、营业外收入
	费用类账户	主营业务成本、税金及附加、其他业务成本、销售费用、管理费用、财务费用、营业外支出、所得税费用
成本类账户	供应过程成本账户	在途物资
	生产过程成本账户	生产成本、制造费用
共同类账户	反映特殊经济业务的账户	清算资金往来、货币兑换、衍生工具、套期工具、被套期项目

2. 账户按用途和结构分类

账户按经济内容的分类能够明确账户的性质，了解各类账户反映的内容，进而确定应该设置哪些账户以满足经营管理的需要。但是，账户按经济内容的分类不能使人们了解账户的作用，以及它们如何提供经营管理所需要的各种核算指标。因此，需要进一步按账户的用途和结构进行分类。

账户的用途，是指通过账户记录，能够提供哪些核算指标，也就是设置和运用账户的目的。账户的结构，是指在账户中如何记录经济业务，来取得各种必要的核算指标，具体包括账户的借方和贷方核算的内容、期末余额的方向以及所表达的含义。

账户的用途和结构受账户所反映的经济内容的制约。但每一个账户都有其特定的用途和结构，因此，经济内容相同的账户其用途和结构不一定一致。一方面，按其核算的经济内容可以归为一类的账户，可能具有不同的用途和结构；另一方面，按其核算的经济内容归属为不同类别的账户，其用途和结构可能一致或相似。由此可见，按经济内容对账户的分类是基本的、主要的分类，按用途和结构对账户的分类是对按经济内容分类的必要补充。

企业常用的账户，按其经济用途和结构分为盘存类账户、结算类账户、资本类账户、调整类账户、集合分配类账户、成本计算类账户、集合配比类账户、财务成果计算类账户八类，如表 2－6 所示。

表 2－6　账户按用途和结构分类

类别	账户
盘存类账户	库存现金、银行存款、其他货币资金、原材料、库存商品、固定资产、工程物资等

续表

类别		账户
结算类账户	债权结算账户	应收票据、应收账款、应收股利、应收利息、其他应收款、预付账款等
	债务结算账户	短期借款、应付票据、应付账款、预收账款、应付职工薪酬、应交税费、其他应付款、长期借款、应付债券等
资本类账户		实收资本、资本公积、盈余公积、利润分配
调整类账户	备抵调整账户	累计折旧、坏账准备、存货跌价准备、持有至到期减值准备、长期股权投资减值准备等
	备抵附加调整账户	材料成本差异
集合分配类账户		制造费用
成本计算类账户		在途物资（材料采购）、生产成本
集合配比类账户		主营业务收入、其他业务收入、投资收益、营业外收入、主营业务成本、税金及附加、其他业务成本、销售费用、管理费用、财务费用、营业外支出、所得税费用
财务成果计算类账户		本年利润

3. 账户按提供核算指标的详细程度不同分类

账户按提供核算指标的详细程度分类，可分为总分类账户和明细分类账户。

1）总分类账户

总分类账户简称总账，是指根据总分类科目开设的，总括反映各会计要素具体项目增减变动及其结果的账户，它能够提供某一具体内容的总括核算指标。为了保持会计信息的一致性和可比性，企业应根据《企业会计准则》统一制定的会计科目，设置总分类账户。

总分类账户的特点如下：

（1）在总分类账户中只使用货币计量单位反映企业发生的经济业务。

（2）总分类账户只提供总括的核算指标。例如，"原材料"就是一个总分类账户，这个账户只登记企业全部原材料的增加金额、减少金额和结余金额，不登记企业都有哪些种类的原材料，也不登记每一种原材料的数量分别是多少。因此，不能满足企业管理的需求。

（3）总分类账户提供的总括指标是编制会计报表的主要依据。

2）明细分类账户

明细分类账户简称明细账，是指根据明细科目设置的，对会计要素的具体内容进行明细分类核算的账户。明细分类账户在以货币作为计量单位记账的同时，可以同时以货币单位和实物单位计量，详细反映经济业务的增减变动及其结果。例如，"原材料"总分类账户下，可以开设"原料及主要材料""辅助材料"等二级账户，在二级账户下又可以开设"甲材料""乙材料"等三级账户，分别反映每一种材料的数量、单价和金额。又如，"应收账款"账户是反映企业因赊销未收回的账款的总分类账，但是，单记总账不能反映出债务单位的名称，因此应该按照债务单位设置明细账，详细反映都是哪些单位欠本企业的款项，以便加强管理。

综上所述，总分类账户和明细分类账户之间的关系是：总分类账户提供的是总括的核算指标，是所属明细分类账户资料的综合，对所属明细账起着统驭、控制的作用。明细分类账户提供的是详细具体的核算指标，是有关总分类账户的具体化，对总分类账户起着补充说明的作用。两者的核算内容相同，登记的原始依据也相同。

讲解视频 2-3 会计科目与账户

随 堂 讨 论

请根据会计科目与会计账户的关系、总分类科目与明细分类科目的关系，思考在经济业务发生后，所涉及的总分类账户与其所属明细分类账户，在它们的期初余额、本期发生额和期末余额上，会呈现出何种关系？

【会计论道与素养提升】

党的二十大报告中提到："中国式现代化，是中国共产党领导的社会主义现代化，既有各国现代化的共同特征，更有基于自己国情的中国特色。"在我国社会主义市场经济发展的过程中，我们不断解放和发展生产力，不断提高人民生活水平，极大地推进了我国社会主义现代化建设。"我们始终从国情出发想问题、作决策、办事情，既不好高骛远，也不因循守旧，保持历史耐心，坚持稳中求进、循序渐进、持续推进。"服务经济社会高质量发展是会计管理的首要作用，在社会主义市场经济发展过程中，伴随着各项准则制度的更新，会计科目等内容也处在持续优化调整中，这也为经济社会发展提供了更为高效的数据分析和决策咨询的信息来源。

课 后 拓 展

1. 如何理解会计科目与会计账户的联系与区别？
2. 请以思维导图的形式，总结本任务内容，并以小组为单位进行分享。

同 步 练 习

一、单项选择题

1. 会计科目是（　　）。

A. 会计要素的名称　　　B. 账簿的名称　　　C. 报表的项目　　　D. 账户的名称

2. 账户是根据（　　）开设的。

A. 核算需要　　　　　　B. 会计科目　　　　C. 主观愿望　　　　D. 经济业务

3. 下列会计科目属于损益类科目的是（　　）。

A. 主营业务收入　　　　B. 生产成本　　　　C. 应收账款　　　　D. 应付股利

4. 企业应缴而未缴的税金属于（　　）科目。

A. 资产类　　　　　　　B. 损益类　　　　　C. 负债类　　　　　D. 成本类

5. 预付给供货单位的货款，可视同为一种（　　　）。

A. 损益支出　　　　　B. 负债　　　　　C. 所有者权益　　　　　D. 资产

二、多项选择题

1. 下列会计科目属于负债类的有（　　　）。

A. 应付职工薪酬　　　　B. 应付账款　　　　C. 应收账款　　　　D. 应交税费

2. 下列账户属于所有者权益类的有（　　　）。

A. 实收资本　　　　　B. 固定资产　　　　C. 原材料　　　　D. 本年利润

3. 下列观点中，正确的有（　　　）。

A. "应收账款"属于资产类　　　　　　　B. "应付账款"属于负债类

C. "预付账款"属于负债类　　　　　　　D. "固定资产"属于资产类

4. 下列各项中，属于成本类会计科目的有（　　　）。

A. 制造费用　　　　　　　　　　　　　B. 管理费用

C. 生产成本　　　　　　　　　　　　　D. 主营业务成本

5. 账户一般应包含（　　　）要素。

A. 账户名称　　　　　　　　　　　　　B. 日期和摘要

C. 会计分录　　　　　　　　　　　　　D. 增加或减少金额

三、判断题

1. 会计科目设置的详细程度越高，对经济业务反映得越详细，会计核算效果就越好。

（　　　）

2. 会计科目可以只根据企业自身要求增补或合并。　　　　　　　　　　（　　　）

3. 所有的账户都是依据会计科目开设的。　　　　　　　　　　　　　　（　　　）

4. "本年利润"属于损益类会计科目。　　　　　　　　　　　　　　　（　　　）

5. 所有总分类账户都要设置明细分类账户。　　　　　　　　　　　　　（　　　）

四、实训题

1. 目的：练习会计科目的分类。

2. 资料如表 2 - 7 所示。

表 2 - 7　会计科目分类表

会计科目	资产类	负债类	所有者权益类	成本类	损益类
银行存款					
短期借款					
实收资本					
生产成本					
主营业务收入					
应付账款					
应交税费					
应收账款					
库存商品					

续表

会计科目	资产类	负债类	所有者权益类	成本类	损益类
资本公积					
制造费用					
主营业务成本					
管理费用					
固定资产					
原材料					
其他应付款					

3. 要求：将上列会计科目填入所属的类别栏内。

任务3　掌握借贷记账法

学习目标

1. 知识目标

（1）了解记账方法的历史沿革。

（2）理解复式记账法的理论依据。

（3）掌握借贷记账法的基本知识、记账规则。

（4）理解试算平衡的原理。

（5）掌握试算平衡表的编制方法。

2. 能力目标

（1）能根据经济业务内容登记"T"字形账户。

（2）会编制会计分录。

（3）会编制试算平衡表。

3. 素质目标

（1）树立起文化自信、职业自豪感，体会到会计的平衡之美。

（2）具备严谨细致、精益求精的工作作风，树立与时俱进、终身学习的工作态度。

知识准备

一、记账方法

记账方法，就是对经济业务发生所引起的会计要素的增减变化在会计账簿中进行记录的方法。包括单式记账法和复式记账法两种。

（一）单式记账法

单式记账法，是指对发生的每一项经济业务，只在一个账户中进行登记的方法。通常只登记现金和银行存款的收付以及应收和应付等往来账款业务，对于实物收发业务以及费用的发生情况则不做记录。例如：用银行存款 50 000 元购买原材料，只在账户中登记银行存款的减少，而对所买入的原材料不做相应的登记；销售商品 100 000 元，款项尚未收回，只登记应收账款的增加，销售商品所取得的收入不作相应的登记，等等。单式记账法对经济业务只做单方面的登记，不能全面、系统地反映经济业务的来龙去脉，也不便于检查账户记录的正确性，是一种不严密、不科学的记账方法，不能适应现代企业管理的需要。

（二）复式记账法

复式记账法是相对于单式记账法而言的。复式记账法，是指对发生的每一笔经济业务，都以相等的金额在相互联系的两个或两个以上账户中进行登记的记账方法。例如，上述用银行存款购买原材料的业务，除了在"银行存款"账户中登记减少 50 000 元，同时还要在"原材料"账户中登记增加 50 000 元；销售商品 100 000 元，款项尚未收回，既要在"应收账款"账户中登记增加 100 000 元，同时又要在"主营业务收入"账户中登记增加 100 000 元。

复式记账法的理论依据是"资产 = 负债 + 所有者权益"这个会计恒等式。企业发生的每一笔经济业务都必然引起会计要素的增减变化，要么引起会计等式两边要素的同增或同减，要么引起会计等式其中一边要素的此增彼减，为保持会计等式的恒等关系，企业发生的每一笔经济业务，都必须做到以下两点：

（1）每一项经济业务的发生，都必须在涉及的两个或两个以上相应账户中同时进行登记；

（2）记入相应账户的金额必须相等，也就是记入一方账户的金额要与记入另一方账户的金额相等。

采用复式记账法，不仅可以全面地、相互联系地反映各个会计要素的增减变化情况和结果，有利于分析企业经济活动情况，而且可以利用资产总额与权益总额相等的关系，来检查账户记录的正确性。

复式记账法的种类有借贷记账法、增减记账法和收付记账法。借贷记账法产生于公元13—14 世纪的意大利，后广泛流传于欧美国家，20 世纪初由日本传入我国。我国《企业会计准则》明确规定，企业会计核算必须采用借贷记账法。

二、借贷记账法

（一）借贷记账法的含义

借贷记账法是指以"借""贷"为记账符号，建立在会计恒等式的原理基础上，反映各项会计要素增减变化的一种复式记账方法。

知 识 链 接

我国著名会计学家葛家澍曾在 1978 年第 4 期的《中国经济问题》中指出：记账方法是记录经济业务的技术方式，它本身没有阶级性。借贷记账法是一个经实践检验过几百年，中华人民共和国成立后也采用十多年，现今仍为世界各国所广泛采用的记账方法，是科学严密的一种复式记账法，因为有了它，才开始现代会计的发展史。经过一段时间的讨论，会计界逐渐倾向于记账方法无阶级性的观点，借贷记账法可应用于我国。1992 年，财政部颁布《企业会计准则》，在总则第 8 条中明确规定："我国会计记账采用借贷记账法。"

采用借贷记账法，对于每笔经济业务，都要在记入一个账户借方的同时，记入另一个账户的贷方；或者在记入一个账户贷方的同时，记入另一个账户的借方；而且，记入借方账户的金额必须等于记入贷方账户的金额。企业发生的所有经济业务都是如此，没有例外。因此，账户的结构要包括借方金额和贷方金额。为了形象地反映账页的真实结构，理论教学简化了账页的内容，只选取借方和贷方金额。账户的左方即"借"方，账户的右方即"贷"方。借贷记账法账户基本结构如图2-2所示。

借方	账户名称	贷方

图 2-2　借贷记账法账户基本结构

在这里，"借"和"贷"作为记账符号，不具有其本身的含义，只用来反映经济业务事项的数量变化，"借"方和"贷"方所反映的经济业务事项数量变化的增减性质视具体账户的性质而定。但有一点是肯定的，就是对于任何一个账户，"借"和"贷"所反映的数量增减性质是相反的，即一方反映增加，则另一方必定反映减少。

（二）借贷记账法的账户结构

账户结构是反映账户内容的组成要素，账户结构是由账户的性质，也就是由账户所反映的经济内容所决定的。不同性质的账户，其结构中所反映的资金数量的增减方向也有所不同。账户按经济内容分为资产类、负债类、所有者权益类、损益类、成本类和共同类账户，不同类别的账户借方和贷方所反映的资金数量的增减方向也有所不同。

1. 资产类账户结构

资产类账户规定，资产的增加金额记入账户的借方，减少金额记入账户的贷方；账户若有余额，一般为借方余额，表示期末资产的结余金额。资产类账户发生额与余额之间的关系用公式表示如下：

资产类账户期末借方余额 = 期初借方余额 + 本期借方发生额 - 本期贷方发生额

资产类账户结构如图2-3所示。

借方	资产类账户	贷方
期初余额	××××		
本期增加额	××××	本期减少额	××××
	……		……
	……		……
本期发生额	××××	本期发生额	××××
期末余额	××××		

图 2-3　资产类账户结构

2. 权益类账户结构

负债及所有者权益类账户同属于权益类账户。由于资产与权益分别在会计等式的两边，权益属于企业的资金来源，资产属于企业的资金使用，是同一事物的两个方面，因而作为权益类账户结构，与资产类账户结构正好相反，即增加金额记入账户的贷方，减少金额记入账户的借方；期末账户若有余额，一般为贷方余额，表示期末负债及所有者权益的结余金额。权益类账户发生额与余额之间的关系用公式表示如下：

权益类账户期末贷方余额 = 期初贷方余额 + 本期贷方发生额 − 本期借方发生额

权益类账户结构如图 2 − 4 所示。

借方	负债及所有者权益类账户		贷方
		期初余额	××××
本期减少额	××××	本期增加额	××××
	……	……	
本期发生额	××××	本期发生额	××××
		期末余额	××××

图 2 − 4　权益类账户结构

在所有者权益类账户中，包括利润计算账户。企业收入减去费用等于利润。利润的增减会使企业所有者权益随之增减，属于所有者权益，因此利润计算账户归属于所有者权益类账户。从账户结构分析，利润计算账户的贷方发生额为本期各项收入的总额，借方发生额为本期各项费用的总额，贷方发生额与借方发生额的差额即本期实现的利润（或亏损）。期末的贷方余额，表示截至本期末企业实现的累计利润；期末的借方余额，表示截至本期末发生的累计亏损。该账户年末因结转而无余额。利润计算账户结构如图 2 − 5 所示。

借方	利润计算账户名称		贷方
		期初余额：	×××
本期费用	×××	本期收入	×××
		期末余额：	×××

图 2 − 5　利润计算账户结构

3. 损益类账户结构

损益类账户包括收入类账户和费用类账户。

1）收入类账户结构

收入的取得使企业资产增加或负债减少，从而引起所有者权益的增加。因此，收入类账户的结构与所有者权益类账户的结构相似，即增加金额记入账户的贷方，减少或转销的金额记入账户的借方。由于本期实现的各项收入，在期末全额结转到利润计算账户，因此收入类账户期末无余额。其账户结构如图 2 − 6 所示。

借方		收入类账户	贷方
本期减少额	××××	本期增加额	××××
或转销额	……		……
		………………	
本期发生额	××××	本期发生额	××××

图 2 – 6　收入类账户结构

2）费用类账户结构

费用的发生使企业资产减少或负债增加，从而导致所有者权益减少。因此，费用类账户的结构与所有者权益类账户的结构正好相反，即费用增加额记入账户的借方，减少或转销的金额记入账户的贷方。由于本期发生的损益，在期末全额结转到利润计算账户，因此费用类账户期末无余额。其账户结构如图 2 – 7 所示。

借方		费用类账户	贷方
本期增加额	××××	本期减少额	××××
	……	或转销额	……
	……		……
本期发生额	××××	本期发生额	××××

图 2 – 7　费用类账户结构

4. 成本类账户结构

成本类账户的结构兼有费用类账户和资产类账户的特征。其发生额的记录与费用类账户结构相同；其余额的反映与资产类账户相同。即成本的增加记入账户的借方，成本的减少或结转记入账户的贷方；借方的余额反映期末的结余成本。其账户结构如图 2 – 8 所示。

借方		成本类账户	贷方
期初余额	××××	本期减少额	××××
本期增加额	××××	或结转额	……
	……		
	……		……
本期发生额	××××	本期发生额	××××
期末余额	××××		

图 2 – 8　成本类账户结构

根据上述对资产、负债、所有者权益、损益、成本五类账户结构的描述，可以将借贷记账法下账户借方、贷方反映的具体内容归纳为如图 2 – 9 所示。

借方	账户名称	贷方
资产的增加		资产的减少
负债的减少		负债的增加
所有者权益的减少		所有者权益的增加
费用的增加		费用的减少
收入的减少		收入的增加

图 2-9　账户结构

【提示】

根据账户期末有无余额的情况，可以将其分为实账户和虚账户。资产类、负债类和所有者权益类账户，通常有期末余额，反映账户的实有数额，所以是实账户。而收入类和费用类账户在期末时，会将其账户余额进行结转，全额转入"本年利润"账户，所以账户余额为零，称为虚账户。

（三）借贷记账法的记账规则

借贷记账法的记账规则是"有借必有贷，借贷必相等"。

根据复式记账原理，每一笔经济业务的发生，都必须以相等的金额，借贷相反的方向，在两个或两个以上相互联系的账户中进行分类登记。记录一个账户的借方，同时必须记录另一个账户或几个账户的贷方；记录一个账户的贷方，同时必须记录另一个账户或几个账户的借方。记入借方和贷方的金额相等。

【例 2-1】以项目一任务 2 会计等式内容的经济业务事项为例，具体分析借贷记账法的记账规则。

某企业 202×年 12 月 1 日有关账户期初余额如表 2-8 所示。

表 2-8　账户期初余额表　　　　　　　　　　　　　　　　　　　　元

资产类账户	借方金额	负债及所有者权益类账户	贷方金额
库存现金	100 000	短期借款	100 000
银行存款	500 000	应付账款	200 000
应收账款	400 000	实收资本	1 000 000
原材料	500 000	盈余公积	200 000
资产总计	1 500 000	负债及所有者权益总计	1 500 000

12 月该企业发生以下经济事项：

（1）企业从银行提取现金 50 000 元备用。

该笔经济业务的类型属于资产内部项目的此增彼减。其中，资产中的库存现金增加，银行存款减少。根据资产增加记借方、资产减少记贷方的原则，这笔业务应借记"库存现金"50 000 元，贷记"银行存款"50 000 元。具体登记如图 2-10 所示。

（2）企业收到投资者投入资金 8 000 000 元，已存入银行。

该笔经济业务的类型属于资产与所有者权益同增。其中，资产中的银行存款增加，所有

图 2-10 业务（1）账户登记

者权益中的实收资本增加。根据资产增加记借方、所有者权益增加记贷方的原则，这笔业务应借记"银行存款"8 000 000 元，贷记"实收资本"8 000 000 元。具体登记如图 2-11 所示。

图 2-11 业务（2）账户登记

（3）企业购买原材料 50 000 元，款项尚未支付。（不考虑税费）

该笔经济业务的类型属于资产与负债同增，其中资产中的原材料增加，负债中的应付账款增加。根据资产增加记借方、负债增加记贷方的原则，这笔业务应借记"原材料"50 000 元，贷记"应付账款"50 000 元。具体登记如图 2-12 所示。

图 2-12 业务（3）账户登记

（4）企业以银行存款 30 000 元偿还上笔材料部分购货款。

该笔经济业务的类型属于资产与负债同减。其中，资产中的银行存款减少，负债中的应付账款减少。根据资产减少记贷方、负债减少记借方的原则，这笔业务应借记"应付账款"30 000 元，贷记"银行存款"30 000 元。具体登记如图 2-13 所示。

图 2-13 业务（4）账户登记

（5）企业某投资人投资到期撤回资本 200 000 元，企业用银行存款支付。

该笔经济业务的类型属于资产与所有者权益同减。其中，资产中的银行存款减少，所有者权益中的实收资本减少。根据所有者权益减少记借方、资产减少记贷方的原则，这笔业务应借记"实收资本"200 000元，贷记"银行存款"200 000元。具体登记如图2-14所示。

资产类账户				所有者权益类账户		
借方	银行存款	贷方		借方	实收资本	贷方
② 8 000 000	① 50 000				② 8 000 000	
	④ 30 000					
	⑤ 200 000			⑤ 200 000		

图2-14 业务（5）账户登记

（6）企业宣告分派现金股利30 000元。

该笔经济业务类型属于负债增加，所有者权益减少。其中，负债中的应付股利增加、利润分配增加导致所有者权益减少。根据所有者权益减少记借方、负债增加记贷方的原则，这笔业务应借记"利润分配"30 000元，贷记"应付股利"30 000元。具体登记如图2-15所示。

负债类账户				所有者权益类账户		
借方	应付股利	贷方		借方	利润分配	贷方
	⑥ 30 000			⑥ 30 000		

图2-15 业务（6）账户登记

（7）经协商，将所欠某企业账款100 000元转为对本企业的投资。

该笔经济业务属于负债减少，所有者权益增加，其中负债中的应付账款减少，同时所有者权益中的实收资本增加。根据负债减少记借方、所有者权益增加记贷方的原则，这笔业务应借记"应付账款"100 000元，贷记"实收资本"100 000元。具体登记如图2-16所示。

所有者权益类账户				负债类账户		
借方	实收资本	贷方		借方	应付账款	贷方
	② 8 000 000			④ 30 000	③ 50 000	
⑤ 200 000	⑦ 100 000			⑦ 100 000		

图2-16 业务（7）账户登记

（8）企业向银行取得短期借款，直接偿还第3笔业务尚欠购货款20 000元。

该笔经济业务类型属于负债内部项目此增彼减，其中负债中的短期借款增加，应付账款减少。根据负债减少记借方、负债增加记贷方的原则，这笔业务应借记"应付账款"20 000元，贷记"短期借款"20 000元。具体登记如图2-17所示。

（9）企业以盈余公积200 000元转增资本。

该笔经济业务属于所有者权益内部项目此增彼减，其中所有者权益中的盈余公积减少，实收资本增加。根据所有者权益减少记借方、所有者权益增加记贷方的原则，这笔业务应借记"盈余公积"200 000元，贷记"实收资本"200 000元。具体登记如图2-18所示。

图 2-17 业务（8）账户登记

图 2-18 业务（9）账户登记

（10）企业用银行存款 150 000 元归还短期借款 100 000 元，偿还前欠货款 50 000 元。

该笔经济业务属于复合型业务类型，涉及资产的减少与两项负债的减少，其中，资产中的银行存款减少，负债中短期借款和应付账款减少。根据资产减少记贷方、负债减少记借方的原则，这笔业务应借记"短期借款"100 000 元，借记"应付账款"50 000 元，贷记"银行存款"150 000 元。具体登记如图 2-19 所示。

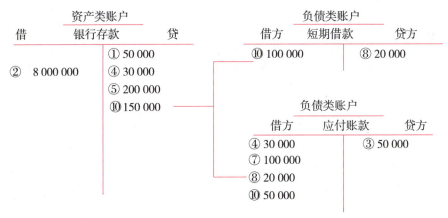

图 2-19 业务（10）账户登记

（四）借贷记账法的会计分录

前述十笔经济业务，是直接将其金额反映在教学用的"T"字形账户中，用于说明借贷记账法的记账规则。但是在实际工作中，为了保证各账户记录经济业务的正确性，在经济业务发生时，并不是直接在账户记录，而是先编制会计分录，再根据会计分录记入有关账户的借方和贷方。

会计分录，是指根据复式记账原理，对发生的每笔经济业务所涉及的应借应贷账户及其金额进行的记录。会计分录在实际工作中是在记账凭证中反映的，它是登记账簿的依据。以下是根据上述十笔会计事项的资料，编制的会计分录。

（1）借：库存现金	50 000	
贷：银行存款		50 000
（2）借：银行存款	8 000 000	
贷：实收资本		8 000 000
（3）借：原材料	50 000	
贷：应付账款		50 000
（4）借：应付账款	30 000	
贷：银行存款		30 000
（5）借：实收资本	200 000	
贷：银行存款		200 000
（6）借：利润分配	30 000	
贷：应付股利		30 000
（7）借：应付账款	100 000	
贷：实收资本		100 000
（8）借：应付账款	20 000	
贷：短期借款		20 000
（9）借：盈余公积	200 000	
贷：实收资本		200 000
（10）借：短期借款	100 000	
应付账款	50 000	
贷：银行存款		150 000

从以上十笔会计分录可以看出，每一笔会计分录都存在着相互联系的两个或两个以上账户之间应借应贷的关系，这种应借应贷的账户关系，称为账户的对应关系；存在着对应关系的账户称为对应账户。通过对应账户，可以了解企业资金的来龙去脉，了解企业这项经济业务的全过程。例如，第一笔经济业务中对应账户是"银行存款"和"库存现金"，借记"库存现金"50 000 元，贷记"银行存款"50 000 元，说明库存现金的增加是因为从银行提款。

会计分录分为简单会计分录和复合会计分录两种。简单会计分录是指一借一贷，即经济业务的发生只涉及一个账户的借方和一个账户的贷方。复合会计分录是指一借多贷，或一贷多借，即经济业务的发生涉及一个账户的借方和多个账户的贷方，或者是涉及多个账户的借方和一个账户的贷方。上述会计分录中，前九笔属于简单会计分录，第十笔属于复合会计分录。为了反映经济业务的来龙去脉，清晰地反映账户之间的对应关系，应尽量避免编制多借多贷的会计分录。

讲解视频 2 - 4
借贷记账法

（五）借贷记账法的试算平衡

试算平衡，是指根据"资产＝负债＋所有者权益"这一会计恒等式和借贷记账法的记账规则来检查账户记录是否正确的一种验证方法。会计人员在日常记账过程中，由于各种原因，有时会使账户记录出现错误，月末，在编制会计报表之前，为了检查和验证账户记录是否正确，以便及时找出差错及其原因，并予以更正，必须进行试算平衡。在借贷记账法下，试算平衡方法有发生额试算平衡和余额试算平衡两种。

经济业务发生后，按照借贷记账法的记账规则记账，借贷两方的发生额必然相等，月末，全部账户的借方发生额合计也必然等于贷方发生额合计，以此类推，全部账户的借方余额与贷方余额也必然相等。公式如下：

全部账户的本期借方发生额合计 = 全部账户的本期贷方发生额合计

全部账户的借方期末余额合计 = 全部账户的贷方期末余额合计

【例2-2】根据上述试算平衡公式，以经济业务为例，编制某企业的试算平衡表，如表2-9所示。

表2-9 试算平衡表　　　　　　　　　　　　　元

会计科目	期初余额		本期发生额		期末余额	
	借方	贷方	借方	贷方	借方	贷方
库存现金	100 000		50 000		150 000	
银行存款	500 000		8 000 000	430 000	8 070 000	
应收账款	400 000				400 000	
原材料	500 000		50 000		550 000	
短期借款		100 000	100 000	20 000		20 000
应付账款		200 000	200 000	50 000		50 000
应付股利				30 000		30 000
实收资本		1 000 000	200 000	8 300 000		9 100 000
盈余公积		200 000	200 000			
利润分配				30 000		30 000
合计	1 500 000	1 500 000	8 830 000	8 830 000	9 200 000	9 200 000

试算平衡是检查账户记录是否正确的一种有效的方法。若试算平衡表试算不平衡，说明记账或算账有误，应及时核对更正。但是，若试算平衡，并不能绝对肯定账户记录就没有错误。例如，一笔经济业务的被漏记或者重记，就不会影响账户的平衡关系。因此，除了试算平衡外，还需要通过其他方法来检查账户记录的正确性。

讲解视频2-5
试算平衡

拓展阅读

徐永祚——中式簿记改良者

徐永祚（1893—1961年），又名玉书，浙江海宁人。先后毕业于浙江高等学堂和上海神州大学经济科。毕业后在天津中国银行担任练习生。当时，尚流行中式簿记，徐永祚编著《改良中式簿记》一书，出版后颇受工商企业界欢迎，人们纷纷采用其所创收付记账法，在中华人民共和国成立后，收付记账法在税算会计、商业会计中沿用至90年代。

徐永祚对中式簿记的改良经历了三个阶段。第一阶段：在他经过1922—1923年的会计师执业实践后，开始认识到西式簿记不能为一般人所认识和接受，完全效仿实不可行，可以维持中式簿记形式，装进西式簿记的部分先进内容；第二阶段：在他看来，中式簿记并不是全无组织，记账方法也并非全不合理，问题在于参差不齐，中式簿记不仅在形式上有维持的必要，而且在实质上有保存的价值；第三阶段：1929—1934年，通过发动改良中式簿记运动，他将改良中式簿记理论付诸实践，并出版《改良中式簿记概说》一书，以配合改良运动。这一阶段，他将第一阶段的拿来主义与第二阶段的改良主义相结合，形成了典型的"中学为体，西学为用"的改良性质。

 【会计论道与素养提升】

> 借贷记账法的平衡，不仅是前人探索的杰出成果，更体现了会计核算方法的系统性。党的二十大报告在阐述习近平新时代中国特色社会主义思想的世界观方法论和贯穿其中的立场观点方法时，提出了"六个必须坚持"，其中之一是"必须坚持系统观念"，它在"六个必须坚持"中具有基础性支撑地位。系统观念就是研究事物相互关系的思维方式和工作理念。党的二十大报告对于"必须坚持系统观念"有如下阐述："万事万物是相互联系、相互依存的。只有用普遍联系的、全面系统的、发展变化的观点观察事物，才能把握事物发展规律。"作为大学生，我们要认识到事物不是一成不变的，要善于进行前瞻性思考，以"全面""发展""联系"的观点认识问题、分析问题和解决问题，并处理好整体和局部的关系，如此才能更好地传承中国精神，成为能担重任的时代新人。

课后拓展

1. 请结合本任务内容，谈一谈如何理解会计的"平衡之美"。
2. 请以思维导图的形式，总结本任务内容，并以小组为单位进行分享。

同步练习

一、单项选择题

1. 复式记账法对每一项经济业务都以相等的金额，在（　　　）中进行登记。

A. 一个账户　　　　　　　　　　　　B. 所有账户

C. 两个账户　　　　　　　　　　　　D. 两个或两个以上的账户

2. 存在着对应关系的账户，称为（　　　）。

A. 平衡账户　　　B. "T"字形账户　　　C. 相关账户　　　D. 对应账户

3. 下列各项属于简单会计分录的有（　　　）会计分录。

A. 一借一贷　　　B. 一借多贷　　　C. 一贷多借　　　D. 多借多贷

4. 损益收入类账户期末应（　　　）。

A. 无余额　　　B. 借贷方都有余额　　　C. 借方有余额　　　D. 贷方有余额

5. 损益收入类账户的结构与所有者权益类账户的结构（　　）。

A. 完全相反　　　　　B. 完全一致　　　　　C. 基本相同　　　　　D. 没有关系

6. 负债和所有者权益账户的期末余额一般在（　　）。

A. 贷方　　　　　　　B. 借方和贷方　　　　C. 借方或贷方　　　　D. 借方

7. 账户余额一般与（　　）在同一方向。

A. 减少额　　　　　　B. 借方发生额　　　　C. 贷方发生额　　　　D. 增加额

二、多项选择题

1. 下列属于复式记账法特点的是（　　）。

A. 必须设置一套完整的账户体系

B. 可以清楚地反映经济业务的来龙去脉

C. 可以简化登记账户的工作

D. 可以采用试算平衡方法检查账户记录的正确性

2. 在借贷记账法下，账户的借方登记（　　）。

A. 资产的增加　　　　　　　　　　　B. 成本费用的增加

C. 收入的增加　　　　　　　　　　　D. 所有者权益的增加

3. 在借贷记账法下，账户的借方登记（　　）。

A. 收入的结转　　　　　　　　　　　B. 负债的减少

C. 资产的减少　　　　　　　　　　　D. 所有者权益的减少

4. 在借贷记账法下，账户的贷方登记（　　）。

A. 资产的增加　　　　　　　　　　　B. 负债的增加

C. 成本费用的增加　　　　　　　　　D. 所有者权益的增加

5. 在借贷记账法下，账户的贷方登记（　　）。

A. 资产的减少　　　　　　　　　　　B. 收入的减少

C. 成本费用的减少　　　　　　　　　D. 权益的减少

6. 通常，期末余额在账户贷方的有（　　）。

A. 资产类账户　　　　　　　　　　　B. 负债类账户

C. 所有者权益类账户　　　　　　　　D. 成本类账户

7. 下列账户余额计算公式中，正确的有（　　）。

A. 资产类账户期末借方余额＝期初借方余额＋本期贷方发生额－本期借方发生额

B. 资产类账户期末借方余额＝期初借方余额＋本期借方发生额－本期贷方发生额

C. 负债类账户期末贷方余额＝期初贷方余额＋本期贷方发生额－本期借方发生额

D. 所有者权益类账户期末贷方余额＝期初贷方余额＋本期贷方发生额－本期借方发生额

8. 在借贷记账法下的试算平衡公式有（　　）。

A. 借方科目金额＝贷方科目金额

B. 借方期末余额＝借方期初余额＋本期借方发生额—本期贷方发生额

C. 全部账户借方发生额合计＝全部账户贷方发生额合计

D. 全部账户借方余额合计＝全部账户贷方余额合计

9. 下列错误中，（　　）不能通过试算平衡发现。

A. 某项经济业务遗漏登记入账

B. 只登记借方金额，未登记贷方金额

C. 应借应贷的账户中，借贷方向记反

D. 借贷双方同时多记了相等的金额

10. 编制会计分录时，必须考虑清楚的问题是（　　　）。

A. 分析经济业务内容

B. 确定应借记和应贷记的账户名称（科目）

C. 确定应记的金额

D. 确定账户的余额在借方还是在贷方

三、判断题

1. 每个账户的期初期末余额，一般都与增加额记录的方向相同。　　　　　　（　　）

2. 所有账户的左边都记录增加额，右边都记录减少额。　　　　　　　　　（　　）

3. 所有经济业务的发生，都会引起会计等式两边发生变化。　　　　　　　（　　）

4. 复式记账法造成账户之间没有对应关系。　　　　　　　　　　　　　　（　　）

5. 借贷记账法账户的基本结构是：每一个账户的左边均为借方，右边均为贷方。

　　　　　　　　　　　　　　　　　　　　　　　　　　　　　　　　（　　）

6. 一个账户的借方如果用来记录增加额，其贷方一定用来记录减少额。　　（　　）

7. 借贷记账法的记账规则是：有借必有贷，借贷必相等。　　　　　　　　（　　）

四、实训题

1. 目的：练习借贷记账法的运用。

资料：诚信公司发生以下经济业务：

（1）从银行存款中提取现金 2 000 元备用。

（2）将现金 1 000 元存入银行。

（3）购入甲材料共计 8 000 元，材料款尚未支付。

（4）销售 B 产品收入 20 000 元，货款已收妥并存入银行。

（5）用银行存款 8 000 元，偿还前欠甲材料款。

（6）公司向银行借款 60 000 元存入银行，借款期限为 6 个月。

（7）收回前欠货款 62 000 元，存入银行。

（8）用银行存款 20 000 元归还银行短期借款。

（9）收到投资者投资款 100 000 元，存入银行。

（10）销售 A 产品 92 000 元，货款尚未收到。

（11）收回上项欠款 92 000 元，存入银行。

要求：根据以上资料编制会计分录。

2. 目的：练习发生额和余额的试算平衡。

资料：诚信公司各账户期初余额如表 2－10 所示。

表 2 – 10　诚信公司各账户期初余额　　　　　　　　　元

会计科目	借方余额	贷方余额
库存现金	1 200	
银行存款	85 000	
交易性金融资产	120 200	
应收账款	70 000	
原材料	80 000	
固定资产	200 000	
短期借款		84 000
应付账款		92 400
实收资本		380 000
合计	556 400	556 400

要求：

（1）根据业务练习第 1 题资料开设总分类账户；

（2）将业务练习第 1 题各账户发生额记入各总分类账户；

（3）计算各总分类账户期末余额；

（4）编制本期发生额及余额试算平衡表，如表 2 – 11 所示。

表 2 – 11　本期发生额及余额试算平衡表　　　　　　　元

账户名称	期初余额		本期发生额		期末余额	
	借方余额	贷方余额	借方发生额	贷方发生额	借方余额	贷方余额
库存现金						
银行存款						
交易性金融资产						
应收账款						
原材料						
固定资产						
短期借款						
应付账款						
实收资本						
主营业务收入						
合计						

项 目 小 结

会计核算的基本前提是会计主体、持续经营、会计分期、货币计量。会计核算的正常运行必须建立在会计核算的基本前提之上，没有会计核算的基本前提，会计信息就会失去其意义和作用。

会计信息质量要求有八点，企业按照这些要求组织会计核算，可以保证会计信息的真实可靠、准确无误，否则，会计信息就会失真。

会计基础是指会计事项的记账基础，《企业会计准则——基本准则》规定企业应当以权责发生制为基础进行会计确认、计量和报告。

会计计量是为了将符合确认条件的会计要素登记入账并列报于财务报表而确定其金额的过程。企业应当按照规定的会计计量属性进行计量，确定其金额。

会计科目是指对会计要素按照经济业务内容和经营管理需要分类核算的项目，是对会计要素的具体分类。会计科目按经济内容分为资产类、负债类、共同类、所有者权益类、成本类、损益类6大类科目；按提供指标的详细程度分为总分类科目和明细分类科目。

账户是指按照会计科目设置并具有一定格式，用来分类记录经济业务、反映会计要素增减变化情况及结果的记账实体。账户根据会计科目开设，会计科目是账户的名称。

借贷记账法是指以"借""贷"为记账符号，建立在会计恒等式的原理基础上，反映各项会计要素增减变化的一种复式记账方法，遵循"有借必有贷，借贷必相等"的记账规则。

不同性质的账户，其结构不同。资产类账户结构是借方登记增加，贷方登记减少，余额一般在借方，表示资产的结余数。权益类账户结构与资产类账户结构相反。

试算平衡是检查账户记录是否正确的一种有效的方法。按照借贷记账法的记账规则记账，月末，所有账户借方发生额与贷方发生额合计数相等，全部账户的借方余额与贷方余额的合计数相等。

项目三　建立会计账簿

思维导图

项目三　建立会计账簿
- 任务1　认识会计账簿
  - 会计账簿的意义
  - 会计账簿的种类
    - 按用途分类
      - 序时账簿
      - 分类账簿
      - 备查账簿
    - 按外表形式分类
      - 订本式账簿
      - 活页式账簿
      - 卡片式账簿
    - 按账页格式分类
      - 三栏式账簿
      - 多栏式账簿
      - 数量金额式账簿
- 任务2　设置并启用会计账簿
  - 会计账簿的设置
    - 总账的设置
    - 明细账的设置
    - 日记账的设置
  - 会计账簿的启用
    - 会计账簿的基本内容
    - 会计账簿的启用

任务引入

今天是星期天，李彤打算去图书馆看书，正要出门的时候，电话响了起来，原来是叔叔打来的。她知道叔叔最近在老家开了一家食品加工厂，每天特别忙碌，因此赶快接起了电话。在电话中，叔叔焦急地说："小彤，我咨询你点儿事情，公司现在正在制定各项管理制度，比如我想多方面了解产品的销售情况，你是学会计的，看看财务上是不是能提供这些数据啊？"李彤想了想说："叔叔您先别着急，我们刚开始学会计时，老师就说过，会计就是为企业加强管理提供服务的，但是我才一年级，还没有学多少会计知识，我咨询一下我们老师吧。"

李彤挂了叔叔的电话，给王老师发了信息，请教叔叔的问题，王老师马上就回复了，他说："当然可以啊，但是我先不直接告诉你方法，明天的课上，我们会学习建账，等学完你就知道该怎么做了，我先卖个关子。"

任务1　认识会计账簿

学习目标

1. 知识目标

（1）了解会计账簿的作用。

（2）了解不同种类的会计账簿。

2. 能力目标

（1）能理解会计账簿的作用。

（2）能准确区分不同种类的会计账簿。

3. 素质目标

（1）培养严谨认真、精益求精的工匠精神。

（2）培养依法依规、遵循准则的职业操守。

知识准备

一、会计账簿的意义

会计账簿（简称账簿）是指由具有一定格式，相互联系的账页组成，以会计凭证为依据，用以全面、系统、序时、分类、连续地记录各项经济业务的簿记。

各单位应当按照国家统一的会计制度的规定和会计业务的需要设置会计账簿。设置和登记账簿是编制会计报表的基础，是连接会计凭证与会计报表的中间环节，在会计核算中具有重要意义。设置和登记会计账簿的意义主要体现在以下几点：

（1）设置和登记会计账簿可以系统地归纳和积累会计核算资料，为改善企业经营管理，合理使用资金提供资料；

（2）设置和登记会计账簿可以为计算财务成果、编制会计报表提供依据；

（3）设置和登记会计账簿，可以利用账簿的核算资料，为开展财务分析和会计检查提供依据。

【提示】会计账户存在于会计账簿之中，账簿中的每一账页就是账户的存在形式和载体，没有账簿，账户就无法存在；账簿序时、分类地记录经济业务，是在个别账户中完成的，因此，账簿只是一个外在形式，账户才是它的真实内容。账簿与账户的关系是形式和内容的关系。

二、会计账簿的种类

会计核算中应用的账簿很多，不同的账簿，其用途、形式、内容和登记方法都不相同。为了更好地了解和使用各种账簿，对其进行分类是很有必要的。账簿按不同的分类标准可作如下分类：

（一）按用途分类

账簿按用途可分为序时账簿、分类账簿与备查账簿。

1. 序时账簿

序时账簿又称日记账，是指按照经济业务发生或完成的先后顺序，逐日逐笔登记经济业务的账簿。通常大多数企业只对现金和银行存款的收付业务使用日记账。日记账按所核算和监督经济业务的范围，可分为特种日记账和普通日记账。

2. 分类账簿

分类账簿是指通过对经济业务按照会计要素的具体类别而设置的分类账户进行登记的账簿。分类账簿按记账内容详细程度不同，又分为总分类账和明细分类账。总分类账是按总分类账户分类登记的，简称总账；明细分类账是按明细分类账户分类登记的，简称明细账。

3. 备查账簿

备查账簿也称备查簿、辅助登记账簿，是指对某些在日记账和分类账等主要账簿中未能记载的事项进行补充登记的账簿。如设置租入固定资产登记簿、代销商品登记簿等。这种账簿不是企业必须设置的，而是企业根据实际需要自行决定是否设置的。

（二）按外表形式分类

按外表形式可分为订本式账簿、活页式账簿和卡片式账簿。

1. 订本式账簿

订本式账簿是指在启用之前就把编有序号的若干账页固定装订成册的账簿。采用这种账簿，其优点是可以避免账页散失，防止人为抽换账页；其缺点是一般不能准确地为各账户预留账页。在实际工作中，这种账簿一般用于总分类账、现金日记账和银行存款日记账。

2. 活页式账簿

活页式账簿是指在账簿登记之前并不固定装订在一起，而是装在活页账夹中，当账簿登记完毕后（通常是一个会计年度）才将账页予以装订，加具封面，并给各账页连续编号的账簿。这类账簿的优点是记账时可以根据实际需要，随时将空白账页装入账簿，或抽出不需要的账页，也便于分工记账；其缺点是如果管理不善，可能会造成账页散失和被抽换。这种账簿主要适用于一般的明细分类账。

3. 卡片式账簿

卡片式账簿又称卡片账，是一种将账户所需格式印刷在硬卡片上的账簿。严格说，卡片账也是一种活页账，只不过它不是装在活页账夹中，而是装在卡片箱内。在我国，企业一般只对固定资产明细账核算采用卡片账。少数企业在材料核算中也使用材料卡片账。

（三）按账页格式分类

按账页格式可分为三栏式账簿、多栏式账簿和数量金额式账簿。

1. 三栏式账簿

三栏式账簿是指设有借方、贷方和余额三个基本栏目的账簿。总分类账、日记账以及资本、债权、债务明细账一般采用三栏式账簿。

2. 多栏式账簿

多栏式账簿是指在账簿的两个基本栏目借方和贷方按需要分设若干专栏的账簿。如多栏式日记账、多栏式明细账，收入、费用明细账一般采用这种账簿格式。

3. 数量金额式账簿

数量金额式账簿是指在账簿的借方、贷方和余额三个栏目内，都分设数量、单价和金额三小栏，借以反映财产物资的实物数量和价值量。如原材料、库存商品等明细账一般都采用数量金额式账簿。

 【会计论道与素养提升】

  会计账簿是企业按照法律法规要求设置的，在记录和管理财务信息方面起着重要的作用，对于企业的经营决策和财务分析都有着不可替代的作用，是进行财务管理和报告的基础，为企业的合规经营提供有效保障。因此，依法依规设置、登记、保管会计账簿，加强会计信息质量是会计从业人员的基本职业操守，也是会计从业人员必须遵循的法律底线。

  党的二十大报告中指出："要强化财经纪律约束，优化财会监督体系。履行财会监督职责，发挥财会监督在党和国家监督体系中的重要作用。"这就为推进新时代财会监督工作高质量发展指明了方向。作为新时代财会人员，必须强化法治思维，严格遵守会计法律制度，保持依法依规、坚守准则的职业操守；养成严谨认真、精益求精的工匠精神。

课 后 拓 展

1. 请结合本任务内容，谈谈你对会计账簿的认识。
2. 请以思维导图的形式，总结本任务内容，并以小组为单位进行分享。

同 步 练 习

一、单项选择题

1. 按经济业务发生或完成时间的先后顺序逐日逐笔连续登记的账簿是（　　）。

A. 明细分类账　　　　B. 总分类账　　　　C. 日记账　　　　D. 备查账

2. 用于分类记录单位的全部交易或事项，提供总括核算资料的账簿是（　　）。

A. 总分类账　　　　B. 明细分类账　　　　C. 日记账　　　　D. 备查账

3. 债权债务明细分类账一般采用（　　）。

A. 多栏式明细分类账　　　　　　　　B. 数量金额式明细分类账

C. 横线登记式账簿　　　　　　　　　D. 三栏式账簿

4. 下列明细分类账中，应采用数量金额式账簿的是（　　）。

A. 应收账款明细账　　　　　　　　　B. 应付账款明细账

C. 库存商品明细账　　　　　　　　　D. 管理费用明细账

5. 下列明细账中，适合采用三栏式账页格式的是（　　）。

A. 应收账款明细账　　　　　　　　　B. 制造费用明细账

C. 管理费用明细账　　　　　　　　　　D. 生产成本明细账

二、多项选择题

1. 会计账簿按用途分为（　　　）。

A. 序时账　　　　　　B. 分类账　　　　C. 备查账　　　　D. 卡片账

2. 会计账簿按外表形式可分为（　　　）。

A. 多栏式账簿　　　　B. 订本式账簿　　　C. 活页式账簿　　　D. 卡片式账簿

3. 下列账簿的账页，可以采用三栏式的有（　　　）。

A. 应收账款明细账　　　　　　　　　　B. 应付账款明细账

C. 管理费用明细账　　　　　　　　　　D. 原材料明细账

4. 下列账簿中应采用数量金额式账簿的有（　　　）。

A. 应收账款明细账　　　　　　　　　　B. 应付账款明细账

C. 库存商品明细账　　　　　　　　　　D. 原材料明细账

5. 活页式账簿的主要优点有（　　　）。

A. 可以根据实际需要随时插入空白账页　　B. 可以防止账页散失

C. 可以防止记账错误　　　　　　　　　　D. 便于分工记账

三、判断题

1. 各单位不得违反会计法和国家统一会计制度的规定私设会计账簿。　　　　（　　　）

2. 活页式账簿便于账页的重新排列和记账人员的分工，但账页容易散失和被随意抽换。

（　　　）

3. 会计账簿按外表形式可分为三栏式账簿、多栏式账簿和数量金额式账簿。　（　　　）

4. 购买并验收入库的原材料，适合采用三栏式明细分类账簿进行明细账核算。（　　　）

5. 三栏式明细分类账适用于收入、成本、费用明细账的核算。　　　　　　　（　　　）

任务2　设置并启用会计账簿

学 习 目 标

1. 知识目标

（1）熟悉会计账簿的格式和设置方法。

（2）熟悉会计账簿的启用要求。

2. 能力目标

（1）能准确完成会计账簿的设置。

（2）能准确完成会计账簿的启用。

3. 素质目标

（1）培养严谨认真、精益求精的工匠精神。

（2）培养依法依规、遵循准则的职业操守。

知识准备

一、会计账簿的设置

【案例3-1】资料：盛昌公司202×年12月各账户余额如表3-1~表3-3所示。

表3-1 总账和明细账期初余额 元

总账账户	明细账户	借方余额	贷方余额
库存现金		5 000	
银行存款		2 990 000	
应收账款		109 650	
	——华丰公司	109 650	
预付账款	——光明公司		
其他应收款		3 000	
	——李明	0	
	——王海	3 000	
坏账准备			500
在途物资			
	——甲材料		
	——乙材料		
	——丙材料		
原材料		8 760	
	——甲材料	5 080	
	——乙材料	2 080	
	——丙材料	1 600	
库存商品		170 400	
	——A 商品	105 240	
	——B 商品	65 160	
固定资产		1 100 000	
累计折旧			97 260
短期借款			100 000
应付账款			22 600
	——永新公司		0
	——利丰公司		22 600
预收账款款	——宏发公司		
应付职工薪酬			99 000
	——工资		99 000

总账账户	明细账户	借方余额	贷方余额
应交税费	未交增值税 应交增值税 应交城建税 应交教育费附加 应交所得税		
应付利息			500
应付股利			
长期借款			200 000
实收资本			500 000
资本公积			100 000
盈余公积			108 000
本年利润			2 558 950
利润分配	——未分配利润 ——提取盈余公积 ——应付股利		600 000 600 000 0 0
生产成本	——A 商品 ——B 商品		
制造费用			
主营业务收入			
主营业务成本			
税金及附加			
销售费用			
管理费用			
财务费用			
营业外收入			
营业外支出			
所得税费用			

表 3-2　原材料明细分类账户期初余额

名称	数量/吨	单位成本（元·吨⁻¹）	金额/元
甲材料	1	5 080	5 080
乙材料	1	2 080	2 080

续表

名称	数量/吨	单位成本（元·吨⁻¹）	金额/元
丙材料	0.5	3 200	1 600
合计			8 760

表 3 – 3　库存商品明细分类账户期初余额

名称	数量/吨	单位成本（元·吨⁻¹）	金额/元
A 商品	600	175.4	105 240
B 商品	450	144.8	65 160
合计			170 400

（一）总账的设置

总账的设置方法一般是按照总账会计科目的编码顺序分别开设账户，由于总账一般都采用订本式账簿，因此，应事先为每一个账户预留若干账页。

总账常用的格式为三栏式，在账页中设有借方、贷方和余额三个金额栏。如表 3 – 4 所示，现以应收账款为例说明总账账户的开设方法。

讲解视频 3 – 1
总账的设置

表 3 – 4　总分类账
总分类账

会计科目：应收账款

202×年		凭证号数	摘要	借方									贷方									借或贷	余额								
月	日			十万	千	百	十	元	角	分			十万	千	百	十	元	角	分				十万	千	百	十	元	角	分
12	1		期初余额																			借		2	3	4	0	0	0	0

注：若日期为会计年度的 1 月 1 日，摘要栏一般写"上年结转"，下同。

（二）明细账的设置

明细账应根据各单位的实际需要，按照总分类科目的二级科目或三级科目分类设置。明细账一般采用活页式账簿，个别的应用卡片式账簿，其账页的格式应根据各单位经济管理的需要和各明细分类账记录内容的不同而有所区别，其账页的格式可采用三栏式、数量金额式和多栏式等。

讲解视频 3 – 2
明细账的设置

1. 三栏式明细账

三栏式明细账的金额栏主要由借方、贷方和余额三栏组成，主要用来反映某项资金增加、减少和结余的情况及结果。这种账簿适用范围较广，适用于只需要进行金额核算的经济业务。

应收账款、其他应收款、短期借款、应付账款和实收资本等总账科目下应采用三栏式账页建立明细账户。现以应收账款为例说明其明细账户的开设方法，如表 3－5 所示。

表 3－5　应收账款明细分类账

应收账款明细分类账

明细科目：华丰公司

202×年		凭证号数	摘要	借方									贷方									借或贷	余额								
月	日			十	万	千	百	十	元	角	分	十	万	千	百	十	元	角	分		十	万	千	百	十	元	角	分
12	1		期初余额																	借		2	3	4	0	0	0	0

2. 数量金额式明细账

数量金额式明细账的主体结构由收入、发出和结存三栏组成，并在每个栏目下再分设数量、单价和金额三个小栏。这种账簿一般适用于既要进行金额核算，又要进行数量核算的财产物资账户，如原材料明细账、库存商品明细账等账户。现以原材料为例说明其明细账户的开设方法，如表 3－6 所示。

表 3－6　原材料明细分类账

原材料明细分类账

材料类别：主要材料　　　　　存放地点：
名称和规格：甲材料　　　　　计量单位：吨　　　　　　　　　　　第　页

202×年		凭证号数	摘要	收入										发出										结存									
				数量	单价	金额								数量	单价	金额								数量	单价	金额							
月	日					万	千	百	十	元	角	分			万	千	百	十	元	角	分			万	千	百	十	元	角	分
12	1		期初余额																				1	5 080		5	0	8	0	0	0

3. 多栏式明细账

多栏式明细账是为了提供多项管理信息，根据各类经济业务的内容和管理需要来设置多个栏目，从而将属于同一个总账科目的各个明细科目合并在一张账页上进行登记。这类账簿首先将账户分为借方、贷方和余额三栏，再在借方（或贷方）分别按明细科目设置多个栏目，用于提供管理所需要的信息，主要用于应记借方（或贷方）的经济业务较多，而另一方反映的经济业务较少或基本不发生的账户，如管理费用明细账、生产成本明细账、制造费用明细账、应交税费——应交增值税明细账等。在实务中需要注意，这种账簿的账页正反面内容是不一样的，若是活页式账页，务必将顺序排好，如表 3－7 所示。

表3-7 管理费用明细账

管理费用明细账

第 页

202×年		凭证号数	摘要	借方						
月	日			修理费	折旧费	办公费	水电费	差旅费	……	合计

（三）日记账的设置

按照我国会计制度的规定，企业必须设置现金日记账和银行存款日记账，有外币业务的单位还需要按币种不同分别设置外币现金日记账和银行存款日记账。

讲解视频3-3
日记账的设置

1. 现金日记账的设置

现金日记账一般采用订本账，账页的格式有三栏式和多栏式两种，但在实际工作中大多采用三栏式，即在同一张账页上设收入、支出和结余三个基本的金额栏目，并在金额栏与摘要栏之间插入对方科目栏，以便记账时标明现金收入的来源科目和现金支出的用途科目，如表3-8所示。

表3-8 现金日记账

现金日记账

第 页

202×年		凭证号数	摘要	对方科目	收入							支出							结余						
月	日				万	千	百	十	元	角	分	万	千	百	十	元	角	分	万	千	百	十	元	角	分
12	1		期初余额																	5	0	0	0	0	0

2. 银行存款日记账的设置

银行存款日记账应按企业在银行开立的账户和币种分别设置，每个银行账户设置一本日记账。银行存款日记账的格式和现金日记账基本相同，如表3-9所示。

表 3 – 9　银行存款日记账

银行存款日记账

第　页

202×年		凭证号数	摘要	对方科目	收入										支出										结余									
月	日				百	十	万	千	百	十	元	角	分	百	十	万	千	百	十	元	角	分	百	十	万	千	百	十	元	角	分
12	1		期初余额																				2	9	9	0	0	0	0	0	0

二、会计账簿的启用

（一）会计账簿的基本内容

在实际工作中，账簿的格式是多种多样的，不同格式的账簿所包括的具体内容也不尽相同，但各种账簿应具有以下基本要素：

1. 封面

封面主要标明账簿的名称，如总分类账、各明细分类账、现金日记账、银行存款日记账等。

2. 扉页

扉页，主要列明科目索引、账簿启用和经管人员一览表及其签章等内容。

3. 账页

账页，是账簿用来记录经济业务的载体，其格式因记录经济业务的内容不同而有所不同，但基本内容包括账户的名称、登记账户的日期栏、凭证种类和号数栏、摘要栏、金额栏、总页次和分页次等。

（二）会计账簿的启用

为了保证账簿记录的合法性和账簿资料的完整性，明确记账责任，会计人员启用新账簿时，应在账簿封面上写明账簿名称。在账簿的扉页上填写账簿启用日期和经管人员一览表。会计人员如有变动，应办理交接手续，注明接管日期和移交人、接管人姓名，并由双方签名盖章。

启用订本式账簿应当从第一页到最后一页顺序编定页数，不得跳页、缺号。使用活页式账簿应当按账户的顺序编号，并定期装订成册，装订后再按实际使用的账页顺序编定页码，另加目录，记明每个账户的名称和页次。账簿启用和经管人员一览表如表 3 – 10 所示。

表 3 – 10　账簿启用和经管人员一览表

账簿启用和经管人员一览表

账簿名称：＿＿＿＿＿＿＿＿　　单位名称：＿＿＿＿＿＿＿＿

账簿编号：＿＿＿＿＿＿＿＿　　账簿册数：＿＿＿＿＿＿＿＿

账簿页数：＿＿＿＿＿＿＿＿　　启用日期：＿＿＿＿＿＿＿＿

会计主管：＿＿＿＿＿＿＿＿　　记账人员：＿＿＿＿＿＿＿＿

接管日期			接管人		移交日期			移交人		监交人	
年	月	日	姓名	签章	年	月	日	姓名	签章	姓名	签章

知 识 链 接

企业设置内账是否违法

一般来说，企业内账，通常用来记录企业的真实经济业务和财务状况，而外账则可能是为了满足外部报告或税务要求而进行了调整。在某些情况下，如果内账的设立和记录符合法律规定，且不违反财务规定，则内账的设立是可以接受的。然而，如果内账的设立是为了掩盖公司的真实财务状况或逃避税收，则这种行为就是违法的。

根据《中华人民共和国会计法》第 9 条规定，各单位必须根据实际发生的经济业务事项进行会计核算，填制会计凭证，登记会计账簿，编制财务会计报告。任何单位不得以虚假的经济业务事项或者资料进行会计核算。这就意味着，虽然内账本身不违法，但如果内账的记录违反了法律规定，如涉及逃避纳税义务等行为，就会面临法律风险。

综上所述，企业设置内账本身并不违法，但必须确保其记录符合法律规定，特别是不能用于非法目的或逃避税收等违法行为。同时，还需要确保外账的会计信息是按照国家统一的会计制度规定核算出来的结果。

课 后 拓 展

1. 请谈一谈你对"科学合规建账"的理解。
2. 请以思维导图的形式，总结建账的要求和注意事项，并以小组为单位进行讨论。

同 步 练 习

一、单项选择题

1. 现金日记账和银行存款日记账应当（   ）。

A. 定期登记   B. 序时登记   C. 汇总登记   D. 合并登记

2. 下列账簿中，可以采用卡片式账簿的是（   ）。

A. 固定资产总账   B. 固定资产明细账   C. 日记总账   D. 日记账

二、多项选择题

1. 会计账簿的基本构成包括（   ）。

A. 封面   B. 扉页   C. 账页   D. 使用说明

2. 下列各项中，适合采用三栏式明细分类账簿进行明细账核算的有（   ）。

A. 向供应商赊购商品形成的应付账款   B. 生产车间发生的制造费用

C. 购买并验收入库的原材料   D. 向银行借入的短期借款

三、判断题

1. 总账不论采用何种形式，都必须采用订本式账簿，以保证总账记录的安全和完整。

（   ）

2. 在新年度启用新账簿时，为了保证年度之间账簿记录的相互衔接，应把上年度的年

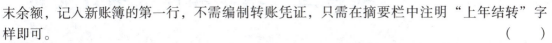

末余额，记入新账簿的第一行，不需编制转账凭证，只需在摘要栏中注明"上年结转"字样即可。　　　　　　　　　　　　　　　　　　　　　　　　　　　（　　）

3. 企业应当设置库存现金总账和库存现金日记账，分别进行库存现金的总分类核算和明细分类核算。　　　　　　　　　　　　　　　　　　　　　　　　　（　　）

4. 各单位应当设置库存现金日记账和银行存款日记账。日记账必须使用订本账，日记账可以逐笔登记，也可定期汇总登记。　　　　　　　　　　　　　　　（　　）

5. 启用会计账簿时，应当在账簿封面上写明单位名称和账簿名称，并在账簿扉页上附启用表。　　　　　　　　　　　　　　　　　　　　　　　　　　　　（　　）

项目小结

本项目主要阐述了会计账簿的作用、种类以及会计账簿的设置、启用。

会计账簿是指由具有一定格式，互有联系的若干账页组成，以会计凭证为依据，用以全面、系统、序时、分类、连续地记录各项经济业务的簿记。

账簿可以按不同标准进行分类，按用途不同可分为序时账簿、分类账簿和备查账簿；按外表形式不同可分为订本式账簿、活页式账簿和卡片式账簿；按账页格式不同可分为三栏式账簿、多栏式账簿和数量金额式账簿。

总分类账是按照总分类账户分类登记全部经济业务的账簿。每个单位均需设置总分类账，总分类账一般采用借方、贷方、余额三栏式的订本账。

明细分类账是按明细分类账户详细记录某一经济业务的账簿。各个单位在设置总分类账的基础上，还应根据管理的需要，按照总账科目设置若干必要的明细分类账，作为总分类账的必要补充。根据管理的要求和明细分类账记录的经济内容，明细分类账主要有三栏式明细分类账、多栏式明细分类账和数量金额式明细分类账三种格式。

思 维 导 图

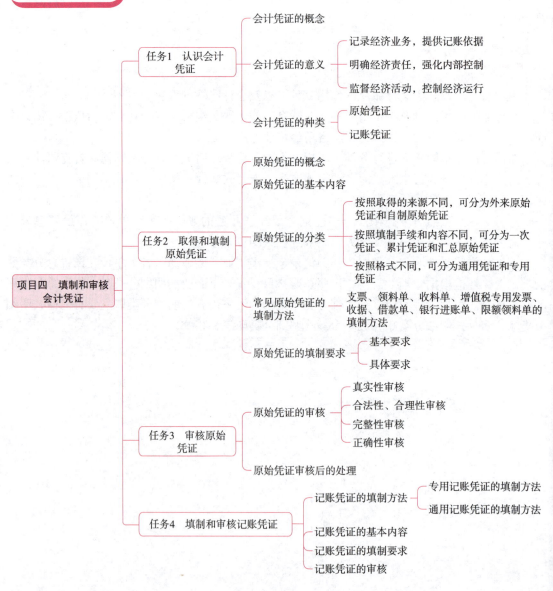

项目四　填制和审核会计凭证

- 任务1　认识会计凭证
  - 会计凭证的概念
  - 会计凭证的意义
    - 记录经济业务，提供记账依据
    - 明确经济责任，强化内部控制
    - 监督经济活动，控制经济运行
  - 会计凭证的种类
    - 原始凭证
    - 记账凭证
- 任务2　取得和填制原始凭证
  - 原始凭证的概念
  - 原始凭证的基本内容
  - 原始凭证的分类
    - 按照取得的来源不同，可分为外来原始凭证和自制原始凭证
    - 按照填制手续和内容不同，可分为一次凭证、累计凭证和汇总原始凭证
    - 按照格式不同，可分为通用凭证和专用凭证
  - 常见原始凭证的填制方法
    - 支票、领料单、收料单、增值税专用发票、收据、借款单、银行进账单、限额领料单的填制方法
  - 原始凭证的填制要求
    - 基本要求
    - 具体要求
- 任务3　审核原始凭证
  - 原始凭证的审核
    - 真实性审核
    - 合法性、合理性审核
    - 完整性审核
    - 正确性审核
  - 原始凭证审核后的处理
- 任务4　填制和审核记账凭证
  - 记账凭证的填制方法
    - 专用记账凭证的填制方法
    - 通用记账凭证的填制方法
  - 记账凭证的基本内容
  - 记账凭证的填制要求
  - 记账凭证的审核

任 务 引 入

　　十一假期，张阳趁着回家的机会，来到姑姑家开办的服装厂，想通过实地学习，增进对财务工作的理解。这天，张阳来到公司财务室，正好碰到一名业务员前来报销。他看到业务

员拿着许多整理好的票据递给了会计，会计一张一张仔细查阅着。过了一会儿，会计指着其中一张单子上的几个地方，凑近业务员说了些什么，然后，业务员就恍然大悟地拿着自己带来的票据离开了。张阳看到这一幕，很是纳闷，他走到会计身边问道："李会计，请问刚才的业务员为什么没有报销就离开了呢？"会计微笑着回答："因为在他的报销单据中，存在着大小写金额核对不相等，以及部门领导没有签字的问题，所以需要他更正补充后，才能报销。"张阳明白了，说道："原来在具体的财务工作中，仅仅针对这些票据，就有这么多的规范要遵守。"会计点点头说："是啊，处理凭证是财务工作的起始环节，不论是针对原始凭证，还是记账凭证，都有许多具体填制和审核的要求，这对整个会计核算来讲，都是至关重要的。接下来两天，我再给你仔细讲讲……"

任务1　认识会计凭证

学习目标

1. 知识目标

（1）了解会计凭证的概念。

（2）理解会计凭证的意义。

（3）掌握会计凭证的分类。

2. 能力目标

（1）能结合经济业务，描述填制和审核会计凭证对加强会计监督的作用。

（2）能结合经济业务，准确填制和审核会计凭证。

3. 素质目标

（1）重视会计凭证，养成遵规守纪、坚持准则的职业操守。

（2）树立会计服务企业、服务社会的意识。

一、会计凭证的概念

会计凭证，是指记录经济业务发生或者完成情况的书面证明，是登记账簿的依据，包括纸质会计凭证和电子会计凭证两种形式。

[提示]

电子会计凭证是指通过计算机系统开具，依赖计算机系统阅读、处理并可在通信网络上传输的会计凭证。如电子发票、电子行程单、电子海关专用缴款书、银行电子回单等。

为保证会计信息真实、可靠，会计主体进行任何一项经济业务，都必须办理凭证手续，由经办业务的相关人员填制或取得会计凭证，说明该项经济业务的内容，并在会计凭证上签名或盖章，以明确经济责任。然后由相关人员审核，审核无误后由审核人员签章，才能作为记账的依据。

二、会计凭证的意义

合法取得与正确填制、审核会计凭证，是会计核算的基本方法之一，也是会计核算工作的起点，在整个会计核算中具有非常重要的意义。

（一）记录经济业务，提供记账依据

各企业单位在日常的生产经营活动中，会发生各种各样的经济业务，如各项资产的取得和使用、各项债务的发生和偿付、财务成果的形成和分配等，既有货币资金的收付，又有财产物资的进出。通过会计凭证的填制，可以将日常发生的大量经济业务真实地记录下来，及时、准确地反映各项经济业务的内容和完成情况，为登记账簿提供必要的依据。

（二）明确经济责任，强化内部控制

由于会计凭证记录了每项经济业务的内容，并要求有关部门与经办人签章。当出现问题时，就可借助于会计凭证落实各经办部门和人员所负的经济责任，明确各自的经济责任。同时，通过有关人员的签章，还可促进企业内部分工协作，互相牵制，强化企业内部控制。

（三）监督经济活动，控制经济运行

通过取得和填制会计凭证，可以检查每项经济业务是否真实、正确、合法、合规、合理，及时发现经济管理上的不足之处和各项管理制度上的漏洞，从而采取必要的措施来改进工作。

三、会计凭证的种类

会计凭证种类繁多、内容各异，按其填制的程序和用途不同，可以分为原始凭证和记账凭证两类。

随 堂 讨 论

你是否曾经在生活中接触过会计凭证呢？请向大家介绍它的名称、具体内容和业务类型等。

课 后 拓 展

1. 谈谈你对会计凭证的认识。
2. 请结合经济业务，谈一谈填制和审核会计凭证对加强会计监督的作用，并以小组为单位进行分享。

同 步 练 习

一、单项选择题

1. 会计凭证按其（　　）不同，可以分为原始凭证和记账凭证。

A. 填制的方式　　　　　　　　　B. 填制的程序和用途

C. 取得的来源　　　　　　　　　D. 反映经济业务的次数

2. 以下不属于会计凭证的是（　　）。

A. 电子发票　　　　　　　　　　B. 会议记录

C. 银行回单　　　　　　　　　　D. 电子海关专用缴款书

二、多项选择题

1. 下列各项中，属于会计凭证的有（　　　）。

A. 记账凭证　　　　　　　　　　　B. 发票

C. 入库单　　　　　　　　　　　　D. 工资计算单

2. 以下属于会计凭证的意义的是（　　　）。

A. 记录经济业务，提供记账依据　　B. 明确经济责任，强化内部控制

C. 监督经济活动，控制经济运行　　D. 制定宏观政策

三、判断题

1. 填制和审核会计凭证具有促进企业盈利、提高企业竞争力的意义。　　　　（　　）

2. 会计凭证，是指记录经济业务发生或者完成情况的书面证明，是登记账簿的依据，包括纸质会计凭证和电子会计凭证两种形式。　　　　（　　）

任务 2　取得和填制原始凭证

学 习 目 标

1. 知识目标

（1）了解会计工作实务中常见的原始凭证种类。

（2）理解原始凭证的作用。

（3）掌握原始凭证的填制方法。

2. 能力目标

（1）能判断出各类经济业务所对应的原始凭证。

（2）能准确规范地填制经济业务中常见的原始凭证。

3. 素质目标

（1）在填制原始凭证的相关工作中，养成遵纪守法、坚持准则、廉洁自律的职业操守，强化严谨细致，追求完美的工匠精神。

（2）注重工作中的团队协作精神，树立会计服务企业、服务社会的意识。

一、原始凭证的概念

原始凭证，也称单据，是在经济业务发生或完成时取得或者填制的，用以记录或证明经济业务发生与完成情况的书面证明文件。它详细记录了所发生经济业务的内容与数据，是进行会计核算的重要原始数据。

二、原始凭证的基本内容

各个单位发生的经济业务事项复杂多样，记录和反映经济业务事项的原始凭证来源于不同渠道，原始凭证的内容、格式不尽相同。作为反映经济业务事项已经发生或完成并承担明确经济责任的书面文件，无论是哪一种原始凭证，都应当具备以下基本内容：

（1）原始凭证的名称，如发票、入库单；

（2）原始凭证的填制日期和编号，一般应当是经济业务事项发生或完成的日期；

（3）接受原始凭证的单位名称或个人姓名；

（4）经济业务事项的内容摘要；

（5）经济业务事项的数量、单价和金额；

（6）填制原始凭证的单位名称；

（7）有关经办人员的签名或盖章。

从外单位取得的原始凭证，应该使用统一的发票，发票上印有税务专用章，并且必须盖有填制单位的公章。从个人取得的原始凭证，必须有填制人员的签名或者盖章。自制原始凭证必须有经办部门的负责人或者指定的人员签名或者盖章，对外开出的原始凭证必须加盖本单位的公章。

讲解视频 4－1
取得和填制原始凭证

【提示】

原始凭证为了满足经济管理或其他业务的需要，还可列入相应的内容，如预算项目、合同号数、结算方式等，使原始凭证能够发挥多方面作用，更加完整地反映经济业务的具体内容。

三、原始凭证的分类

（一）按照取得的来源不同，可分为外来原始凭证和自制原始凭证

1. 外来原始凭证

外来原始凭证是指在经济业务发生或完成时，从其他单位或者个人直接取得的原始凭证。例如购进原材料时从购货单位取得的增值税专用发票、在向外单位付款时取得的收据、职工出差时取得的飞机票和火车票等。

2. 自制原始凭证

自制原始凭证是指经济业务发生或完成时由本单位内部有关人员填制的，在本单位内部使用的原始凭证。如收料单、领料单、产品入库单、借款单、工资计算单等。

（二）按照填制手续和内容不同，可分为一次凭证、累计凭证和汇总原始凭证

1. 一次凭证

一次凭证是指一次填写完成，在一张凭证上只记录一笔经济业务的原始凭证。外来原始凭证和大多数自制原始凭证都是一次凭证。如购货发票、银行结算凭证、借款单等。

2. 累计凭证

累计凭证是指在一张凭证上连续登记一定期间内发生的相同经济业务的凭证。比较有代表性的就是限额领料单。

3. 汇总原始凭证

汇总原始凭证又称原始凭证汇总表，是指将一定时期内若干张同类经济业务的原始凭证，经过汇总编制完成的凭证。如发出材料汇总表、工资结算汇总表、差旅费报销单等。

（三）按照格式不同，可分为通用凭证和专用凭证

1. 通用凭证

通用凭证是指由有关部门统一印制的，在一定范围内使用的，具有统一格式和使用方法的原始凭证。它可全国通用，也可以在某一地区、某一行业通用。如中国人民银行统一制定的银行转账结算凭证、由某税务部门统一规定使用的增值税专用发票等。

2. 专用凭证

专用凭证是指具有特定内容和专门用途的原始凭证，如差旅费报销单、折旧计算表、产

品入库单、工资费用分配表等。

四、常见原始凭证的填制方法

（一）支票的填制方法

银行、单位和个人填写的各种票据和结算凭证是办理支付结算和现金收付的重要依据，直接关系到支付结算的准确、及时和安全。因此，填写票据和结算凭证，必须做到标准化、规范化，要素齐全、数字正确，字迹清晰、不错漏、不潦草，防止涂改。支票是银行结算凭证的一种，常见的有转账支票和现金支票。

1. 转账支票的填制

支票上印有"转账"字样的为转账支票，一般分为存根和正联两部分。转账支票由出纳员用碳素笔正楷字填写，字迹工整。填写时，先填写存根部分，再填写正联部分。

1）日期的书写方法

正联部分的出票日期必须使用中文大写。为防止变造票据的出票日期，在填写月、日时，月为壹、贰和壹拾的，日为壹至玖、壹拾、贰拾和叁拾的，应在其前加"零"；日为拾壹至拾玖的，应在其前加"壹"。如 1 月 15 日，应写成"零壹月壹拾伍日"；10 月 20 日，应写成"零壹拾月零贰拾日"。大写日期未按要求规范填写的，银行可以受理，但由此造成损失的，由出票人自行承担。

2）金额书写方法

结算金额分为大写和小写，大写金额数字用中文正楷或行书填写，且紧接"人民币"字样填写，不得留有空白。阿拉伯小写金额数字前面，均应填写人民币符号"￥"。阿拉伯小写金额数字要认真填写，不得连写分辨不清。

3）其他注意事项

收款人处应填写无误。出票人账号有账号章的可以加盖账号章。填写用途应实事求是，如××货款。支票填写完成审核无误后，先在出票人签章处加盖预留银行的印鉴，即单位财务专用章和法人名章，然后在支票左边与存根的衔接处加盖财务专用章，最后从骑缝线处剪开，正联交收款人办理转账，存根留下作为记账依据。如表 4-1 所示。

表 4-1　转账支票

支票存根 No：00225845 科　　目 对方科目 出票日期 2022年3月1日 收款人：济南钢材有限责任公司 金　额：35 000.00 用　途：购买材料 单位主管　　会计	本支票付款期限十天	中国工商银行　　转账支票　　No：00225845 出票日期（大写）贰零贰贰年叁月零壹日 付款行名称：济南市工商银行桥西支行七一路分理处 收款人：济南钢材有限责任公司　出票人账号：160100730461098

人民币 （大写）	叁万伍千元整	亿	千	百	十	万	千	百	十	元	角	分
						￥	3	5	0	0	0	0	0

用途　购买材料　　　　　　　　科目（借）
上列款项请从　　　　　　　　对方科目（贷）
我账户内支付　　　　　　　　付讫日期　　年　月　日
出票人签章　　　　　　　　　复核　　　　记账

2. 现金支票的填制

支票上印有"现金"字样的为现金支票。其填制方法与转账支票基本相同，所不同的是用途一般填写"备用金""工资""差旅费"等。

讲解视频4-2
支票的填写

（二）领料单的填制方法

领料单又称发料单，是一种一次有效的发料凭证。它适用于临时性需要和没有消耗定额的各种材料。领料单由领料部门根据生产或其他需要填制，经部门主管签名或盖章后据以领料。领料单通常以一料一单为宜，仓库发料时，填写实发数量；同时，由领发料双方签章，以示负责。领料单应填制一式多联，一联由领料部门带回，作为领用部门核算的依据；一联交财会部门据以记账；一联由仓库留存据以登记材料明细账。如表4-2所示。

表4-2 领料单

领料单

领用部门：生产车间　　　　　　　　　　　　　　　　　　　　　　　　　编号：001
用途：生产A产品　　　　　　　　202×年3月25日　　　　　　　发料仓库：1号库

材料编号	名称	规格	计量单位	请领数量	实发数量	单位成本	金额
0016	圆木	6厘米	立方米	3	3	1 500	4 500.00
备注						合计	4 500.00

审批：×× 　　　　发料：×× 　　　　记账： 　　　　领料：××

（三）收料单的填制方法

收料单是记录外购材料验收入库的一种原始凭证。收料单一般一式三联：第一联为存根，由采购员带回供应部门备查；第二联为会计记账联，交财会部门据以记账；第三联为仓库记账联，由仓库留下作为登记原材料明细账数量的依据。材料运到企业，材料保管员验收后，在收料单上填写收料日期、材料名称、计量单位、应收实收数量等项目，会计人员填写材料单价、金额、运杂费等项目。如表4-3所示。

表4-3 收料单

收料单

供货单位：新华工厂　　　　　　　　　　　　　　　　　　　　　　　　　编号：001
发票号码：02154789　　　　　　　202×年3月26日　　　　　　　收料仓库：2号库

材料编号	名称	规格	计量单位	应收数量	实收数量	单位成本	金额
0015	圆钢	25mm	吨	5	5	3 000	15 000.00
备注						合计	15 000.00

收料：×× 　　记账： 　　保管：×× 　　仓库负责人：××

（四）增值税专用发票的填制方法

增值税一般纳税人因销售货物或提供应税劳务，按规定应向付款人开具增值税专用发票。增值税专用发票为机打发票，由企业会计人员填写，全部联次一次性打印完成。该发票基本联次为四联，销货单位和购货单位各两联。其中留销货单位的两联：一联留存有关业务部门，另一联作会计机构的记账凭证；交购货单位的两联：一联作为购货单位的结算凭证，另一联为税款抵扣凭证。购货单位向一般纳税人购货，应取得增值税专用发票，因为只有取得增值税专用发票税款抵扣联，支付的进项税额才能在购货单位作为"进项税额"列账。如表4-4所示。

表4-4 增值税专用发票

××省增值税专用发票

No0 0002546245

开票日期：202×年3月10日

购货单位	名称：振华工厂 纳税人登记号：120156475821 地址、电话：中山路18号 开户银行及账号：工行中山路支行 645721263			密码区	75+2145787(6)-/456789 加密版本02 2114<>、*3356889922452354564、3-1545-1>>>>+547887954562153 41245321																		

商品或劳务名称	计量单位	数量	单价	金额									税率	税额								
				百	十	万	千	百	十	元	角	分	%	百	十	万	千	百	十	元	角	分
A产品	件	200	50			1	0	0	0	0	0	0	13				1	3	0	0	0	0
合计					¥	1	0	0	0	0	0	0	13				¥	1	3	0	0	0	0
价税合计（大写）	⊗壹万壹仟叁佰零拾零元零角零分											¥11 300.00										
销货单位	名称：新华工厂 纳税人登记号：120156475821 地址、电话：中山路18号 开户银行及账号：工行中山路支行 145721263			备注：																		

收款人：　　　复核：　　　　开票人：××　　　　　销售单位：（章）

（五）收据的填制方法

企业因相关业务而向个人收取现金时，应开具收据。收据由企业出纳人员负责填写，应按照编号顺序使用。收据一般为一式三联：第一联为存根联；第二联为收据联；第三联为记账联。出纳员在填写收据时，应采用双面复写纸一次套写完成，并在各联加盖出纳个人名章，在第二联加盖财务专用章，至此收据开具完毕。审核无误后，将收据联交给交款单位或个人，存根联保存在收据本上以备查询，记账联留作记账依据。如表4-5所示。

表4-5 收款收据

收款收据

202×年3月20日　　　No.35872140

交款单位或交款人	张明	收款方式	现金	第三联
事　　由　收回差旅费余款 人民币（大写）贰佰元整　　　¥200.00		备注：		

收款单位（盖章）：（章）　　　　　　　　　　收款人（签章）：王力

（六）借款单的填制方法

企业职工因公出差或其他原因向企业借款，须填制借款单。借款单可作为职工的借据、企业与职工之间结算的依据及会计人员记账的依据。首先，借款单中的借款日期、借款单位、借款理由、借款金额由借款人填好后，在借款人处签字，再由本单位负责人审批，审批人同意后签字；其次，交财务主管核批并签字；最后，交出纳员支取现金。如表4-6所示。

表4-6 借款单

借款单

202×年3月16日

部门	审计部	借款理由	出差
借款金额	金额（大写）贰仟元整		￥2 000.00
部门负责人（签字） 张强 202×年3月16日	财务负责人（签字） 钱敏 202×年3月16日		借款人：高明 202×年3月16日

（七）银行进账单的填制方法

当企业持有转账支票、银行汇票和银行本票等到银行办理转账时，须填制进账单。进账单一般一式三联：第一联为回单，是出票人开户银行交给出票人的回单；第二联为贷方凭证，由收款人开户银行作为贷方凭证；第三联为收账通知，是收款人开户银行在款项收妥后给收款人的收账通知。进账单填完并审核无误后，连同转账支票一起交给开户银行办理转账。银行审核无误后，在第三联上加盖银行印章，然后传递给企业作为记账依据。如表4-7所示。

表4-7 中国工商银行进账单

中国工商银行进账单（收账通知）3

填制日期202×年3月18日

出票人	全称	华新商厦	收款人	全称	通达有限公司									
	账号	16257842125		账号	16258721164									
	开户银行	工行开发区支行		开户银行	工行新华支行									
人民币（大写）玖万肆仟柒佰柒拾元整					千	百	十	万	千	百	十	元	角	分
							￥	9	4	7	7	0	0	0
票据种类	转账支票		收款人开户银行盖章											
票据张数	1张													
票据号码	00225845													
复核	记账													

此联是收款人开户银行交收款人的收账通知

（八）限额领料单的填制方法

限额领料单是一种在规定的领用限额之内多次使用的累计发料凭证。它适用于经常需要并规定有消耗定额的各种材料。在其有效期间（一般以一个月为限），只要不超过领用限额，就可以继续使用。它是由材料供应部门会同生产计划部门，根据各单位的生产任务和开展业务的需要以及材料消耗定额核定领用限额来填制的。限额领料单一般按照每种材料、每一用途分别填制。限额领料单应填制一式两联：一联交仓库作为物料发料依据；另一联交领用部门作为领料的凭证。每次领料发料时，仓库应认真审查清理数量，如未超过限额，应予发料。发料后在两联同时填写实发数，并计算出限额结余数，并由发料人和领料人同时签章。月末结出实发数量和金额交财会部门据以记账。如表 4 - 8 所示。

表 4 - 8　限额领料单

限额领料单

领料部门：二车间　　　　　　　　　　　202×年 3 月　　　　　　　　　　发料仓库：1 号库
用途：生产工具　　　　　　　　　　　　　　　　　　　　　　　　　　　No. 135678421

材料编号	材料名称	规格	计量单位	领用限额	单价	全月实用	
						数量	金额
0012	圆钢	15mm	千克	6 000	2.50	5 800	14 500
领用日期	请领数量		实发数量	领料人	发料人	限额结余	
5	1 200		1 200	略	略	4 800	
10	1 200		1 200			3 600	
15	1 200		1 200			2 400	
19	1 200		1 200			1 200	
25	1 000		1 000			200	
合计	5 800		5 800			200	

审核：×× 　　　　　　　　保管：×× 　　　　　　　　领料：××

五、原始凭证的填制要求

原始凭证是经济业务的原始证明，是记账的原始依据。填制原始凭证是会计工作的第一个环节，因此严格按照相关的要求填制至关重要。

（一）基本要求

1. 记录真实

就是要实事求是地填写经济业务，原始凭证上填制的日期、业务内容、数量、金额等必须与实际情况完全符合，确保凭证内容真实可靠。

2. 内容完整

每张凭证必须按照规定的格式和内容逐项填写齐全，不得省略或者遗漏，而且必须填写手续完备，符合内部控制制度。

3. 手续完备

对外开出的原始凭证必须加盖本单位公章或者财务专用章；从外部取得的原始凭证，必须盖有填制单位的公章或财务专用章；单位自制的原始凭证必须有经办单位相关负责人的签名或盖章；从个人取得的原始凭证，必须有填制人员的签名或盖章。对外开出或从外取得的电子形式的原始凭证，必须附有符合《电子签名法》的电子签名。

知 识 链 接

公司印章的种类

公章是指机关、团体、企事业单位使用的印章。公司公章在所有印章中具有最高的效力，是法人权利的象征，审查是否盖有公司公章成为判断民事活动是否成立和生效的重要标准。公司印章除公章外，还包括财务专用章、合同专用章、法定代表人章、发票专用章等。自《电子签名法》实施后，电子印章（签名）具有了合法地位。所谓电子印章（签名），并不是实体印章的图像化，而是数据电文中以电子形式所含、所附用于识别签名人身份并表明签名人认可其中内容的数据。通俗点说，电子印章（签名）就是一个能够识别出具体盖章人（签名人）的电子数据密钥。

4. 书写清楚、规范

原始凭证上的文字和数字都要认真填写，要求字迹清楚，易于辨认。

5. 编号连续

各种凭证要连续编号，以便检查。如果原始凭证已预先印定编号，如发票、支票等重要凭证，因错作废时，应加盖"作废"戳记，妥善保管，不得撕毁。

6. 不得涂改、刮擦和挖补

原始凭证金额有错误的，应当由出具单位重开，不得在原始凭证上更正。原始凭证有其他错误的，应当由出具单位重开或更正，更正处应当加盖出具单位印章。

7. 填制及时

按照经济业务的执行和完成情况及时填制原始凭证，对于保证会计资料的时效是非常重要的。同时也可以避免由于原始凭证填制不及时，事后记忆模糊，补办手续时出现差错现象。

（二）具体要求

（1）凡填有大写和小写金额的原始凭证，大写与小写金额必须相符。

（2）购买实物的原始凭证，必须有验收证明。

（3）支付款项的原始凭证，必须有收款单位和收款人的收款证明，不能仅以支付款项的有关凭证（银行汇款凭证等）代替，以防止舞弊行为的发生。

（4）一式几联的原始凭证，应当注明各联的用途，只能以一联作为报销凭证。

（5）发生销货退回的，除填制退货发票外，还必须有退货验收证明；退款时，必须取得对方的收款收据或者汇款银行的凭证，不得以退货发票代替收据。

（6）职工因公出差的借款凭证，必须附在记账凭证之后。收回借款时，应当另开收据或者退还借据副本，不得退还原借据收据。

（7）阿拉伯数字前面应写人民币符号"￥"，并且一个一个地写，不得连笔写。

（8）所有以元为单位的阿拉伯数字，除表示单价等情况下，一律填写到角分，无角分的，角位和分位可写"00"，或符号"—"；有角无分的，分位应写"0"，不得用符号"—"代替。

（9）原始凭证（除套写的可用圆珠笔）必须用蓝色或黑色墨水书写。

（10）经过上级有关部门批准的经济业务，应当将批准文件作为原始凭证附件。如果批准文件需要单独归档的，应当在凭证上注明批准机关名称、日期和文件号。

拓展阅读

增值税电子发票

为适应经济社会的发展和税收现代化建设的需要，我国税务总局自 2015 年起分步推行了增值税电子普通发票（以下简称电子普票）。电子专票属于增值税专用发票，其法律效力、基本用途、基本使用规定等与增值税纸质专用发票（以下简称纸质专票）相同。与纸质专票相比，电子专票具有以下几方面优点：

1. 发票样式更简洁

电子专票进一步简化发票票面样式，采用电子签名代替原发票专用章，使电子专票的开具更加简便。

2. 领用方式更快捷

纳税人可以选择办税服务厅、电子税务局等渠道领用电子专票。通过网上申领方式领用电子专票，纳税人可以实现"即领即用"。

3. 远程交付更便利

纳税人可以通过电子邮箱、二维码等方式交付电子专票，与纸质专票现场交付、邮寄交付等方式相比，发票交付的速度更快。

4. 财务管理更高效

电子专票属于电子会计凭证，纳税人可以便捷获取数字化的票面明细信息，并据此提升财务管理水平。同时，纳税人可以通过全国增值税发票查验平台验证电子签名的有效性，降低接收假发票的风险。

5. 存储保管更经济

电子专票采用信息化存储方式，与纸质专票相比，无须专门场所存放，也可以大幅降低后续人工管理的成本。此外，纳税人还可以从税务部门提供的免费渠道重新下载电子专票，防范发票丢失和损毁风险。

6. 社会效益更显著

电子专票交付快捷，不仅有利于交易双方加快结算速度，缩短回款周期，提升资金使用效率。同时，电子专票的推出，还有利于推动企业财务核算电子化的进一步普及，进而对整个经济社会的数字化建设产生积极影响。

（资料来源：https://fgk.chinatax.gov.cn/zcfgk/c100015/c5201418/content.html.）

【会计论道与素养提升】

> 　　推动高质量发展是以习近平同志为核心的党中央作出的重大战略选择。党的二十大报告强调高质量发展是全面建设社会主义现代化国家的首要任务，会计工作必须完整、准确、全面地贯彻新发展理念，服务融入构建新发展格局，聚焦高质量发展需求，提升管理工作效能。高质量发展离不开高质量的会计信息。借助大数据会计技术，可强化会计与销售、设计、生产的联动性，有效推进业财融合，整合业务原始数据，以满足各种经济决策的需要，提升会计工作精准服务的能力。

课后拓展

1. 请在购物后完成从商家开取发票的任务，并以小组为单位，将各自所开具的发票进行组内分享。

2. 请谈一谈你对"虚开增值税发票"的看法。

3. 请以思维导图的形式，总结各类常见原始凭证的填制要点，并以小组为单位进行分享。

同步练习

一、单项选择题

1. 用以办理业务手续、记载业务发生或完成情况、明确经济责任的会计凭证是（　　）。

A. 原始凭证　　　　　　　　　　　　B. 记账凭证

C. 收款凭证　　　　　　　　　　　　D. 付款凭证

2. 下列会计凭证中属于自制原始凭证的是（　　）。

A. 火车票

B. 从外单位取得的收据

C. 银行结算凭证

D. 收料单

3. 下列原始凭证中属于外来原始凭证的是（　　）。

A. 差旅费报销单

B. 发出材料汇总表

C. 购货发票

D. 领料单

4. 原始凭证按（　　）分类，分为一次凭证、累计凭证和汇总原始凭证。

A. 用途　　　　　　　　　　　　　　B. 取得的来源

C. 格式　　　　　　　　　　　　　　D. 填制手续和内容分类

5. 下列各项中，属于企业累计原始凭证的是（　　　　）。

A. 发出材料汇总表

B. 出差报销的火车票

C. 银行结算凭证

D. 限额领料单

6. 下列各项中，应由会计人员填制的原始凭证是（　　　　）。

A. 固定资产折旧计算表

B. 差旅费报销单

C. 产品入库单

D. 领料单

7. 下列各项中，对于金额有错误的原始凭证，处理方法正确的是（　　　　）。

A. 由出具单位在凭证上更正并加盖出具单位公章

B. 由出具单位在凭证上更正并由经办人员签名

C. 由出具单位在凭证上更正并由单位负责人签名

D. 由出具单位重新开具凭证

二、多项选择题

1. 下列关于会计凭证的表述，错误的有（　　　　）。

A. 会计凭证按其填制程序和方法不同，分为原始凭证和记账凭证，不包括电子形式会计凭证

B. 自制原始凭证是从本单位取得的，由本单位会计人员填制

C. 汇总凭证指在一定时期内多次记录发生的同类经济业务且多次有效的原始凭证

D. 企业与外单位发生的任何往来中，取得的各种书面证明都是原始凭证

2. 下列各项中，属于外来原始凭证的有（　　　　）。

A. 职工出差报销餐饮费的增值税普通发票

B. 产品生产完工入库填制的入库单

C. 购买材料取得的增值税专用发票

D. 职工出差预借现金填制的借款单

3. 属于一次凭证的有（　　　　）。

A. 收料单

B. 发出材料汇总表

C. 领料单

D. 限额领料单

4. 下列各项中，属于专用原始凭证的有（　　　　）。

A. 取得的增值税专用发票

B. 固定资产折旧计算表

C. 差旅费报销单

D. 车间的工资费用分配表

5. 下列各项中，属于原始凭证应当具备的基本内容有（　　　　）。

A. 填制凭证的日期

B. 经济业务内容

C. 经办人员签名或盖章

D. 记账符号

三、判断题

1. 企业每项经济业务的发生都必须从外部取得原始凭证。　　　　　　　　（　　　）

2. 一张限额领料单只限于领用一次材料。　　　　　　　　　　　　　　　（　　　）

3. 票据金额应以中文大写和阿拉伯小写数字同时记载，两者必须一致；两者不一致的，以中文大写金额数字为准。　　　　　　　　　　　　　　　　　　　　　　　　　（　　　）

4. 一式几联的原始凭证，应当注明各联的用途，只能以一联作为报销凭证。

                                                          （　　）

5. 原始凭证错误的，应由出具单位更正，并在更正处加盖出具单位印章。　（　　）

6. 原始凭证不得外借，其他单位如果因为特殊原因需要使用原始凭证时，经过本单位会计机构负责人、会计主管人员批准，可以复制。　（　　）

四、实训题

根据下列所给业务，填制其对应的原始凭证，如表 4 - 9 ~ 表 4 - 12 所示。

阳光公司 2024 年 1 月发生下列经济业务。

（1）1 月 3 日，从银行提取现金 3 000 元备用。

（2）1 月 6 日，阳光公司市场部员工张强出差，经市场部李明经理批准，向财务部预借差旅费 2 000 元，出纳审核其借款单后给付现金。

（3）1 月 15 日，销售一批 A 产品给河北兴华装饰有限公司，数量 20 吨，单价 150 元/吨，价款 3 000 元，增值税税额 390 元，价税合计 3 390 元，开出增值税专用发票一式四联，对方以转账支票办理结算（填制增值税专用发票）（其中购货单位：河北兴华装饰有限公司，纳税识别号：13010456088879；地址：石家庄市中山路 131 号；电话：87054567；开户行及账号：建设银行中山路支行，20 - 57468241）。

（4）1 月 20 日，上月购入的材料到达，办理验收入库手续，收到钢材 10 吨，单价每吨 100 元，填写收料单。

表 4 - 9　现金支票

支票存根	本支票付款期限十天	中国工商银行　现金支票　No：00225845
No：00225845 科　目 对方科目 出票日期　年　月　日 收款人： 金　额： 用　途： 单位主管　　会计		出票日期（大写）　年　月　日 付款行名称： 收款人：　　　　　　　出票人账号： 人民币（大写）　亿 千 百 十 万 千 百 十 元 角 分 用途 _____　　　　　科目（借） 上列款项请从　　　　　对方科目（贷） 我账户内支付　　　　　付讫日期　年　月　日 出票人签章　　　　　　复核　　　记账

表 4 - 10　借款单

年　月　日

部门		借款理由	
借款金额	金额（大写）人民币		￥
部门负责人（签字） 年　月　日	财务负责人（签字） 年　月　日		借款人： 年　月　日

表4-11 ××省增值税专用发票

××省增值税专用发票

No0 0002546245

开票日期： 年 月 日

购货单位	名称： 纳税人登记号： 地址、电话： 开户银行及账号：	密码区	75＋2145787（6）-/456789 加密版本02 2114＜＞、＊33568899224523545644、3－1545－ 1＞＞＞＞＋547887954562153 41245321

商品或劳务名称	计量单位	数量	单价	金额									税率/%	税额								
				百	十	万	千	百	十	元	角	分		百	十	万	千	百	十	元	角	分
合计																						
价税合计（大写）								¥														

销货单位	名称： 纳税人登记号： 地址、电话： 开户银行及账号：	备注：

收款人： 复核： 开票人： 销售单位：（章）

表4-12 收料单

收料单

供货单位： 编号：

发票号码： 年 月 日 收料仓库： 号库

材料编号	名称	规格	计量单位	应收数量	实收数量	单位成本	金额
备注						合计	

收料： 记账： 保管： 仓库负责人：

任务3 审核原始凭证

学习目标

1. 知识目标

（1）掌握原始凭证的审核要点。

（2）掌握原始凭证的审核方法。

2. 能力目标

（1）能正确完成对原始凭证的审核。

（2）能正确完成原始凭证审核之后的处理工作。

3. 素质目标

（1）在审核原始凭证的工作中坚持准则，养成遵纪守法、廉洁自律的职业操守。

（2）面对各类原始凭证中的数据信息，具备耐心专注、严谨细致、追求完美的职业精神。

一、原始凭证的审核

只有经过审核无误的原始凭证，才能作为记账的依据，为了保证原始凭证内容的真实性和合理性，一切原始凭证填制或取得后，都应按规定的程序及时送交会计部门，由会计主管或具体处理该事项的会计人员审核。

原始凭证的审核主要从以下四方面着手：

（一）真实性审核

即审核原始凭证本身是否真实以及原始凭证反映的经济业务事项是否真实两方面。即确定原始凭证是否虚假、是否存在伪造或者涂改等情况；核实原始凭证所反映的经济业务是否发生过，是否反映了经济业务事项的本来面目等。

（二）合法性、合理性审核

即审核原始凭证所反映的经济业务事项是否符合国家有关法律、法规、政策和国家统一会计制度的规定，是否符合有关审批权限和手续的规定，以及是否符合单位的有关规章制度，有无违法乱纪、弄虚作假等现象。

（三）完整性审核

即根据原始凭证所反映基本内容的要求，审核原始凭证的内容是否完整，手续是否齐备，应填项目是否齐全，填写方法、填写形式是否正确，有关签章是否具备等。

（四）正确性审核

即审核原始凭证的摘要和数字是否填写清楚、正确，数量、单价、金额的计算有无错误，大写与小写金额是否相符等。

讲解视频 4 – 3
审核原始凭证

知 识 链 接

原始凭证遗失了怎么办

一般外来原始凭证如有遗失（不含增值税专用发票），应当取得原开出单位盖有公章的证明，并注明原来凭证的号码、金额和内容等，由经办单位会计机构负责人、会计主管人员和单位领导批准后，才能代作原始凭证。如果确实无法取得证明的，如火车、轮船、飞机票等凭证，由当事人写出详细情况，由经办单位会计机构负责人、会计主管人员和单位领导批准后，代作原始凭证。

二、原始凭证审核后的处理

原始凭证经会计机构、会计人员审核后，对于核对无误、完全符合要求的，应当及时据以编制记账凭证入账。对于审核中发现的问题，采取以下方法处理：

（一）对于不真实、不合法、不合理的原始凭证

对于不真实、不合法、不合理的原始凭证，会计人员有权不予接受，涉及滥用职权、违法乱纪、弄虚作假等行为的，如情节严重，应当报告单位负责人，要求查明原因，作出处理。

（二）对于记载不准确、不完整的原始凭证

对于记载不准确、不完整的原始凭证，会计人员应予以退回，并要求有关经济业务事项的经办人员按国家统一会计制度的规定更正、补充，待内容补充完整、手续完备后，再予以办理。

原始凭证的审核是一项严肃细致的重要工作，为了做好这项工作，审核人员必须熟悉国家有关的方针、政策、法令、规定和制度以及本单位的有关规定，并掌握本单位内部各部门的工作情况。另外，审核人员应做好宣传解释工作，因原始凭证所证明的经济业务需要由有关领导和职工办理，只有对他们做好宣传解释工作，才能避免违法乱纪经济业务的发生。

讲解视频4-4　原始凭证的审核及审核后的处理

拓展阅读

从"财税一体化"到"报账机器人"

财务管理，正迈入一个"人机协作，智能分工"的全新时代。从"财税一体化"到"报账机器人"，从大型企业的"财务共享中心"到小微企业的"代记账"，人工智能在财务管理领域的应用，正越来越深入。

每个企业都需处理发票。依据传统处理方式，发票认证、报销录入、分摊费用、会计凭证等一系列流程，要耗费大量的人力，而人工智能可改变这一状况。所有票据由原来的统一快递到公司做账，现在改为终端拍照录入做账，节省客户快递成本和时间成本，防止重要票据丢失；原来需要登录电子税务局增值税发票验真系统，现在改为直接自动快速验真，不用在每张发票校验时都输入校验码。人工智能的应用让发票处理效率提升了30倍以上。比如智能报账机器人可为员工或供应商提供7×24小时的自助交收票据服务，当时批量扫描识别并自动填单。为财务人员在交收票据过程中点数、扫描、票据真伪识别及票面信息核对等工作环节节省85%的工作量。

财务共享中心是近年来出现并流行起来的一种财务管理方式，它将不同国家、地点的实体会计业务放到一个线上的共享服务中心来记账和报告。发票的识别、验真、录入，过程烦琐重复又极易出错。人工智能识别票据，也被运用到"财税一体化"中。原来每个月仅录入增值税发票的工作，就需要4个税务会计工作一周时间才能完成；现在，在人工智能多票据混合切割识别服务的帮助下，识别包含增值税发票、出租车票、客运汽车票等全部品类票据，仅需要3天时间，效率提升10倍以上，这节约了90%的人力成本。

财务人员，在这场人工智能变革中，又该如何自我定位呢？

智能财务的出现，能让财务人员聚焦于更高价值的财务活动。财务人员从低层次重复工作中解放出来，类似技术进步解放了工厂生产线上的工人，低端岗位不复存在。财务人员需要更多地参与业务经营活动，管理会计地位上升，通过预算管理、业绩考核、运营分析的方式，解读财务数据反映的信息，结合市场环境和行业特点，从财务的角度为企业业务发展、决策制定提供科学的数据支持。

（资料来源：http：∥www. cac. gov. cn/2019 – 05/13/c_1124485782. htm？from = groupmessage &isappinstalled = 0）

课 后 拓 展

1. 谈谈你对审核原始凭证的认识。

2. 请你以思维导图的形式，总结各类原始凭证审核中发现的常见问题，并以小组为单位进行讨论。

同 步 练 习

一、单项选择题

1. 在审核原始凭证时，对于内容不完整、填制有错误或手续不完备的原始凭证，应该（　　　）。

A. 拒绝办理，并向本单位负责人报告

B. 予以抵制，对经办人员进行严肃批评

C. 由会计人员重新填制或予以更正

D. 予以退回，要求更正、补充，或者重新填制

2. 下列不属于原始凭证审核内容的是（　　　）。

A. 真实性　　　　　　B. 合法性　　　　　　C. 完整性　　　　　　D. 合情性

二、多项选择题

1. 下列各项中，关于原始凭证审核的表述，正确的有（　　　）。

A. 对凭证中应借应贷科目以及对应关系是否有误进行正确性审核

B. 对原始凭证记录经济业务是否符合国家法律法规规定进行合法性审核

C. 对原始凭证各项基本要素是否齐全进行完整性审核

D. 对原始凭证日期、业务内容和数据是否真实进行真实性审核

2. 下列各项中，属于原始凭证审核内容的有（　　　）。

A. 基本要素是否齐全　　　　　　　　B. 金额是否正确

C. 公章和填制人员的签章是否齐全　　D. 业务内容是否真实

三、判断题

1. 对于不真实、不合法的原始凭证，会计人员有权不予接受。（　　　）

2. 原始凭证经会计机构、会计人员审核后，对于核对无误、完全符合要求的，应当及时据以编制记账凭证入账。（　　　）

任务4　填制和审核记账凭证

学习目标

1. 知识目标

（1）理解记账凭证的种类、内容。

（2）掌握记账凭证的填制方法和审核要求。

2. 能力目标

（1）能够根据经济业务判断要填制的记账凭证的类型。

（2）会正确填制记账凭证。

（3）能对记账凭证进行审核。

3. 素质目标

（1）培养学生耐心踏实、认真负责的工作作风。

（2）培养学生严谨细致、精益求精的工匠精神。

知识准备

记账凭证是会计人员根据审核无误的原始凭证加以归类整理，确定会计分录，并据以登记账簿的一种会计凭证。

由于经济业务发生时取得的原始凭证种类繁多，格式多样，而且原始凭证一般不能明确经济业务应记入的账户名称和借、贷的方向，因此不便于使用原始凭证直接登记会计账簿。因此，会计人员在登记账簿之前，先对审核无误的原始凭证，编制具有一定格式的记账凭证，来确定应借、应贷的账户名称和金额，然后据此登记入账。原始凭证作为记账凭证的证明和依据，应附于记账凭证之后，这样可以保证账簿记录的准确性，也便于对账、查账和凭证的管理，从而提高会计工作质量。

〔提示〕

记账凭证的作用

企业通过记账凭证的填制和审核，可以检查和监督经济业务是否合理合法，保护财产的安全与合理使用；同时，企业可以利用记账凭证所提供的有关资料，检查预算、计划的执行情况；通过记账凭证的编制和审核，加强经济管理责任，反映经济业务的完成情况，为登记账簿提供可靠的依据。

一、记账凭证的填制方法

记账凭证按照使用单位选择和适用的经济业务的不同可以分为专用记账凭证和通用记账凭证。

（一）专用记账凭证的填制方法

专用记账凭证是专门用于某一类经济业务的记账凭证。它包括收款凭证、付款凭证和转账凭证。在实际工作中，为了便于识别，避免差错，提高会计工作效率，各种专用记账凭证通常用不同颜色的纸张印刷。

1. 收款凭证

收款凭证是指专门用以记录现金和银行存款收入业务的记账凭证。它根据加盖"收讫"戳记的收款原始凭证编制，作为登记现金、银行存款日记账以及有关账簿的依据。收款凭证的左上方为借方科目，应填列"库存现金"或"银行存款"科目。凭证的贷方科目应填列与"库存现金"或"银行存款"相应的账户。金额栏填列经济业务实际发生的数额，在凭证的右侧填写所附原始凭证的张数，并在出纳及制单处签名或盖章。记账符号栏供记账员在根据收款凭证登记有关账簿以后做记号用，表示该项金额已经记入有关账户，避免重记或漏记（下同）。如表4－13所示。

表4－13 收款凭证

收款凭证

借方科目：银行存款　　　　　　　　202×年3月20日　　　　　　　　银收字第1号

摘　要	贷方科目		√	金　额									附件1张
	一级科目	明细科目		千	百	十	万	千	百	十	元	角	分	
收到光明厂前欠货款	应收账款	光明厂					1	2	5	0	0	0	0	
合　计	人民币：壹万贰仟伍佰元整					￥	1	2	5	0	0	0	0	

会计主管：　　　记账：　　　出纳：陈玉　　　　　复核：王冰　　　制证：张宁

2. 付款凭证

付款凭证是指专门用以记录现金和银行存款付款业务的记账凭证，它根据加盖"付讫"戳记的付款原始凭证编制，作为登记现金、银行存款日记账和其他有关账簿的依据。付款凭证的左上方为贷方科目，应填列"库存现金"或"银行存款"科目。凭证的借方科目，应填列与"库存现金"或"银行存款"相对应的科目。金额栏填列经济业务实际发生的数额，在凭证的右侧填写所附原始凭证的张数，并在出纳及制单处签名或盖章。如表4－14所示。

表4－14 付款凭证

付款凭证

贷方科目：银行存款　　　　　　　　202×年3月21日　　　　　　　　银付字第1号

摘　要	借方科目		√	金　额									附件1张
	一级科目	明细科目		千	百	十	万	千	百	十	元	角	分	
支付广告费	销售费用	广告费					2	0	0	0	0	0	0	
合　计	人民币：贰万元整					￥	2	0	0	0	0	0	0	

会计主管：　　　记账：　　　出纳：陈玉　　　　　复核：王冰　　　制证：张宁

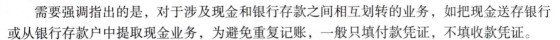

需要强调指出的是，对于涉及现金和银行存款之间相互划转的业务，如把现金送存银行或从银行存款户中提取现金业务，为避免重复记账，一般只填付款凭证，不填收款凭证。

3. 转账凭证

转账凭证是指用于登记不涉及现金和银行存款收付的其他经济业务的记账凭证。它与收付款凭证的区别是：不设主体科目栏，填制凭证时，将经济业务所涉及的会计科目全部填列在凭证内，借方科目在前，贷方科目在后，将各会计科目应借应贷的金额填列在借方金额或贷方金额栏内。借方、贷方金额合计数应该相等。制单人应在填制凭证后签名盖章，并在凭证的右侧填写所附原始凭证的张数。如表 4-15 所示。

表 4-15 转账凭证

转账凭证

202×年 3 月 21 日　　　　　　　　　　　　　　　　转字第 1 号

摘 要	总账科目	明细科目	√	借方金额										贷方金额								
				千	百	十	万	千	百	十	元	角	分	千	百	十	万	千	百	十	元	角	分
计提折旧	制造费用	折旧费						6	0	0	0	0	0										
	管理费用	折旧费						3	0	0	0	0	0										
	累计折旧																		9	0	0	0	0	0
合 计								¥	9	0	0	0	0	0					¥	9	0	0	0	0	0

附件 1 张

会计主管：　　　记账：　　　出纳：　　　　复核：王冰　　　制证：赵文

（二）通用记账凭证的填制方法

通用记账凭证是一种采用通用式格式记录全部经济业务的记账凭证。采用通用记账凭证的单位无论是款项的收付还是转账业务，都采用统一格式的记账凭证。这种凭证通常适用于规模不大，款项收付业务不多的企业。其格式与填制方法与转账凭证相同。如表 4-16 和表 4-17 所示。

表 4-16 记账凭证（1）

记账凭证

202×年 3 月 21 日　　　　　　　　　　　　　　　　记字第 1 号

摘 要	总账科目	明细科目	√	借方金额										贷方金额								
				千	百	十	万	千	百	十	元	角	分	千	百	十	万	千	百	十	元	角	分
计提折旧	制造费用	折旧费						6	0	0	0	0	0										
	管理费用	折旧费						3	0	0	0	0	0										
	累计折旧																		9	0	0	0	0	0
合 计								¥	9	0	0	0	0	0					¥	9	0	0	0	0	0

附件 1 张

会计主管：　　　记账：　　　出纳：　　　　复核：王冰　　　制证：赵文

表 4 – 17　记账凭证（2）

记账凭证

202×年 3 月 21 日　　　　　　　　　　　　记字第 2 号

摘　要	总账科目	明细科目	√	借方金额										贷方金额									
				千	百	十	万	千	百	十	元	角	分	千	百	十	万	千	百	十	元	角	分
支付广告费	销售费用	广告费					2	0	0	0	0	0	0										
		银行存款																2	0	0	0	0	0	0
合　　　计						¥ 2	0	0	0	0	0	0					¥ 2	0	0	0	0	0	0

附件 1 张

会计主管：　　　记账：　　　出纳：　　　　　复核：王冰　　　　制证：赵文

二、记账凭证的基本内容

由上述填制过程中可以总结出记账凭证必须具备以下几项共同的基本内容：

（1）记账凭证的名称；

（2）填制记账凭证的日期；

（3）记账凭证的编号；

（4）经济业务的内容摘要；

（5）经济业务所涉及的会计科目及其记账方向；

（6）经济业务的金额；

（7）所附原始凭证的张数；

（8）会计主管、记账、审核、出纳、制单等有关经办人员的签章。

三、记账凭证的填制要求

记账凭证是进行会计处理的直接依据，记账凭证的填制除应严格按原始凭证的填制要求填制外，还应遵守以下填制要求：

（一）填写内容完整

填制记账凭证的依据，必须是经审核无误的原始凭证或汇总原始凭证。

（二）记账凭证日期的填写要规范

记账凭证的日期一般为编制记账凭证当天的日期，但不同的会计事项，其编制日期也有区别，收付款业务的日期应填写货币资金收付的实际日期，它与原始凭证所记的日期不一定一致；转账凭证的填制日期为收到原始凭证的日期，但在摘要栏注明经济业务发生的实际日期。

（三）摘要填写要确切、简明

摘要应与原始凭证内容一致，能正确反映经济业务和主要内容，表达简短精练。对于收付款业务，要写明收付款对象的名称、款项内容，使用银行支票的还应填写支票号码；对于购买材料、商品业务，要写明供应单位名称和主要数量；对于经济往来业务，应写明对方单位、业务经手人、发生时间等内容。

（四）记账凭证的编号采取按月份编顺序号的方法

记账凭证的编号，采取按月份编顺序号的方法。采用通用记账凭证的，一个月编制一个顺序号，即"顺序编号法"。采用专用记账凭证的，可采用"字号编号法"，它可以按现金收付、银行存款收付、转账业务三类分别编制顺序号。具体地编为"收字第××号""付字第××号""转字第××号"，也可以按现金收入、现金支出、银行存款收入、银行存款支出和转账五类进行编号，具体为"现收字第××号""现付字第××号""银收字第××号""银付字第××号""转字第××号"。如果一笔经济业务需要填制两张或两张以上的记账凭证，记账凭证的编号可采用"分数编号法"，例如，转字第 50 号凭证需要填制 3 张记账凭证，就可以编成转字 $50\frac{1}{3}$、$50\frac{2}{3}$、$50\frac{3}{3}$ 号。

（五）记账凭证可汇总填写

记账凭证可以根据每一张原始凭证填制或者根据若干张同类原始凭证汇总填制，或根据原始凭证汇总表填制，但不得将不同内容和类别的原始凭证汇总填制在一张记账凭证上。

（六）记账凭证必须附有原始凭证

除结账和更正错误的记账凭证可以不附原始凭证外，其他记账凭证必须附有原始凭证。记账凭证上应注明所附原始凭证的张数，以便核查。所附原始凭证张数的计算，一般以原始凭证的自然张数为准。如果记账凭证中附有原始凭证汇总表，则应该把所附原始凭证和原始凭证汇总表的张数一起计入附件的张数之内。但报销差旅费的零散票券，可以粘贴在一张纸上，作为一张原始凭证。

如果一张原始凭证涉及几张记账凭证的，可将该原始凭证附在一张主要的记账凭证后面，在其他记账凭证上注明附在××字××号记账凭证上。如果原始凭证需另行保管时，则应在记账凭证上注明"附件另订"和原始凭证名称、编号，要相互关联。

（七）填制记账凭证时若发生错误，应当按要求更正或重新填制

如果在填制记账凭证时发生错误，应当重新填制。已经登记入账的记账凭证，在发现填写错误时，可用红字填写一张与原内容相同的记账凭证，同时再用蓝字重新填制一张正确的记账凭证。如果会计科目正确，只是金额错误，也可以将正确数额与错误数额间的差额，另编一张调整的记账凭证，调增数额用蓝字，调减用红字。

（八）对空行的处理要合规

记账凭证填制后，如果有空行，应当自金额栏最后一笔金额数字下的空行处至合计数上的空行处划斜线或"S"线注销，合计金额第一位前要填写货币符号。

另外需注意的是，如果在同一项经济业务中，既有现金或银行存款的收付业务，又有转账业务，应相应地填制收、付款凭证和转账凭证。如职工李明出差回来，报销差旅费 500 元，之前已预借 700 元，剩余款项交回现金。对于这项经济业务，应根据收款收据的记账联填制现金收款凭证，同时根据差旅费报销凭单填制转账凭证。

知 识 链 接

如何正确处理记账凭证的附件

过宽过长的附件，应进行纵向和横向的折叠。折叠后的附件外形尺寸，不应长于或宽于记账凭证，同时还要便于翻阅；附件本身不必保留的部分可以裁掉，但不得因此影响原始凭证内容的完整；过窄过短的附件，不能直接装订时，应进行必要的加工后再粘贴于特制的原始凭证粘贴纸上，然后装订粘贴纸。原始凭证粘贴纸的外形尺寸应与记账凭证相同，纸上可先印一个合适的方框，各种不能直接装订的原始凭证，如汽车票、地铁车票、市内公共汽车票、火车票、出租车票等，都应按类别整齐地粘贴于粘贴纸的方框之内，不得超出。粘贴时应横向进行，从右至左，并应粘在原始凭证的左边，逐张左移，后一张右边压住前一张的左边，每张附件只粘左边的 0.6~1 厘米长，粘牢即可。粘好以后要捏住记账凭证的左上角向下抖几下，看是否有未粘住或未粘牢的。最后要在粘贴单的空白处分别写出每一类原始凭证的张数、单价与总金额。

四、记账凭证的审核

为了正确登记账簿和监督经济业务，除了编制记账凭证的人员应当加强自审以外，同时还应建立专人审核制度。记账凭证的审核主要包括以下内容：

（1）记账凭证是否附有原始凭证，所附原始凭证的内容和张数是否与记账凭证相符。

（2）记账凭证所确定的应借、应贷会计科目（包括二级科目或明细科目）是否正确，对应关系是否清楚，金额是否正确。

（3）记账凭证中的有关项目是否填列齐全，有无错误，有关人员是否签名或者盖章。在审核记账凭证的过程中，发现已经入账的记账凭证填写错误时，应区别不同情况，采用规定的方法进行更正。

讲解视频 4-5　填制和
审核记账凭证

拓 展 阅 读

记账凭证填制口诀

根据原始凭证填，基本要素填写全；
单张汇总均可编，不同内容（类别）分开算；
凭证编号要连续，按照时间排顺序；
除了更错结账外，附件多少须数清；
原始凭证有承担，开具凭证分割单；
基本内容和签名，分担多少要分清。
正确使用改错法，不同情况法不同；
记账之前发现错，作废就当没发生；
当年错误红字冲，往年有错蓝字更；
如若只有金额错，再编一张来调整。
实行电算的单位，凭证签章不能省；

记账凭证有空行，划道斜线才完成。

编好凭证须审核，审核以下诸内容：

原始凭证是否有，内容填的是否清，

会计分录有无错，编号顺序是否明。

随堂讨论

手工填制记账凭证应该用什么笔？可以用铅笔和圆珠笔吗？为什么？

【会计论道与素养提升】

党的二十大报告指出："全党同志务必不忘初心、牢记使命，务必谦虚谨慎、艰苦奋斗，务必敢于斗争、善于斗争，坚定历史自信，增强历史主动，谱写新时代中国特色社会主义更加绚丽的华章。"

会计是一项细致、严谨的工作，会计人员应时刻保有谨慎和专业的态度。因此，同学们在以后从事会计工作中要爱岗敬业、严谨专业，做到以下几点：

（1）严格遵守会计行业相关的规章制度，遵守企业的财务管理制度和流程规范。

（2）注重职业道德和自身修养。做会计即是企业的账房先生，也是国家的账房先生，所以作为一名财务人，必须做到意志坚定，不贪婪，不要有邪念，还要注意对财务数据的保密。

（3）在日常的工作中，要在整理、收集、汇总基础数据的时候保证数据的完整性。

课后拓展

1. 你认为原始凭证和记账凭证有什么关系？
2. 请以思维导图的形式，总结本任务内容，并以小组为单位进行分享。

同步练习

一、单项选择题

1. 下列各项中，不属于记账凭证审核内容的有（　　　）。

A. 凭证是否符合有关的计划和预算

B. 会计科目使用是否正确

C. 凭证的金额与所附原始凭证的金额是否一致

D. 凭证的内容与所附原始凭证的内容是否一致

2. 出纳人员付出货币资金的依据是（　　　）。

A. 收款凭证　　　　　　B. 付款凭证　　　　　　C. 转账凭证　　　　　　D. 原始凭证

3. 下列凭证中不能作为编制记账凭证依据的是（　　）。

A. 收货单　　　　　　B. 发票　　　　　　C. 发货单　　　　　　D. 购销合同

4. 不涉及"库存现金"和"银行存款"收付业务，应编制的记账凭证是（　　）。

A. 收款凭证　　　　　　　　　　　　B. 付款凭证

C. 转账凭证　　　　　　　　　　　　D. 原始凭证

5. 用转账支票支付前欠货款，应填制（　　）。

A. 转账凭证　　　　　　　　　　　　B. 收款凭证

C. 付款凭证　　　　　　　　　　　　D. 原始凭证

二、多项选择题

1. 涉及现金与银行存款之间收付款业务时，可以编制的记账凭证有（　　）。

A. 现金收款凭证　　　　　　　　　　B. 现金付款凭证

C. 银行存款收款凭证　　　　　　　　D. 银行存款付款凭证

2. 下列各项中属于记账凭证审核内容的有（　　）。

A. 金额是否正确　　　　　　　　　　B. 项目是否齐全

C. 科目是否正确　　　　　　　　　　D. 书写是否正确

3. 某一张记账凭证的编制依据可以是（　　）。

A. 某一张原始凭证　　　　　　　　　B. 反映一类经济业务的多张原始凭证

C. 汇总原始凭证　　　　　　　　　　D. 有关账簿记录

4. 专用记账凭证主要包括（　　）。

A. 汇总收款凭证　　　　B. 收款凭证　　　　C. 转账凭证　　　　D. 付款凭证

三、判断题

1. 记账凭证填制日期应当与原始凭证填制日期相同。　　　　　　　　　　　　（　　）

2. 所有记账凭证都必须附有原始凭证并如实填写所附原始凭证的张数。　　　　（　　）

3. 企业将现金存入银行或从银行提取现金，可以只编制付款凭证，不用编制收款凭证。

（　　）

4. 记账凭证的审核和编制不能是同一会计人员。　　　　　　　　　　　　　　（　　）

项目小结

　　会计凭证，是指记录经济业务发生或者完成情况的书面证明，是登记账簿的依据，包括纸质会计凭证和电子会计凭证两种形式。会计凭证按照编制的程序和用途不同，可分为原始凭证和记账凭证。

　　原始凭证，是指在经济业务发生或完成时取得或者填制的，用以记录或证明经济业务发生与完成情况的书面证明文件。

　　原始凭证按照取得的来源不同，可分为外来原始凭证和自制原始凭证；按照填制手续和内容不同，可分为一次凭证、累计凭证和汇总原始凭证；按照格式不同，可分为通用凭证和专用凭证。

　　原始凭证填制的基本要求是记录真实，内容完整，手续完备，书写清楚、规范，编号连

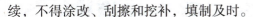

续，不得涂改、刮擦和挖补，填制及时。

原始凭证的审核主要包括真实性审核，合法性、合理性审核，完整性审核，正确性审核。

记账凭证是会计人员根据审核无误的原始凭证按照经济业务事项的内容加以归类，并据以确定会计分录后所填制的会计凭证，是登记账簿的直接依据。

记账凭证按照使用单位选择和适用的经济业务不同，分为通用记账凭证和专用记账凭证。

思维导图

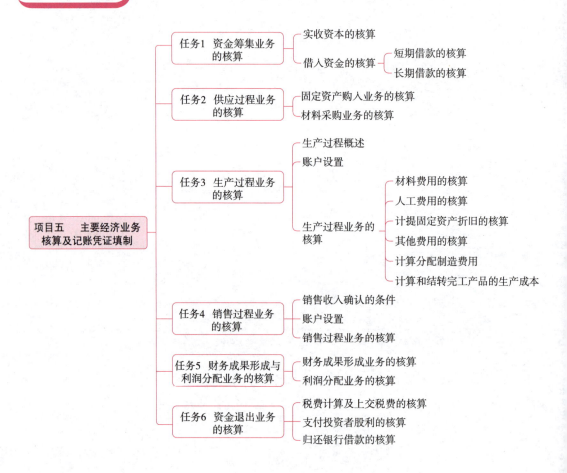

项目五　主要经济业务核算及记账凭证填制

- 任务1　资金筹集业务的核算
  - 实收资本的核算
  - 借入资金的核算
    - 短期借款的核算
    - 长期借款的核算
- 任务2　供应过程业务的核算
  - 固定资产购入业务的核算
  - 材料采购业务的核算
- 任务3　生产过程业务的核算
  - 生产过程概述
  - 账户设置
  - 生产过程业务的核算
    - 材料费用的核算
    - 人工费用的核算
    - 计提固定资产折旧的核算
    - 其他费用的核算
    - 计算分配制造费用
    - 计算和结转完工产品的生产成本
- 任务4　销售过程业务的核算
  - 销售收入确认的条件
  - 账户设置
  - 销售过程业务的核算
- 任务5　财务成果形成与利润分配业务的核算
  - 财务成果形成业务的核算
  - 利润分配业务的核算
- 任务6　资金退出业务的核算
  - 税费计算及上交税费的核算
  - 支付投资者股利的核算
  - 归还银行借款的核算

任务引入

　　宿舍里，正在复习会计知识的王峰对张阳说："张阳，会计是根据原始凭证来填制记账凭证的，可是原始凭证有很多类型，对应的经济业务也有很多种类，我总是不能熟练地写出会计分录，还经常弄混了，你有什么好方法吗？"张阳回答："我记得国庆节在厂里实习时，李会计跟我说过，虽然经济业务类型有很多，但我们可以把它们归类，比如最常见的'采购业务'和'销售业务'，每种业务都有自己的常见原始凭证和常用账户，这样分类之后，就能够比较熟练地填制记账凭证了。""这是一种好方法。但是企业的经济业务除了'采购业务'和'销售业务'外，应该还有其他类型吧？比如服装厂用布料等材料生产出最后的服装，还会有'生产业务'吧?"王峰补充道。"对，你看，我们接下来要学习的内容，就是主要经济业务核算及记账凭证填制，目录里有不同的业务类型，包括资金筹资业务、供应过程业务、生产过程业务、销售过程业务、财务成果形成与分配业务和资金退出业务，有这么多种类呢。下周我们一起听听老师是怎么讲的吧!"

任务1　资金筹集业务的核算

学 习 目 标

1. 知识目标

（1）了解企业资金筹集业务的不同渠道。

（2）掌握资金筹集业务中所设置的主要账户的结构。

2. 能力目标

（1）能根据资金筹集业务合理设置会计账户。

（2）能准确对企业的资金筹集业务进行会计核算。

3. 素质目标

（1）培养学生树立"人无信不立，业无信不兴"的诚信意识。

（2）培养学生树立合理消费、防范风险的风险意识。

知 识 准 备

资金筹集是企业生产经营活动的首要条件，是资金运动全过程的起点。从企业资金来源来看，不同的企业可以有不同的筹资渠道，但归纳起来主要包括两个部分：一是投资者投入的资本金，即实收资本（股份公司称为股本）；二是企业借入的资金，即企业的各种负债。

一、实收资本的核算

实收资本是指企业实际收到的投资者投入的资本金，它是企业所有者权益的基本组成部分，也是企业设立的基本条件之一。企业的资本金按照投资主体不同，可分为国家资本金、法人资本金、个人资本金和外商资本金；按照投入资本的物资形态不同，可分为货币投资、实物投资、证券投资和无形资产投资等。

投入资本应按实际确认的投资数额入账，即投资者以现金投入的资本，应当以实际收到或存入企业开户银行的金额作为实收资本入账；投资者以非现金投入的资本，应按投资各方确认的价值（双方作价不公允的除外）作为实收资本入账。投资者按照出资比例或合同、章程的规定，分享企业的利润和承担企业风险。投资者投入企业的资本金应当保全，除法律法规另有规定外，投资者不得抽回。企业在生产经营过程中所取得的收入、发生的支出，以及财产物资的盘盈盘亏等，也不得直接增减实收资本（或股本）。

（一）账户设置

企业应设置"实收资本"账户，用来核算企业投资者投入资本的增减变动及其结果。该账户属于所有者权益类账户，其贷方登记企业实际收到的投资者投入的资本金；借方登记依法定程序减少的资本金数额；期末余额在贷方，表示投入资本的实有数额。本账户应按投资者设置明细分类账户进行明细分类核算。企业收到投资者投入的资金，超过其在注册资本中所占份额的部分，作为资本溢价或股本溢价，在"资本公积"账户核算，不在本账户核算。

"实收资本"账户结构如图 5 - 1 所示。

借方	实收资本	贷方
投入资本的减少	收到投资者投入的资本	
	余额：期末投入资本的实有数额	

图 5 - 1 "实收资本"账户结构

（二）核算举例

现以盛昌公司 202×年 12 月发生的经济业务为例，说明资金筹集业务的核算。

【例 5 - 1】12 月 3 日，企业收到国家投入的货币资金 500 000 元，款项存入银行。

此项经济业务的发生，一方面使企业的银行存款增加了 500 000 元，另一方面使国家对企业的投资也增加 500 000 元。因此，该项经济业务涉及"银行存款"和"实收资本"两个账户。银行存款的增加是资产的增加，应记入"银行存款"账户的借方；国家对企业投资的增加是所有者权益的增加，应记入"实收资本"账户的贷方。编制会计分录如下：

借：银行存款   500 000

    贷：实收资本   500 000

注：此业务应编制银行收款凭证，如表 5 - 1 所示。

表 5 - 1 收款凭证

收款凭证

借方科目：银行存款   202×年 12 月 3 日   银收字第 1 号

摘　　要	贷方科目		√	金　　额									附
	一级科目	明细科目		千	百	十	万	千	百	十	元	角	分
收到国家投资	实收资本					5	0	0	0	0	0	0	0
合　　计	人民币：伍拾万元整				¥	5	0	0	0	0	0	0	0

会计主管：   记账：   出纳：陈玉   复核：王冰   制证：张宁

【例5-2】 12月5日，企业收到新华公司作为投资投入的不需安装的新机器一台，该设备所确认的价值为200 000元。

此项经济业务的发生，一方面使企业的固定资产增加了200 000元，另一方面使新华公司对企业的投资增加了200 000元。因此，该项经济业务涉及"固定资产"和"实收资本"两个账户。固定资产增加是资产的增加，应记入"固定资产"账户的借方；新华公司对企业投资的增加是所有者权益的增加，应记入"实收资本"账户的贷方。编制会计分录如下：

借：固定资产　　　　　　　　　　　　　　　　　　　　　200 000

贷：实收资本　　　　　　　　　　　　　　　　　　　　　　　　200 000

注：此业务应编制转账凭证，如表5-2所示。

表5-2　转账凭证

转账凭证

202×年12月5日　　　　　　　　　　　　　　转字第1号

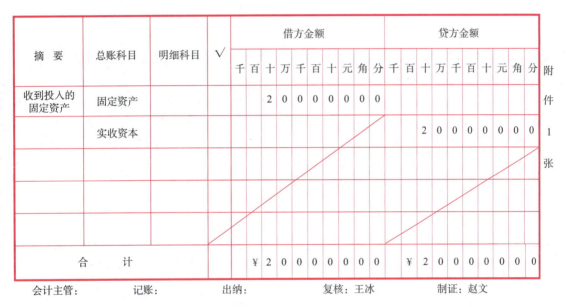

<table>
<tr><th rowspan="2">摘　要</th><th rowspan="2">总账科目</th><th rowspan="2">明细科目</th><th rowspan="2">√</th><th colspan="10">借方金额</th><th colspan="10">贷方金额</th><th rowspan="2">附件</th></tr>
<tr><th>千</th><th>百</th><th>十</th><th>万</th><th>千</th><th>百</th><th>十</th><th>元</th><th>角</th><th>分</th><th>千</th><th>百</th><th>十</th><th>万</th><th>千</th><th>百</th><th>十</th><th>元</th><th>角</th><th>分</th></tr>
<tr><td>收到投入的固定资产</td><td>固定资产</td><td></td><td></td><td></td><td>2</td><td>0</td><td>0</td><td>0</td><td>0</td><td>0</td><td>0</td><td>0</td><td></td><td></td><td></td><td></td><td></td><td></td><td></td><td></td><td></td><td></td><td>1</td></tr>
<tr><td></td><td>实收资本</td><td></td><td></td><td></td><td></td><td></td><td></td><td></td><td></td><td></td><td></td><td></td><td></td><td>2</td><td>0</td><td>0</td><td>0</td><td>0</td><td>0</td><td>0</td><td>0</td><td>0</td><td>张</td></tr>
<tr><td></td><td></td><td></td><td></td><td></td><td></td><td></td><td></td><td></td><td></td><td></td><td></td><td></td><td></td><td></td><td></td><td></td><td></td><td></td><td></td><td></td><td></td><td></td><td></td></tr>
<tr><td></td><td></td><td></td><td></td><td></td><td></td><td></td><td></td><td></td><td></td><td></td><td></td><td></td><td></td><td></td><td></td><td></td><td></td><td></td><td></td><td></td><td></td><td></td><td></td></tr>
<tr><td></td><td></td><td></td><td></td><td></td><td></td><td></td><td></td><td></td><td></td><td></td><td></td><td></td><td></td><td></td><td></td><td></td><td></td><td></td><td></td><td></td><td></td><td></td><td></td></tr>
<tr><td>合　　计</td><td></td><td></td><td></td><td>¥</td><td>2</td><td>0</td><td>0</td><td>0</td><td>0</td><td>0</td><td>0</td><td>0</td><td>¥</td><td>2</td><td>0</td><td>0</td><td>0</td><td>0</td><td>0</td><td>0</td><td>0</td><td>0</td><td></td></tr>
</table>

会计主管：　　　记账：　　　出纳：　　　复核：王冰　　　制证：赵文

【提示】

《公司法》第27条规定：股东可以用货币出资，也可以用实物、知识产权、土地使用权等可以用货币估价并可以依法转让的非货币财产作价出资；但是，法律、行政法规规定不得作为出资的财产除外。对作为出资的非货币财产应当评估作价，核实财产，不得高估或者低估作价。法律、行政法规对评估作价有规定的，从其规定。

二、借入资金的核算

企业在生产经营过程中，为了补充生产周转资金的不足，经常需要向银行或其他金融机构等债权人借入资金。企业借入的资金按偿还期限的长短分为短期借款和长期借款。偿还期在一年以内的各种借款称为短期借款；偿还期限在一年以上的各种借款称为长期借款。企业借入的各种款项应按期支付利息和归还本金。

（一）短期借款的核算

1. 账户设置

企业应设置"短期借款"账户，用来核算企业向银行或其他金融机构借入的期限在一年以内的各种借款的取得和归还情况。该账户属于负债类账户，贷方登记企业取得的各项短期借款；借方登记归还的各项短期借款；期末余额在贷方，表示期末尚未归还的短期借款。该账户应按债权人设置明细账，并按借款种类进行明细分类核算。

"短期借款"账户结构如图 5 - 2 所示。

借方	短期借款	贷方
归还的短期借款	取得的短期借款	
	余额：期末尚未归还的短期借款	

图 5 - 2 "短期借款"账户结构

2. 核算举例

【例 5 - 3】12 月 1 日，企业向银行取得借款 100 000 元，期限为 6 个月，年利率为 6%，利息每季结算一次，所得借款存入银行。

此项经济业务的发生，一方面使银行存款增加 100 000 元，另一方面使企业的短期借款增加 100 000 元。因此，该项业务涉及"银行存款"和"短期借款"两个账户。银行存款的增加是资产的增加，应记入"银行存款"账户的借方；短期借款的增加是负债的增加，应记入"短期借款"账户的贷方。编制会计分录如下：

借：银行存款 100 000
　　贷：短期借款 100 000

注：此业务应编制银行收款凭证。

企业取得的短期借款所应支付的利息，一般采用按季结算的办法。借款利息支出较大的企业一般采用按月计提的方式计入各月费用，于结息日一次性支付；利息支出较小的企业，则于结息日按实付利息一次性计入当月费用。企业发生的短期借款利息支出应直接计入当期财务费用，单独在"财务费用"账户中核算；对于按月计提利息费用的企业，已计提尚未支付的利息，记入"应付利息"账户的贷方。有关借款利息的计算和账务处理，将在本章后面财务费用核算中具体说明。

（二）长期借款的核算

1. 账户设置

企业应设置"长期借款"账户，用来核算企业向银行或其他金融机构借入的期限在一年以上的各种借款的取得和本息偿还情况。该账户属于负债类账户，贷方登记取得的各种长期借款和应付未付的长期借款利息；借方登记偿还的长期借款本金和利息；期末余额在贷方，表示期末尚未偿还的长期借款的本金和利息。该账户应按债权人设置明细账，并按借款种类进行明细分类核算。

"长期借款"账户结构如图 5 - 3 所示。

讲解视频 5 - 1　投入资本的核算

借方	长期借款	贷方
偿还的长期借款本金和利息	（1）取得的各种长期借款 （2）应付未付的长期借款利息	
	余额：期末尚未偿还的长期借款的本金和利息	

图 5-3　"长期借款"账户结构

2. 核算举例

【例 5-4】12 月 10 日，企业从银行借入期限为 2 年、年利率为 7.2% 的长期借款 800 000 元，所得借款存入银行。

此项经济业务的发生，一方面使银行存款增加 800 000 元，另一方面使企业的长期借款增加 800 000 元。因此，该项业务涉及"银行存款"和"长期借款"两个账户。银行存款的增加是资产的增加，应记入"银行存款"账户的借方；长期借款的增加是负债的增加，应记入"长期借款"账户的贷方。编制会计分录如下：

借：银行存款　　　　　　　　　　　　　　　　　　　　800 000
　贷：长期借款　　　　　　　　　　　　　　　　　　　　　　800 000

注：此业务应编制银行收款凭证。

上述资金筹集业务的总分类核算如图 5-4 所示。

图 5-4　资金筹集业务的总分类核算

 随堂讨论

通过以上内容的学习，请思考两种不同的资金筹集方式有哪些不同？

讲解视频 5-2　借入资本的核算

【会计论道与素养提升】

严禁校园贷成为学生个人资金筹集的方式

随着互联网金融的快速发展，很多高校学生采用"校园贷"解决个人消费问题。

因"校园贷"引发的案件时有发生。大学生目前还处于消费期，偿债能力有限，一旦贷款逾期，将会给家人带来经济负担，因此，作为新时代的大学生，要树立良好的消费观和正确的价值观，不攀比、不过度消费，远离不良网贷行为。

课后拓展

1. 如何理解两种筹资渠道的联系与区别？
2. 请以思维导图的形式，总结本任务内容，并以小组为单位进行分享。

同步练习

一、单项选择题

1. "实收资本"或"股本"账户，属于企业的（　　）账户。

A. 资产类　　　　　　　B. 负债类　　　　　　C. 所有者权益类　　　D. 损益类

2. 投资者实际出资额超过其认缴的资本数额部分，应记入（　　）账户。

A. "实收资本"　　　　B. "资本公积"　　　　C. "盈余公积"　　　　D. "营业外收入"

3. 企业向银行借入两年期借款，应记入（　　）账户的贷方。

A. "短期借款"　　　　B. "银行存款"　　　　C. "长期借款"　　　　D. "应付账款"

4. 企业向银行借入期限为6个月的借款，应记入（　　）账户的贷方。

A. "短期借款"　　　　B. "银行存款"　　　　C. "长期借款"　　　　D. "应付账款"

二、多项选择题

1. 企业的资本金按投资主体不同，可以分为（　　）。

A. 国家资本金　　　　B. 法人资本金　　　　C. 个人资本金　　　　D. 外商资本金

2. 实收资本账户核算的内容有（　　）。

A. 投资者以非现金资产投入的资本　　　　B. 投资者投入的外币

C. 投资者以现金投入的资本　　　　　　　D. 企业对外投资

三、判断题

1. 企业收到投资者投入的资本，超过其占注册资本份额的部分，也应确认为企业的实收资本或股本。　　　　　　　　　　　　　　　　　　　　　　　　　　　（　　）

2. 短期借款的利息支出和长期借款的利息支出的性质是一样的，都是在筹集资金过程中发生的费用，因此，该项支出均应计入企业的财务费用。　　　　　　　　　（　　）

四、实训题

1. 目的：练习资金筹集业务的核算及记账凭证的填制。

2. 资料：兴海公司202×年12月有关资金筹集业务如下：

（1）1日，收到丰华公司投入的货币资金500 000元，存入银行。

（2）1日，向银行取得为期6个月的借款200 000元，款项已转存银行。

（3）5日，向银行取得为期2年的借款300 000元，款项已转存银行。

（4）15日，新兴公司以机器设备一台作为对兴海公司的投资，双方协商作价 500 000 元。

（5）21日，建华公司以一项专利向兴海公司投资，该专利的公允价值为 150 000 元。

3. 要求：根据上述资料编制会计分录，并填制相应种类的记账凭证。

任务 2　供应过程业务的核算

学习目标

1. 知识目标

（1）了解供应过程业务的内容。

（2）掌握固定资产、应交税费、在途物资、原材料、应付账款等账户的含义。

（3）掌握固定资产购入业务的账务处理。

（4）掌握材料采购业务的账务处理。

（5）掌握预借和报销差旅费业务的账务处理。

2. 能力目标

（1）能识别企业购入固定资产业务时的原始单据，并熟练填制固定资产购入业务的记账凭证。

（2）能根据原始单据正确判断材料采购业务核算中使用的会计科目，并熟练填制材料采购业务的记账凭证。

（3）能熟练填制预借和报销差旅费业务的记账凭证。

3. 素质目标

（1）培养学生树立量入为出的正确消费观。

（2）培养学生初步具备依法纳税、诚信算税的法治意识。

知识准备

企业通过一定的渠道筹集到所需资金后，应立即开展生产经营活动，着手进行产品的生产。制造企业要进行正常的产品生产，就必须购置一定数量的固定资产，购买和储备一定品种与数量的原材料等存货。因此，固定资产购入业务和材料采购业务，就构成了供应过程核算的主要经济业务。

一、固定资产购入业务的核算

固定资产，是指同时具有下列两个特征的有形资产：

（1）为生产商品、提供劳务、出租或经营管理而持有的。

（2）使用寿命超过一个会计年度。

固定资产同时满足下列条件的，才能予以确认：

（1）该固定资产包含的经济利益很可能流入企业。

（2）该固定资产的成本能够可靠计量。

固定资产应当按照成本计量。比如，外购固定资产的成本，包括购买价款、相关税费、使固定资产达到预定可使用状态前所发生的可归属于该项资产的运输费、装卸费、安装费和专业人员服务费等。

（一）账户设置

1. "固定资产"账户

企业应设置"固定资产"账户，用来核算企业持有的按原价反映的固定资产的增减变动和结存情况。该账户属于资产类账户，借方登记企业增加的固定资产原价，贷方登记企业减少的固定资产原价，期末余额在借方，表示企业期末结存固定资产的原价。本账户应按固定资产类别和项目进行明细核算。

"固定资产"账户结构如图 5-5 所示。

借方	固定资产	贷方
增加的固定资产原价	减少的固定资产原价	
余额：期末结存固定资产的原价		

图 5-5 "固定资产"账户结构

2. "应交税费"账户

"应交税费"账户，是用来核算企业应交和实交税费增减变化情况的账户。该账户为负债类账户，贷方登记应交纳的各种税费，借方登记实际交纳的各种税费，期末余额一般在贷方，表示企业尚未交纳的各种税费；期末余额如在借方，表示企业多交或尚未抵扣的税费。本账户按应交税费项目进行明细核算。其中，"应交税费——应交增值税"账户是用来反映和监督企业应交和实交增值税情况的账户。增值税是以商品（含应税劳务）在流转过程中产生的增值额作为计税依据而征收的一种流转税。增值税的计算采用抵扣的方式，即：

$$应纳增值税额 = 当期销项税额 - 当期进项税额$$

企业购买材料时向供应单位支付的增值税称为进项税额，记入该账户的借方；企业在销售商品时向购买单位收取的增值税称为销项税额，记入该账户的贷方；期末余额如果在贷方，表示企业应交而未交的增值税；期末余额如在借方，则表示企业本期尚未抵扣的增值税。月份终了，企业应将"应交增值税"明细账户的余额转入"未交增值税"明细科目。

"应交税费"账户结构如图 5-6 所示。

借方	应交税费	贷方
实际缴纳的各种税费	应缴纳的各种税费	
余额：多缴纳的税费	余额：尚未缴纳的税费	

图 5-6 "应交税费"账户结构

（二）核算举例

仍以盛昌公司 202×年 12 月发生的经济业务为例，说明供应过程业务的核算。

【例 5-5】12 月 6 日，企业购入不需要安装的机器一台，增值税专用发票注明，价款 20 000 元，税额 2 600 元，全部款项已用银行存款支付。

此项经济业务的发生，一方面使企业的固定资产增加了 20 000 元，应交税费中的应交增值税（进项税额）增加了 2 600 元；另一方面使企业的银行存款减少了 22 600 元。因此，该项业务涉及"固定资产""应交税费"和"银行存款"三个账户。固定资产的增加是资产的增加，应记入"固定资产"账户的借方；增值税进项税额的增加是负债的减少，应记"应交税费——应交增值税"账户的借方；银行存款的减少是资产的减少，应记入"银行存款"账户的贷方。编制会计分录如下：

```
借：固定资产                              20 000
    应交税费——应交增值税（进项税额）        2 600
  贷：银行存款                                    22 600
```

讲解视频 5 - 3　固定资产购置业务的核算

注：此业务应编制银行付款凭证，如表 5 - 3 所示。

表 5 - 3　付款凭证

付款凭证

贷方科目：银行存款　　　　　　　　202×年 12 月 6 日　　　　　　　　银付字第 1 号

摘　要	借方科目		√	金　额									
	一级科目	明细科目		千	百	十	万	千	百	十	元	角	分
购买固定资产	固定资产					2	0	0	0	0	0	0
	应交税费	应交增值税（进项税额）						2	6	0	0	0	0
合　计	人民币：贰万贰仟陆佰元整					￥	2	2	6	0	0	0	0

附件 2 张

会计主管：　　　记账：　　　出纳：陈玉　　　　复核：王冰　　　　制证：张宁

二、材料采购业务的核算

在材料采购过程中，一方面是企业从供应单位购进各种材料物资，另一方面是企业要支付材料的买价、税金和各种采购费用，包括运输费、装卸费和入库前的整理挑选费用等，并与供应单位发生货款结算关系。企业购进的材料，经验收入库后即为可供生产领用的库存材料。材料的买价、运杂费、入库前的挑选整理费用、运输途中的合理损耗和其他应计入材料采购成本的税金等，就构成了材料的采购成本。

（一）账户设置

为了加强对材料采购业务的管理，反映和监督库存材料的增减变动和结存情况，以及因采购材料而与供应单位发生的债务结算关系，核算中应设置以下账户：

1. "在途物资"账户

"在途物资"账户，是用来反映外购在途材料的买价和采购费用，计算确定在途材料实际采购成本的账户。该账户为资产类账户，其借方登记应记入购入材料采购成本的买价和采购费用，贷方登记验收入库而转入"原材料"账户的材料实际采购成本。该账户若有余额，为借方余额，表示在途材料的实际成本。本账户可按照供应单位和材料品种设置明细账，进行明细分类核算。

"在途物资"账户结构如图 5-7 所示。

借方	在途物资	贷方
购入材料采购成本的买价和采购费用	验收入库的材料实际采购成本	
余额：在途材料的实际成本		

图 5-7 "在途物资"账户结构

2. "原材料"账户

"原材料"账户，是用来核算库存材料的收入、发出和结存情况的账户。该账户为资产类账户，其借方登记已验收入库材料的实际成本，贷方登记发出材料的实际成本，期末余额在借方，表示结存材料的实际成本。为了具体反映每一种材料的增减变动和结存情况，应分别材料的品种规格等，设置"原材料"明细分类账户，进行明细分类核算。材料的明细分类核算，既要提供价值指标，又要提供详细的实物数量。

"原材料"账户结构如图 5-8 所示。

借方	原材料	贷方
入库材料的实际成本	发出材料的实际成本	
余额：结存材料的实际成本		

图 5-8 "原材料"账户结构

3. "应付账款"账户

"应付账款"账户，是用来核算企业因采购材料等而应付供应单位款项的增减变动情况的账户。该账户为负债类账户，其贷方登记应付供应单位的款项，借方登记已偿付供应单位的款项，余额一般在贷方，表示期末应付未付的款项；如为借方余额，表示企业预付的款项。该账户应按供应单位设置明细账，进行明细分类核算。

"应付账款"账户结构如图 5-9 所示。

借方	应付账款	贷方
偿付供应单位的款项	应付供应单位的款项	
	余额：期末应付未付的款项	

图 5-9 "应付账款"账户结构

4. "预付账款"账户

"预付账款"账户，是用来核算企业按照合同规定预付货款增减变动情况和结果的账户。该账户为资产类账户，其借方登记向供应单位预付的货款和补付的款项，贷方登记收到供货单位提供的材料及有关发票账单而冲销的预付账款，期末余额一般在借方，表示已付款而尚未结算的预付款。该账户应按供货单位设置明细账，进行明细分类核算。

"预付账款"账户结构如图 5-10 所示。

借方	预付账款	贷方
向供应单位预付的货款和补付的款项	冲销预付供应单位的款项	
余额：已付款而尚未结算的预付账款		

图 5 – 10　"预付账款"账户结构

（二）核算举例

【例 5 – 6】12 月 2 日，企业从明远公司购入甲、乙两种材料，增值税专用发票上注明甲材料 30 吨，单价 5 000 元，共计 150 000 元，增值税进项税额 19 500 元；乙材料 15 吨，单价 2 000 元，共计 30 000 元，增值税进项税额 3 900 元。上述款项共计 203 400 元，企业以转账支票支付，材料尚未到达企业。

此项经济业务的发生，一方面使材料采购成本增加 180 000 元（150 000 + 30 000），增值税进项税额增加 23 400 元（19 500 + 3 900）；另一方面使银行存款减少 203 400 元。因此，这项经济业务涉及"在途物资""应交税费"和"银行存款"三个账户。材料采购成本的增加是资产的增加，应记入"在途物资"账户的借方；增值税进项税额的增加是负债的减少，应记入"应交税费"账户的借方；银行存款的减少是资产的减少，应记入"银行存款"账户的贷方。编制会计分录如下：

借：在途物资——甲材料　　　　　　　　　　　　　150 000
　　　　　　——乙材料　　　　　　　　　　　　　　30 000
　　应交税费——应交增值税（进项税额）　　　　　　23 400
　　贷：银行存款　　　　　　　　　　　　　　　　　　　　　203 400

注：此业务应编制银行付款凭证。

随堂讨论

该项业务的原始单据有哪些？

【例 5 – 7】12 月 3 日，企业用银行存款支付上述采购甲、乙两种材料的运费，收到运输单位开具的增值税专用发票上注明：运费 3 600 元，税额 324 元，运费按甲、乙材料重量比例分配。

购入材料发生的采购费用，凡能分清是为采购某种材料所发生的，可以直接计入该材料的采购成本；不能分清有关对象的，如同批购入两种或两种以上材料共同发生的采购费用，应按适当标准在该批各种材料之间进行分配，以便正确确定各种材料的采购成本。材料采购费用的分配标准一般有重量、体积、材料的买价等，在实际工作中应视具体情况选择采用。

$$某项采购费用的分配率 = \frac{某项待分配的采购费用总额}{各种材料的分配标准之和}$$

材料采购费用分配率的计算公式为：

某种材料应负担的采购费用 = 该种材料的分配标准 × 某项采购费用的分配率

$$材料运杂费分配率 = \frac{3\,600}{30 + 15} = 80\;（元/吨）$$

本例运杂费按甲、乙两种材料重量比例分配，具体计算如下：

甲材料应分配的运杂费 = 30 × 80 = 2 400（元）

乙材料应分配的运杂费 = 15 × 80 = 1 200（元）

此项经济业务的发生，一方面使甲材料的材料采购成本增加了 2 400 元，乙材料的采购成本增加 1 200 元；增值税进项税额增加了 324 元；另一方面使银行存款减少 3 924 元。应分别记入"在途物资"账户的借方、"应交税费"账户的借方和"银行存款"账户的贷方。编制会计分录如下：

借：在途物资——甲材料　　　　　　　　　　　　　　　　　　　　　2 400
　　　　　　　——乙材料　　　　　　　　　　　　　　　　　　　　　1 200
　　应交税费——应交增值税（进项税额）　　　　　　　　　　　　　　324
　　贷：银行存款　　　　　　　　　　　　　　　　　　　　　　　　　　　3 924

注：此业务应编制银行付款凭证。

【例 5 - 8】12 月 5 日，企业从永新公司购入乙材料 30 吨，单价 2 000 元，共计 60 000元；增值税进项税额 7 800 元，运杂费 2 400 元（普通发票）。材料已运达企业并验收入库，款项尚未支付。

此项经济业务的发生，一方面使库存材料成本增加 62 400 元（60 000 + 2 400），增值税进项税额增加 7 800 元；另一方面使应付账款增加 70 200 元。因此，这项经济业务涉及"原材料""应交税费"和"应付账款"三个账户。材料成本的增加是资产的增加，应记入"原材料"账户的借方；增值税进项税额的增加是负债的减少，应记入"应交税费"账户的借方；应付账款的增加是负债的增加，应记入"应付账款"账户的贷方。编制会计分录如下：

借：原材料——乙材料　　　　　　　　　　　　　　　　　　　　　　62 400
　　应交税费——应交增值税（进项税额）　　　　　　　　　　　　　　7 800
　　贷：应付账款——永新公司　　　　　　　　　　　　　　　　　　　　70 200

注：此业务应编制转账凭证。

【例 5 - 9】12 月 6 日，企业按合同规定，以银行存款 15 000 元向光明公司预付丙材料货款。

此项经济业务的发生，一方面使预付账款增加 15 000 元；另一方面使银行存款减少15 000 元。因此，该项业务涉及"预付账款"和"银行存款"两个账户。预付账款增加是企业资产的增加，应记入"预付账款"账户的借方，银行存款减少是企业资产的减少，应记入"银行存款"账户的贷方。编制会计分录如下：

借：预付账款——光明公司　　　　　　　　　　　　　　　　　　　　15 000
　　贷：银行存款　　　　　　　　　　　　　　　　　　　　　　　　　　15 000

注：此业务应编制银行付款凭证。

【例 5 - 10】12 月 10 日，企业以银行存款 70 200 元支付前欠永新公司的货款。

此项经济业务的发生，一方面使应付账款减少 70 200 元，另一方面使银行存款减少70 200 元。该业务涉及"应付账款"和"银行存款"两个账户。应付账款的减少是负债的减少，应记入"应付账款"账户的借方，银行存款减少是资产的减少，应记入"银行存款"账户的贷方。编制会计分录如下：

借：应付账款——永新公司　　　　　　　　　　　　　　　　　　　　70 200
　　贷：银行存款　　　　　　　　　　　　　　　　　　　　　　　　　　70 200

注：此业务应编制银行付款凭证。

【例 5 - 11】12 月 15 日，企业从明远公司购入的甲、乙两种材料，到达企业，如数验收入库，结转其实际采购成本。

此项经济业务的发生，一方面使库存材料成本增加 183 600 元（152 400 + 31 200）；另一方面使在途物资减少 183 600 元。因此，这项经济业务涉及"原材料"和"在途物资"两个账户。原材料成本的增加是资产的增加，应记入"原材料"账户的借方；在途物资的减少是资产的减少，应记入"在途物资"账户的贷方。编制会计分录如下：

借：原材料——甲材料　　　　　　　　　　　　　　　152 400
　　　　　——乙材料　　　　　　　　　　　　　　　 31 200
　　贷：在途物资——甲材料　　　　　　　　　　　　　　　152 400
　　　　　　　　　——乙材料　　　　　　　　　　　　　　　 31 200

注：此业务应编制转账凭证。

随 堂 讨 论

该项业务的原始单据有哪些？

【例 5 – 12】 12 月 15 日，企业收到光明公司发来的已预付货款的丙材料，增值税专用发票上注明：数量 5 吨，单价 3 000 元，共计 15 000 元，税额 1 950 元；光明公司代垫运费并转来承运单位开具的增值税专用发票上注明：运费 1 000 元，税额 90 元，冲销原预付货款后，不足部分暂欠。材料已验收入库。

此项经济业务的发生，一方面使库存材料成本增加 16 000 元（15 000 + 1 000），增值税进项税额增加 2 040 元；另一方面使预付账款减少 18 040 元。因此，该业务涉及"原材料""应交税费"和"预付账款"三个账户。库存材料成本的增加应记入"原材料"账户的借方，增值税进项税额的增加是负债的减少，应记入"应交税费"账户的借方，预付账款的减少是资产的减少，应记入"预付账款"账户的贷方。编制会计分录如下：

借：原材料——丙材料　　　　　　　　　　　　　　　16 000
　　应交税费——应交增值税（进项税额）　　　　　　　 2 040
　　贷：预付账款——光明公司　　　　　　　　　　　　　　 18 040

注：此业务应编制转账凭证。

【例 5 – 13】 12 月 16 日，企业以银行存款 3 040 元补付所欠光明公司的货款。

此项经济业务的发生，一方面使预付账款增加 3 040 元；另一方面使银行存款减少 3 040 元。该业务涉及"预付账款"和"银行存款"两个账户。预付账款的增加是资产的增加，应记入"预付账款"账户的借方，银行存款减少是资产的减少，应记入"银行存款"账户的贷方。编制会计分录如下：

借：预付账款——光明公司　　　　　　　　　　　　　　 3 040
　　贷：银行存款　　　　　　　　　　　　　　　　　　　　 3 040

注：此业务应编制银行付款凭证。

【例 5 – 14】 12 月 21 日，企业以银行存款 22 600 元支付前欠利丰公司的购货款。

此项经济业务的发生，一方面使应付账款减少 22 600 元；另一方面使银行存款减少 22 600 元。该业务涉及"应付账款"和"银行存款"两个账户。应付账款的减少是负债的减少，应记入"应付账款"账户的借方，银行存款减少是资产的减少，应记入"银行存款"

账户的贷方。编制会计分录如下：

借：应付账款——利丰公司 22 600
　　贷：银行存款 22 600

注：此业务应编制银行付款凭证。

【例 5 – 15】12 月 6 日，采购员李明经批准，预借差旅费 3 000 元，付给现金。

此项经济业务的发生，一方面使其他应收款增加 3 000 元；另一方面使库存现金减少 3 000 元。该业务涉及"其他应收款"和"库存现金"两个账户。其他应收款的增加是资产的增加，应记入"其他应收款"账户的借方，库存现金减少是资产的减少，应记入"库存现金"账户的贷方。编制会计分录如下：

借：其他应收款——李明 3 000
　　贷：库存现金 3 000

注：此业务应编制现金付款凭证。

【例 5 – 16】12 月 16 日，采购员李明出差回来报销差旅费 3 200 元，其中可抵扣进项税额 60 元，以现金补付差额 200 元。

此项经济业务的发生，一方面使企业管理费用增加 3 140 元，增值税进项税额增加 60 元；另一方面使其他应收款减少 3 000 元、库存现金减少 200 元。该业务涉及"管理费用""应交税费""其他应收款"和"库存现金"四个账户。管理费用的增加是费用的增加，应记入"管理费用"账户的借方，增值税进项税额的增加是负债的减少，应记入"应交税费"账户的借方；其他应收款、库存现金的减少是资产的减少，应分别记入"其他应收款"和"库存现金"账户的贷方。编制会计分录如下：

（1）借：管理费用 2 940
　　　　　应交税费——应交增值税（进项税额） 60
　　　　　　贷：其他应收款——李明 3 000
（2）借：管理费用 200
　　　　　贷：库存现金 200

注：此业务应分开编制转账凭证和现金付款凭证。

拓展资料

增值税一般纳税人购进国内旅客运输服务，可以作为进项税额抵扣的凭证包括增值税专用发票、增值税电子普通发票、注明旅客身份信息的航空运输电子客票行程单、铁路车票以及公路、水路等其他客票。那么纳税人取得这些进项税额抵扣的凭证后，该如何计算抵扣呢？

纳税人如果取得了增值税专用发票，直接按照票面上注明的税额抵扣即可。如果没有取得增值税专用发票，则需要计算抵扣。

《财政部 税务总局 海关总署关于深化增值税改革有关政策的公告》（财政部 税务总局 海关总署公告 2019 年第 39 号）规定，自 2019 年 4 月 1 日起，纳税人购进国内旅客运输服务，未取得增值税专用发票的，暂按照以下规定确定进项税额：

（1）取得增值税电子普通发票的，发票上注明的税额；

（2）取得注明旅客身份信息的航空运输电子客票行程单的，按照下列公式计算进项税额：

$$航空旅客运输进项税额 = (票价 + 燃油附加费) \div (1 + 9\%) \times 9\%$$

（3）取得注明旅客身份信息的铁路车票的，按照下列公式计算进项税额：

$$铁路旅客运输进项税额 = 票面金额 \div (1 + 9\%) \times 9\%$$

（4）取得注明旅客身份信息的公路、水路等其他客票的，按照下列公式计算进项税额：

$$公路、水路等其他旅客运输进项税额 = 票面金额 \div (1 + 3\%) \times 3\%$$

【例5－17】12月22日，采购员王海出差回来报销差旅费2 500元，其中可抵扣进项额为50元，退回现金500元（原借款3 000元）。

此项经济业务的发生，一方面使企业管理费用增加2 450元、增值税进项税额增加50元，库存现金增加500元；另一方面使其他应收款减少3 000元。该业务涉及"管理费用""应交税费""库存现金"和"其他应收款"四个账户。管理费用的增加是费用的增加，应记入"管理费用"账户的借方，增值税进项税额的增加是负债的减少，应记入"应交税费"账户的借方；库存现金的增加是资产的增加，应记入"库存现金"账户的借方；其他应收款的减少是资产的减少，应记入"其他应收款"账户的贷方。编制会计分录如下：

（1）借：管理费用　　　　　　　　　　　　　　　　　　　　2 540

　　　　应交税费——应交增值税（进项税额）　　　　　　　　50

　　　　贷：其他应收款——王海　　　　　　　　　　　　　　　　2 500

（2）借：库存现金　　　　　　　　　　　　　　　　　　　　　500

　　　　贷：其他应收款——王海　　　　　　　　　　　　　　　　　500

注：此业务应分开编制转账凭证和现金收款凭证。

上述供应过程业务的总分类核算如图5－11所示。

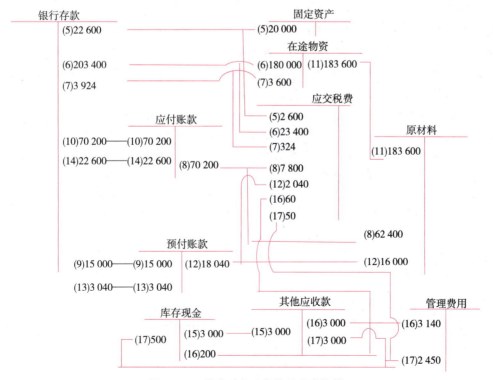

图5－11　供应过程业务的总分类核算

根据材料采购过程【例5-6】~【例5-13】经济业务的入库单和有关结算支付凭证，计算本月已验收入库的材料采购成本，如表5-4所示。

表5-4　材料采购成本计算表　　　　　　　　　　　　　　　　　　元

项目	甲材料		乙材料		丙材料	
	总成本（30吨）	单位成本	总成本（45吨）	单位成本	总成本（5吨）	单位成本
买价	150 000	5 000	90 000	2 000	15 000	3 000
采购费用	2 400	80	3 600	80	1 000	200
采购成本	152 400	5 080	93 600	2 080	16 000	3 200

讲解视频5-4　供应过程
业务的核算

【会计论道与素养提升】

　　量入为出与量出为入，即以收定支与以支定收，是两种不同的理财观，也是财政与财务预算管理需要认真考虑的问题。在我国，古代就有关于量入为出与量出为入思想的论述。西周末年，《礼记·王制》提出："用地小大，视年之丰耗。以三十年之通制国用，量入以为出。"唐代宰相杨炎主张："凡百役之费，一钱之敛，先度其数而赋于人，量出以制入。"这开了量出为入思想的先河。清朝末年，黄遵宪提出："权一岁入，量入为出；权一岁出，量出为入，多取非盈，寡取非绌，上下流通，无壅无积，是在筹国计。"这就把量入为出与量出为入结合了起来。

　　无论量入为出还是量出为入，都有合理的一面，也都有局限性。量入为出，强调勤俭节约、收支平衡，意味着有多少收入就安排多少支出，但不能据此引申出能取得多少收入就安排多少支出，甚至为了多安排支出而杀鸡取卵、竭泽而渔。同理，量出为入，强调以支出的需要决定收入的多少，更多地强调支出计划的重要性。但不能据此片面地认为支出决定收入，为好大喜功、脱离实际找借口。

课后拓展

1. 不同的付款方式对企业有什么影响？
2. 请以思维导图的形式，总结本任务内容，并以小组为单位进行分享。

同步练习

一、单项选择题

1. 一般纳税人购进材料过程中发生的增值税应记入（　　　）。

A. "在途物资"账户的借方

B. "应交税费——应交增值税"账户的贷方

C. "原材料"账户的借方

D. "应交税费——应交增值税"账户的借方

2. 下列各项中，不能计入材料采购成本的是（　　　）。

A. 材料采购途中的运杂费

B. 采购材料时所支付的可以抵扣的增值税

C. 运输途中的合理损耗

D. 入库前的挑选费用

3. "在途物资"账户的期末借方余额表示（　　　）的实际成本。

A. 库存材料　　　　　B. 在途材料　　　　　C. 发出材料　　　　　D. 收入材料

4. 采购员出差预借差旅费时，应借记（　　　）账户。

A. "在途物资"　　　　　　　　　　　B. "其他应收款"

C. "其他应付款"　　　　　　　　　　D. "管理费用"

二、多项选择题

1. 下列属于材料采购费用的是（　　　）。

A. 买价　　　　　　　　　　　　　　B. 运输途中的合理损耗

C. 采购时发生的运杂费　　　　　　　D. 采购人员差旅费

2. 供应过程核算设置的主要账户有（　　　）。

A. 原材料　　　　　B. 在途物资　　　　　C. 应收账款　　　　　D. 应交税费

三、判断题

1. 企业外购存货的采购成本，包括买价、运杂费、增值税等相关税费。（　　　）

2. 增值税一般纳税人当期应纳的增值税额，应等于当期的销项税额减当期的进项税额。

（　　　）

四、实训题

1. 目的：练习供应过程业务的核算及记账凭证的填制。

2. 资料：兴海公司202×年12月有关供应过程业务如下：

（1）2日，购入不需安装的设备一台，收到的增值税专用发票上注明：价款60 000元，税额7 800元，款项已用银行存款支付，设备直接交付生产车间使用。

（2）2日，购入A、B两种材料，价款150 000元，增值税专用发票上注明的税款为19 500元。货款已付，材料未到。明细资料如表5－5所示。

表 5 – 5　明细资料

品种	重量/千克	买价/元
A 材料	3 000	60 000
B 材料	3 000	90 000

（3）3 日，以银行存款支付上项购入 A、B 材料的运费，收到的增值税专用发票上注明：运费 6 000 元，税额 540 元，按材料的重量比例分配该项采购费用。

（4）5 日，购入的 A、B 材料已到，并验收入库，结转材料的实际采购成本。

（5）10 日，采购员王红经批准预借差旅费 5 000 元，付给现金。

（6）12 日，以银行存款向海天公司预付购买 A 材料的货款 50 000 元。

（7）15 日，收到海天公司发来的已预付货款的 A 材料，增值税专用发票上注明：数量 4 000 千克，单价 20 元，价款 80 000 元，税款 10 400 元，材料已验收入库，预付款不足部分，尚未支付。

（8）18 日，收到欣欣公司发来的 B 材料，增值税专用发票上注明：数量 2 000 千克，单价 30 元，价款 60 000 元，税款 7 800 元；欣欣公司代垫运费并转来承运单位开具的增值税专用发票上注明：运费 2 000 元，税额 180 元。材料已验收入库，款项尚未支付。

（9）22 日，以银行存款 40 400 元补付海天公司的货款。

（10）25 日，王红出差回来报销差旅费 4 600 元，其中，可抵扣增值税进项税额 120 元，退回现金 400 元。

3. 要求：

（1）编制材料采购成本计算表，如表 5 – 6 所示。

表 5 – 6　材料采购成本计算表

年　月　日　　　　　　　　　　　　　　　　　　　　　　　　　　元

品种	分配标准	分配率	采购费用分配额	买价	总成本	单位成本
A 材料						
B 材料						
合计						

（2）编制上述经济业务的会计分录，并填制相应种类的记账凭证。

任务3　生产过程业务的核算

学习目标

1. 知识目标

（1）了解生产过程业务的主要内容。

（2）理解生产过程业务设置的主要账户。

（3）掌握生产过程业务材料费用、人工费用的账务处理。

（4）掌握生产过程制造费用归集与分配业务的账务处理。

（5）掌握产品成本的计算与账务处理。

2. 能力目标

（1）能根据生产过程业务的流程开展会计核算。

（2）能熟练填制生产过程各项业务的记账凭证。

3. 素质目标

（1）培养学生树立"质量是企业第一生命线"的职业素养。

（2）培养学生精益求精、严谨细致的工匠精神，准确核算企业各项成本费用。

一、生产过程概述

（一）生产费用和产品成本的概念

企业生产过程的核算，就是生产费用的归集、产品成本计算的过程。所谓费用，是指企业在日常活动中发生的、会导致所有者权益减少的、与向所有者分配利润无关的经济利益的总流出。也就是企业在一定时期内，生产经营过程中所耗费或支出的人力、物力和财力的货币表现，具体包括生产费用和期间费用。

企业在一定时期内为生产产品而发生的各项耗费的货币表现，称为生产费用。主要包括各种材料费用、人工费用、动力费用、固定资产折旧费用以及其他各种费用。生产费用按其计入生产成本的方式不同，可分为直接费用和间接费用。直接费用是指与产品生产有直接关系的费用，包括直接材料、直接人工费用等。间接费用是指企业生产单位如生产车间为组织和管理生产而发生的共同费用，也称制造费用，包括间接材料、间接人工和其他间接费用。企业所发生的直接费用可按受益对象即生产的产品直接计入各产品成本中，而间接费用则要通过归集汇总后，再分配到各种产品成本中，最后各种产品所归集的直接材料、直接人工和制造费用构成该产品成本。

产品制造企业为生产一定种类和一定数量的产品所发生的生产费用的总和，称为产品成本。生产费用和产品成本是既有区别又有联系的两个概念。生产费用是企业在一定时期内生产过程中发生的各种耗费；产品成本则是生产费用的对象化。前者强调的是期间，即一定时期内发生的各种耗费；后者强调的是对象，即生产一定种类和一定数量产品的生产费用总和，它可能是几个会计期间发生的生产费用，按成本计算的对象进行归集的结果。

成本计算，是将生产过程中为生产产品而发生的各项费用，按照产品的品种（即成本计算对象）进行分配和归集，计算出各种产品的总成本和单位成本。

（二）产品成本项目

生产费用按其经济用途的分类，称为产品成本项目。制造企业的产品成本项目可分为直接材料、直接人工、制造费用。

直接材料是指企业在产品生产过程中，直接用于产品生产、构成产品实体的材料，包括原料、主要材料以及有助于产品形成的辅助材料等。

直接人工是指直接从事产品生产的工人工资、福利费等薪酬。

制造费用是指企业各个生产单位（分厂、车间）为组织和管理生产所发生的各项费用，包括生产单位管理人员工资、福利费、生产单位房屋建筑物与机器设备等计提的折旧费、机物料消耗、低值易耗品摊销、水电费、办公费、差旅费、劳动保护费等。

（三）期间费用

期间费用是指企业行政管理部门为组织和管理生产而发生的各种费用，包括销售费用、管理费用和财务费用。期间费用不计入产品成本，直接计入当期损益。

销售费用是指企业在销售商品和提供劳务过程中发生的应由本企业负担的各项费用，包括应由企业负担的运输费、装卸费、包装费、保险费、展览费、广告费，以及专设的销售机构人员的工资和其他经费等。

管理费用是指公司（企业）为组织和管理公司（企业）生产经营所发生的费用，包括公司（企业）的行政管理部门在经营管理中发生的、应由公司（企业）统一负担的公司经费（包括行政管理部门职工薪酬、修理费、物料消耗、低值易耗品摊销、办公费和差旅费等）、工会经费、待业保险费、劳动保险费、董事会费（包括董事会成员津贴、会议费和差旅费等）、聘请中介机构费、咨询费、诉讼费、业务招待费、房产税、车船税、土地使用税、印花税、技术转让费、开办费、矿产资源补偿费、无形资产和长期待摊费用摊销、职工教育经费、研究开发费等。

财务费用是指企业在筹资等财务活动中发生的费用，包括企业经营期间发生的利息净支出、汇兑净损失、银行手续费等，以及因筹资而发生的其他费用等。

（四）费用核算的一般程序

制造业费用核算的一般程序主要有两项内容：

（1）归集、分配一定时期内企业生产过程中发生的各项费用，如材料费用、工资费用、折旧费用等。

（2）按一定种类的产品汇总各项费用，最终计算出各种产品的制造成本。

费用核算的一般程序如图 5 - 12 所示。

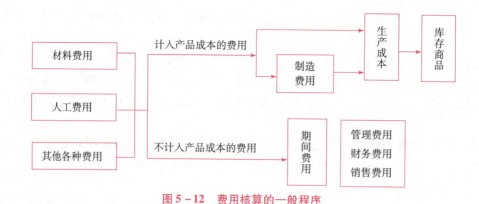

图 5 - 12　费用核算的一般程序

随 堂 讨 论

你如何理解生产成本与期间费用的区别？

（五）产品生产成本计算的一般程序

一般来说，产品生产成本的计算和生产费用的核算是同时进行的，产品生产成本的计算过程，也就是生产费用的归集和分配的过程，这一过程，按以下基本程序进行：

1. 确定成本计算对象

成本计算对象是指生产费用的承担者，即归集和分配生产费用的对象。产品成本计算对象，包括产品的品种、产品的批别和产品的生产步骤等，企业应根据自身的生产特点和管理要求，选择合适的产品成本计算对象。

2. 确定成本项目

成本项目是指生产费用按经济用途划分的项目。通过成本项目，可以反映成本的经济构成以及产品生产过程中不同的资产耗费情况。

3. 确定成本计算期

成本计算期是指成本计算的起止日期。成本计算期可以与会计报告期相同，也可以与产品生产周期相同。

4. 归集和分配各种生产费用

生产费用的归集和分配就是将应计入产品成本的各种费用在各有关产品之间，按照成本项目进行归集和分配。对直接费用直接计入成本计算对象，对间接费用先在"制造费用"账户归集，期末按一定的标准和方法进行分配。

5. 计算完工产品和月末在产品的成本

对既有完工产品又有月末在产品的产品，应将计入各该产品的生产费用，在其完工产品和月末在产品之间采用适当的方法进行分配，求得完工产品和月末在产品成本。

二、账户设置

为了核算和监督产品生产过程中发生的各项费用的归集和分配，以及正确地计算产品的生产成本，应设置以下账户：

1. "生产成本"账户

"生产成本"账户，是用来归集和反映产品生产过程中所发生的一切费用，计算确定产品生产成本的账户。该账户为成本类账户，账户的借方登记产品生产过程中所发生的各项生产费用，包括直接计入产品成本的直接费用（直接材料与直接人工），以及期末分配转入产品生产成本的制造费用；贷方登记生产完工入库产品的生产成本。期末如有余额，为借方余额，表示期末在产品的实际成本。该账户应按产品成本计算对象（如产品的品种、批别等）设置明细分类账户，进行明细分类核算。

"生产成本"账户结构如图 5-13 所示。

借方	生产成本	贷方
生产产品所发生的各项生产费用	完工入库产品的生产成本	
余额：期末在产品的实际成本		

图 5-13　"生产成本"账户结构

2. "制造费用"账户

"制造费用"账户，是用来归集与分配企业生产车间范围内为组织生产和管理生产而发生的各项间接费用。该账户为成本类账户，账户的借方登记实际发生的各项制造费用，贷方登记分配转入生产成本的制造费用，月末该账户一般无余额。该账户应按生产车间设置明细账，进行明细分类核算。

"制造费用"账户结构如图 5-14 所示。

借方	制造费用	贷方
实际发生的各项制造费用	分配转入生产成本的制造费用	

图 5-14　"制造费用"账户结构

3. "应付职工薪酬"账户

"应付职工薪酬"账户，是用来核算和监督企业应付职工薪酬的提取、结算、使用等情况的账户。该账户为负债类账户，账户的贷方登记实际发生的应分配的职工薪酬（应付数），借方登记实际支付的职工薪酬，账户贷方余额，反映应付未付的职工薪酬。该账户可按"工资""职工福利""社会保险费""住房公积金""工会经费""职工教育经费""非货币性福利""辞退福利""股份支付"等进行明细核算。

"应付职工薪酬"账户结构如图 5-15 所示。

借方	应付职工薪酬	贷方
实际支付的职工薪酬	实际发生的应分配的职工薪酬	
	余额：应付未付的职工薪酬	

图 5-15　"应付职工薪酬"账户结构

4. "累计折旧"账户

"累计折旧"账户，是用来核算和监督企业对固定资产计提的累计折旧，是"固定资产"账户的抵减账户。该账户为资产类账户，其贷方登记固定资产折旧的增加数（即固定资产价值的减少数），借方登记已计提固定资产折旧的减少数或转销数，期末贷方余额，表示企业固定资产已计提累计折旧额。

"累计折旧"账户结构如图 5-16 所示。

借方	累计折旧	贷方
已计提固定资产折旧的减少数或转销数	固定资产折旧的增加数	
	余额：固定资产已计提累计折旧额	

图 5-16　"累计折旧"账户结构

5. "库存商品"账户

"库存商品"账户，是用来核算和监督库存商品实际成本增减变动及结存情况的账户。该账户为资产类账户，其借方登记已经完工验收入库产品的实际生产成本，贷方登记发出或销售产品的实际成本，期末借方余额，表示库存商品的实际成本。该账户可按产品的品种、种类和规格进行明细分类核算。

"库存商品"账户结构如图5－17所示。

借方	库存商品	贷方
生产完工验收入库产品的实际成本	发出或销售产品的实际成本	
余额：库存商品的实际成本		

图5－17　"库存商品"账户结构

6. "管理费用"账户

"管理费用"账户，是用来核算和监督企业行政管理部门为组织和管理生产经营活动发生的各种费用。该账户属于损益类账户，其借方登记本期发生的各项管理费用；贷方登记期末转入"本年利润"账户的管理费用；期末结转后本账户应无余额。为详细反映本期管理费用的发生和期末结转情况，本账户应按费用项目设置明细账，进行明细分类核算。

"管理费用"账户结构如图5－18所示。

借方	管理费用	贷方
本期发生的各项管理费用	期末转入"本年利润"账户的管理费用	

图5－18　"管理费用"账户结构

7. "财务费用"账户

"财务费用"账户，是用来核算和监督企业为筹集生产经营所需资金而发生的费用。该账户属于损益类账户，其借方登记本期发生的各项财务费用；贷方登记期末转入"本年利润"账户的财务费用；期末结转后本账户无余额。

"财务费用"账户结构如图5－19所示。

借方	财务费用	贷方
本期发生的各项财务费用	期末转入"本年利润"账户的财务费用	

图5－19　"财务费用"账户结构

三、生产过程业务的核算

仍以盛昌公司202×年12月发生的经济业务为例，说明生产过程业务的核算和产品成本的计算。

（一）材料费用的核算

企业在生产经营过程中，必然要消耗材料。生产部门和管理部门需要材料时，需填制领料单等领料凭证，向仓库办理领料手续。月末，将领料凭证按材料的具体用途和种类汇总编制材料耗用汇总表，该表是会计部门核算材料费用的依据。

【例5－18】12月30日，企业根据当月的领料凭证，编制当月材料耗用汇总表，如表5－7所示，分配材料费用。

表 5 - 7　材料耗用汇总表

202×年 12 月

用途	甲材料			乙材料			丙材料			金额合计/元
	数量/吨	单价/元	金额/元	数量/吨	单价/元	金额/元	数量/吨	单价/元	金额/元	
生产产品耗用										
其中：A 产品	15	5 080	76 200	20	2 080	41 600	0.5	3 200	1 600	119 400
B 产品	10	5 080	50 800	25	2 080	52 000				102 800
车间一般耗用							1	3 200	3 200	3 200
行政管理部门耗用							0.5	3 200	1 600	1 600
合计	25	5 080	127 000	45	2 080	93 600	2	3 200	6 400	227 000

此项经济业务的发生，一方面使企业库存材料减少了 227 000 元，另一方面使生产成本和相关费用增加了 227 000 元：其中，直接用于产品生产的，分别计入 A、B 产品的生产成本，车间一般耗用的，应计入制造费用，行政管理部门耗用的，计入管理费用。因此，该项经济业务涉及"生产成本""制造费用""管理费用"和"原材料"四个账户。生产成本、制造费用和管理费用的增加，均应记入相应账户的借方，库存材料的减少，应记入"原材料"账户的贷方。编制会计分录如下：

借：生产成本——A 产品（直接材料）　　　　　　119 400
　　　　　　——B 产品（直接材料）　　　　　　102 800
　　制造费用（材料费）　　　　　　　　　　　　3 200
　　管理费用（材料费）　　　　　　　　　　　　1 600
　　贷：原材料——甲材料　　　　　　　　　　　　　　127 000
　　　　　　　——乙材料　　　　　　　　　　　　　　93 600
　　　　　　　——丙材料　　　　　　　　　　　　　　6 400

注：此业务应编制转账凭证。

（二）人工费用的核算

人工费用是指企业根据有关规定支付给职工的各种薪酬，包括工资、奖金、津贴、职工福利费、社会保险费等。其中，工资是企业根据一定的原则和方法，按照劳动的数量和劳动质量支付给企业职工的劳动报酬；职工福利费是企业为职工提供的各种福利。企业发生的人工费用，应区分人员的性质分别计入有关成本费用账户。具体来说，直接从事产品生产的人员，其薪酬应作为直接费用，计入产品的生产成本；车间管理人员的薪酬，应作为间接费用，先通过"制造费用"账户归集；企业管理人员、销售人员的薪酬，作为期间费用，分别计入管理费用和销售费用。

【例 5 - 19】12 月 10 日，企业开出现金支票，从银行提取现金 99 000 元，备发工资。

此项经济业务的发生，一方面使企业的库存现金增加了 99 000 元，应记入"库存现金"账户的借方；另一方面使银行存款减少了 99 000 元，应记入"银行存款"账户的贷方。编制会计分录如下：

借：库存现金　　　　　　　　　　　　　　　　　　　　　　　99 000
　贷：银行存款　　　　　　　　　　　　　　　　　　　　　　　99 000

注：此业务应编制银行付款凭证。

【例5－20】12月10日，企业以库存现金99 000元支付职工工资。

此项经济业务的发生，一方面使库存现金减少99 000元，应记入"库存现金"账户的贷方；另一方面支付职工工资99 000元，意味着企业欠职工的债务减少，应记入"应付职工薪酬"账户的借方。编制会计分录如下：

借：应付职工薪酬　　　　　　　　　　　　　　　　　　　　　99 000
　贷：库存现金　　　　　　　　　　　　　　　　　　　　　　　99 000

注：此业务应编制现金付款凭证。

【例5－21】12月31日，企业根据12月工资汇总表，如表5－8所示，结算并分配本月应付职工工资。

表5－8　工资汇总表（简表）

202×年12月　　　　　　　　　　　　　　　　　　　　　　元

项目	应付职工工资
生产工人工资	
其中：A产品	40 000
B产品	30 000
车间管理人员	8 000
行政管理人员	21 000
合　计	99 000

此项经济业务的发生，一方面使企业的应付职工工资增加了99 000元；另一方面使企业的生产费用和期间费用共增加了99 000元，其中，生产工人工资70 000元，应计入产品生产成本，车间管理人员工资8 000元，应计入制造费用，企业管理人员工资21 000元，应计入管理费用。因此，该业务涉及"生产成本""制造费用""管理费用"和"应付职工薪酬"四个账户。生产工人的工资作为直接费用，应记入"生产成本"账户的借方；车间管理人员的工资作为间接生产费用，应记入"制造费用"账户的借方；行政管理人员的工资作为期间费用，应记入"管理费用"账户的借方；应付工资的增加是企业负债的增加，应记入"应付职工薪酬"账户的贷方。编制会计分录如下：

借：生产成本——A产品（直接人工）　　　　　　　　　　　　40 000
　　　　　　　——B产品（直接人工）　　　　　　　　　　　　30 000
　　制造费用（人工费）　　　　　　　　　　　　　　　　　　 8 000
　　管理费用（人工费）　　　　　　　　　　　　　　　　　　21 000
　贷：应付职工薪酬——工资　　　　　　　　　　　　　　　　　99 000

注：此业务应编制转账凭证。

【提示】

企业的行政管理部门主要包括办公室、行政部、人力资源部、财务部、审计部、采购部、仓储部等。

（三）计提固定资产折旧的核算

固定资产在使用过程中因磨损而减少的价值，称为固定资产折旧。这部分价值应当在固定资产有效使用年限内进行分摊，形成折旧费用，计入各期成本或期间费用。

【例 5-22】12 月 31 日，企业计提本月固定资产折旧 16 230 元，其中生产车间用固定资产折旧费 9 780 元，行政管理部门用固定资产折旧费 6 450 元。

此项经济业务的发生，一方面使企业的折旧费用增加了 16 230 元，其中车间固定资产折旧费应记入"制造费用"账户的借方，行政管理部门固定资产折旧费应记入"管理费用"账户的借方；另一方面使企业固定资产的折旧额增加了 16 230 元，即固定资产发生了价值损耗，应记入"累计折旧"账户的贷方。编制会计分录如下：

借：制造费用（折旧费）   9 780
    管理费用（折旧费）   6 450
  贷：累计折旧   16 230

注：此业务应编制转账凭证。

（四）其他费用的核算

企业在产品生产过程中，除了发生材料费、人工费、固定资产折旧费之外，还会发生其他费用，如办公费、水电费、利息费用等。

【例 5-23】12 月 20 日，企业购买办公用品一批，取得的增值税专用发票上列明价款 7 900 元，增值税 1 027 元，款项以银行存款付讫；购买的办公用品当即交付车间和管理部门，其中车间领用办公用品费 1 500 元，行政管理部门领用办公用品费 6 400 元。

此项经济业务的发生，一方面使银行存款减少了 8 927 元，应记入"银行存款"账户的贷方；另一方面使企业办公费用增加了 7 900 元，其中，车间办公费属于间接费用，应记入"制造费用"账户的借方，行政管理部门的办公费属于期间费用，应记入"管理费用"账户的借方，增值税记入"应交税费——应交增值税"账户的借方。编制会计分录如下：

借：制造费用（办公费）   1 500
    管理费用（办公费）   6 400
    应交税费——应交增值税（进项税额）   1 027
  贷：银行存款   8 927

注：此业务应编制银行付款凭证。

【例 5-24】12 月 31 日，企业收到供水公司开来的增值税专用发票，发票上注明本月水费 3 600 元，税额 324 元；款项以银行存款支付；根据耗用量进行分配，生产车间应负担水费 2 520 元，行政管理部门应负担水费 1 080 元。

此项经济业务的发生，一方面使银行存款减少了 3 924 元，应记入"银行存款"账户的贷方；另一方面使企业成本费用增加了 3 600 元，其中车间水费属于间接费用，应记入"制造费用"账户的借方，行政管理部门的水费属于期间费用，应记入"管理费用"账户的借方。增值税进项税额应记入"应交税费——应交增值税"账户的借方。编制会计分录如下：

借：制造费用（水电费）   2 520
    管理费用（水电费）   1 080

应交税费——应交增值税（进项税额）	324
贷：银行存款	3 924

注：此业务应编制银行付款凭证。

【例5-25】12月31日，企业收到供电公司开来的增值税专用发票，发票上注明本月电费5 000元，税额650元；款项以银行存款支付；根据耗用量进行分配，生产车间应负担电费3 000元，行政管理部门应负担电费2 000元。

此项经济业务的发生，一方面使银行存款减少了5 650元，应记入"银行存款"账户的贷方；另一方面使企业成本费用增加了5 000元，其中车间电费属于间接费用，应记入"制造费用"账户的借方，行政管理部门的电费属于期间费用，应记入"管理费用"账户的借方。增值税进项税额应记入"应交税费——应交增值税"账户的借方。编制会计分录如下：

借：制造费用（水电费）	3 000
管理费用（水电费）	2 000
应交税费——应交增值税（进项税额）	650
贷：银行存款	5 650

注：此业务应编制银行付款凭证。

【例5-26】12月31日，企业计提本月短期借款应负担的银行借款利息500元。

短期借款月利息=借款本金×借款年利率÷12=100 000×6%÷12=500（元）

此项经济业务的发生，一方面使企业的财务费用增加500元；另一方面使企业应付利息增加500元。财务费用增加是费用的增加，应记入"财务费用"账户的借方；应付利息增加是负债的增加，应记入"应付利息"账户的贷方。编制会计分录如下：

借：财务费用	500
贷：应付利息	500

注：此业务应编制转账凭证。

（五）计算分配制造费用

由于制造费用是构成产品成本的间接费用，月末，应将本月发生的制造费用进行归集并按照一定的分配标准分配计入各产品成本中（转入"生产成本"账户）。常用的分配标准有生产工人工资、生产工人工时、机器工时等，各企业应根据自身的情况来选择。制造费用具体的分配方法为：

讲解视频5-5 料、工、费的核算

$$制造费用的分配率 = \frac{待分配的制造费用总额}{制造费用的分配标准之和}$$

某种产品应负担的制造费用=该种产品制造费用的分配标准×制造费用分配率

【例5-27】12月31日，企业按照本月A、B产品生产工人工资比例分配结转本月发生的制造费用。

根据"制造费用"明细分类账户，借方归集的12月发生的制造费用总额为28 000元。制造费用的分配计算过程如下：

$$制造费用的分配率 = \frac{待分配的制造费用总额}{制造费用的分配标准之和} = \frac{28\ 000}{40\ 000 + 30\ 000} = 0.4$$

A产品应负担的制造费用=40 000×0.4=16 000（元）

B产品应负担的制造费用=30 000×0.4=12 000（元）

或：

$$B\ 产品应负担的制造费用 =28\ 000-16\ 000=12\ 000（元）$$

制造费用的分配可通过编制制造费用分配表来进行，如表 5-9 所示。

表 5-9　制造费用分配表

202×年12月　　　　　　　　　　　　　　　　　　　元

产品名称	分配标准（生产工人工资）	制造费用	
		分配率	分配金额
A 产品	40 000		16 000
B 产品	30 000		12 000
合　计	70 000	0.4	28 000

将 A、B 产品应负担的制造费用计算确定后，应将制造费用全部转入产品生产成本。因此，此项经济业务的发生，一方面使产品间接生产费用增加，应记入"生产成本"账户的借方；另一方面使制造费用减少，应记入"制造费用"账户的贷方。编制会计分录如下：

借：生产成本——A 产品（制造费用）　　　　　　　　　　16 000
　　　　　　——B 产品（制造费用）　　　　　　　　　　12 000
　贷：制造费用　　　　　　　　　　　　　　　　　　　　　　　28 000

注：此业务应编制转账凭证。

【提示】

制造费用的分配标准选择恰当与否，会直接影响到产品成本计算的准确性，企业应根据自己的生产流程特点，合理选择制造费用的分配标准。常见的分配标准除了生产工人工资外，还可以选择机器工时、人工工时等。

（六）计算和结转完工产品的生产成本

企业的生产费用经过归集和分配后，各项生产费用均归集到"生产成本"账户及其所属各产品成本明细账的借方，最后就可以将归集到某种产品的各项费用（包括期初在产品成本和本期发生的费用）在本月完工产品和月末在产品之间进行分配，计算完工产品成本和月末在产品成本。其平衡公式如下：

月初在产品成本 + 本月生产费用 = 完工产品成本 + 月末在产品成本

在月末没有在产品的情况下，生产成本明细账内归集的费用总额就是完工产品的总成本。总成本除以本月该种产品产量，就是单位成本。结转完工产品成本时，借记"库存商品"账户，贷记"生产成本"账户。

【例 5-28】12月31日，企业本月投产的 A 产品 1 000 件、B 产品 1 000 件全部完工，并已验收入库，计算并结转其完工产品的生产成本。（假定 A 产品、B 产品月初均无在产品）

根据前述有关会计分录，分别登记到 A、B 两种产品的生产成本明细账，如表 5-10 和表 5-11 所示。

表 5 – 10　生产成本明细账

产品名称：A 产品　　　　　　　　　　　　　　　　　　　　　　　　　　元

202×年		凭证号数	摘要	借方（成本项目）			
月	日			直接材料	直接人工	制造费用	合计
12	（略）	（略）	领用材料	119 400			119 400
			生产工人工资		40 000		40 000
			分配制造费用			16 000	16 000
12			合　计	119 400	40 000	16 000	175 400
12			结转完工产品成本	119 400	40 000	16 000	175 400

表 5 – 11　生产成本明细账

产品名称：B 产品　　　　　　　　　　　　　　　　　　　　　　　　　　元

202×年		凭证号数	摘要	借方（成本项目）			
月	日			直接材料	直接人工	制造费用	合计
12	（略）	（略）	领用材料	102 800			102 800
			生产工人工资		30 000		30 000
			分配制造费用			12 000	12 000
12			合　计	102 800	30 000	12 000	144 800
12			结转完工产品成本	102 800	30 000	12 000	144 800

根据 A、B 产品生产成本明细账，编制完工产品成本计算单，如表 5 – 12 所示。

表 5 – 12　完工产品成本计算单　　　　　　　　　　　　　　　　　　元

成本项目	A 产品（1 000 件）		B 产品（1 000 件）	
	总成本	单位成本	总成本	单位成本
直接材料	119 400	119.4	102 800	102.8
直接人工	40 000	40	30 000	30
制造费用	16 000	16	12 000	12
产品生产成本	175 400	175.4	144 800	144.8

A、B 产品完工，验收入库，一方面使库存商品增加，应记入"库存商品"账户的借方；另一方面使生产成本减少，应记入"生产成本"账户的贷方。编制会计分录如下：

借：库存商品——A 产品　　　　　　　　　　　　　　　　175 400
　　　　　　——B 产品　　　　　　　　　　　　　　　　144 800
　　贷：生产成本——A 产品　　　　　　　　　　　　　　　　175 400
　　　　　　　　——B 产品　　　　　　　　　　　　　　　　144 800

注：此业务应编制转账凭证。

上述生产过程业务的总分类核算如图 5 – 20 所示。

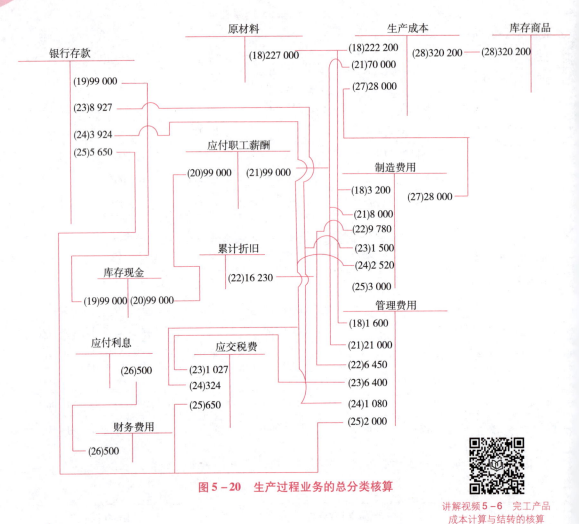

图 5-20　生产过程业务的总分类核算

讲解视频 5-6　完工产品
成本计算与结转的核算

【会计论道与素养提升】

党的二十大报告中提出："坚持把发展经济的着力点放在实体经济上，推进新型工业化，加快建设制造强国、质量强国等。""构建优质高效的服务业新体系，推动现代服务业同先进制造业、现代农业深度融合。"这明确指出了我国经济发展的方向，是要建设制造强国，会计这一现代服务业应发挥重大作用，与本任务内容相关联，就是要为企业加强成本核算与管理服务。

课后拓展

1. 什么是直接费用？什么是间接费用？它们如何核算？
2. 请以思维导图的形式，总结本任务内容，并以小组为单位进行分享。

同步练习

一、单项选择题

1. 生产车间发生的间接费用，应记入（　　）账户。

A. "管理费用"　　　　　　　　　　　　B. "制造费用"

C. "生产成本"　　　　　　　　　　　　D. "销售费用"

2. "累计折旧"账户，属于（　　）账户。

A. 资产类　　　　　B. 负债类　　　　　C. 成本类　　　　　D. 损益类

3. "制造费用"账户月末分配结转后，该账户（　　）。

A. 无余额　　　　　　　　　　　　　　B. 余额在借方

C. 余额在贷方　　　　　　　　　　　　D. 余额方向不固定

4. 企业生产的产品完工，应将其成本转入（　　）账户。

A. "生产成本"　　　　　　　　　　　　B. "库存商品"

C. "主营业务成本"　　　　　　　　　　D. "本年利润"

5. 计提本月固定资产折旧时，应贷记（　　）账户。

A. "管理费用"　　　　B. "累计折旧"　　　C. "制造费用"　　　D. "固定资产"

6. 下列不属于期间费用的是（　　）。

A. 管理费用　　　　　B. 制造费用　　　　C. 财务费用　　　　D. 销售费用

二、多项选择题

1. 生产成本明细账中的成本项目一般设置为（　　）。

A. 直接材料　　　　　B. 直接人工　　　　C. 制造费用　　　　D. 管理费用

2. 材料发出的核算，可能涉及（　　）账户。

A. "原材料"　　　　　B. "在途物资"　　　C. "生产成本"　　　D. "制造费用"

3. 工资费用分配的核算，可能涉及（　　）账户。

A. "生产成本"　　　　　　　　　　　　B. "管理费用"

C. "应付职工薪酬"　　　　　　　　　　D. "制造费用"

4. 计提固定资产折旧时，与"累计折旧"账户对应的账户为（　　）账户。

A. "固定资产"　　　　　　　　　　　　B. "制造费用"

C. "管理费用"　　　　　　　　　　　　D. "银行存款"

5. 下列项目中可计入"制造费用"账户的有（　　）。

A. 车间一般耗用的材料　　　　　　　　B. 车间管理人员的工资

C. 行政管理部门人员的工资　　　　　　D. 车间计提的固定资产折旧

6. 与"制造费用"账户可能发生对应关系的账户有（　　）账户。

A. "原材料"　　　　　　　　　　　　　B. "库存商品"

C. "生产成本"　　　　　　　　　　　　D. "应付职工薪酬"

7. 下列项目中属于期间费用的有（　　）。

A. 制造费用　　　　　B. 管理费用　　　　C. 销售费用　　　　D. 财务费用

三、判断题

1. 企业生产部门领用的材料，应按该材料的实际成本记入相应的"生产成本"账户。

（　　）

2. 企业行政管理部门领用的材料成本，应计入企业的管理费用。　　　　（　　）

3. 企业在生产经营过程中支付的人员工资、福利费等，均属于成本项目中的直接人工。

（　　）

4. 车间厂房、机器设备的折旧费，均为企业发生的制造费用。　　　　（　　）

5. 期末应将"制造费用"账户所归集的制造费用分配计入有关的成本计算对象，因此，该账户期末一般无余额。　　　　　　　　　　　　　　　　　　（　　）

6. 车间管理人员的工资应计入企业的管理费用。　　　　　　　　（　　）

7. "生产成本"明细账户，应按照企业的成本计算对象设置。　　　　（　　）

8. 各期间费用账户在期末结转后均无余额。　　　　　　　　　　（　　）

9. 企业生产车间为组织和管理生产而发生的各项费用，均应计入企业的管理费用。

（　　）

四、实训题

1. 目的：练习生产过程业务的核算及记账凭证的填制。

2. 资料：兴海公司 202×年 12 月有关生产过程业务如下：

（1）10 日，开出现金支票，从银行提取现金 120 000 元，备发工资。

（2）10 日，以库存现金 120 000 元支付职工工资。

（3）20 日，购买办公用品一批，取得的增值税专用发票上列明价款 6 900 元，增值税 897 元，款项以银行存款付讫；购买的办公用品当即交付车间和管理部门，其中车间领用办公用品 1 500 元、行政管理部门领用办公用品费 5 400 元。

（4）30 日，企业根据当月的领料凭证，编制当月材料耗用汇总表，分配材料费用，如表 5－13 所示。

表 5－13　材料耗用汇总表

202×年 12 月

用途	A 材料			B 材料			金额合计/元
	数量/千克	单价/元	金额/元	数量/千克	单价/元	金额/元	
生产产品耗用							
其中：							
甲产品	4 000	21	84 000	2 000	31	62 000	146 000
乙产品	2 000	21	42 000	2 500	31	77 500	119 500
车间一般耗用	300	21	6 300	100	31	3 100	9 400
行政管理部门耗用	200	21	4 200	100	31	3 100	7 300
合　计	6 500	21	136 500	4 700	31	145 700	282 200

（5）31 日，根据 12 月工资费用汇总表（如表 5 - 14 所示），结算并分配本月应付职工工资。

表 5 - 14 工资费用汇总表（简表）

202×年 12 月 元

项目	应付职工工资	合计
生产工人：		
其中：甲产品	40 000	40 000
乙产品	60 000	60 000
车间管理人员	6 000	6 000
行政管理人员	14 000	14 000
合 计	120 000	120 000

（6）31 日，计提本月固定资产折旧 13 290 元，其中生产车间用固定资产折旧费 8 560 元，行政管理部门用固定资产折旧费 4 730 元。

（7）31 日，收到供水公司开来的增值税专用发票，发票上注明本月水费 3 600 元，税额 324 元；款项以银行存款支付；根据耗用量进行分配，生产车间应负担水费 1 560 元，行政管理部门应负担水费 2 040 元。

（8）31 日，收到供电公司开来的增值税专用发票，发票上注明本月电费 5 400 元，税额 702 元；款项以银行存款支付；根据耗用量进行分配，生产车间应负担电费 2 980 元，行政管理部门应负担水费 2 420 元。

（9）31 日，计提本月负担的银行短期借款利息 1 000 元。

（10）31 日，按照本月甲、乙产品生产工人工资比例分配结转本月发生的制造费用。

（11）31 日，本月投产的甲产品 2 000 件、乙产品 1 000 件全部完工，并已验收入库，计算并结转其完工产品的生产成本。（假定甲产品、乙产品月初均无在产品）

3. 要求：

（1）根据上述经济业务编制会计分录，并填制相应种类的记账凭证。

（2）编制制造费用分配表和产品生产成本计算单，如表 5 - 15 ~ 表 5 - 17 所示。

表 5 - 15 制造费用分配表

年 月 元

受益对象	分配标准（生产工人工资）	分配率	分配金额
甲产品			
乙产品			
合 计			

表 5 – 16　产品成本计算单

产品名称：甲产品　　　　　　　　　　年　月　　　　　　　　　　　　　　元

成本项目	本月生产费用	总成本	单位成本
直接材料			
工资及福利费			
制造费用			
合　计			

表 5 – 17　产品成本计算单

产品名称：乙产品　　　　　　　　　　年　月　　　　　　　　　　　　　　元

成本项目	本月生产费用	总成本	单位成本
直接材料			
工资及福利费			
制造费用			
合计			

任务 4　销售过程业务的核算

学 习 目 标

1. 知识目标

（1）了解企业生产经营销售过程的主要业务。

（2）理解销售过程业务设置的主要账户。

（3）掌握销售过程业务的基本账务处理。

2. 能力目标

（1）能根据销售业务流程进行会计核算。

（2）能熟练填制销售业务的记账凭证。

3. 素质目标

（1）培养学生诚实守信、坚持准则、不做假账的职业素养。

（2）培养学生树立法治意识、提高职业风险防范意识，廉洁自律。

知 识 准 备

　　销售过程是企业生产经营过程的最后阶段，也是产品价值的实现阶段。在这一过程中，企业要将制造完工的产成品及时销售给购买单位，让渡商品所有权，确认产品销售收入的实现，与购买单位办理结算手续，收回货款，获得与产品销售相关的经济利益流入；结转已销售产品的成本，将取得的销售收入与产品的销售成本相比较，若收入大于成本，其差额则为销售毛利，若收入小于成本，其差额则为销售亏损。在销售过程中，在取得销售收入的同时，还要发生各项销售费用，如产品运输费、广告费等，并要按一定比例计算交纳销售税金及附加，如城市维护建设税、教育费附加等。因此，销售过程的业务内容包括销售收入的确认、与购货方结算销货款、计算并结转销售成本、支付销售费用、计算销售税金及附加、确定销售业务成果等。

一、销售收入确认的条件

由于销售收入确认、计量的合理、准确与否，直接影响到企业经营成果能否得到准确的报告，企业与客户之间的合同同时满足下列条件的，企业应当在客户取得相关商品控制权时确认收入：

（1）该合同明确了合同各方与所转让商品相关的权利和义务；

（2）该合同有明确的与所转让的商品相关的支付条款；

（3）合同各方已批准该合同并承诺将履行各自义务；

（4）该合同具有商业实质，即履行该合同将改变企业未来现金流量的风险、时间分布或金额；

（5）企业因向客户转让商品而有权取得的对价很可能收回。

【提示】

取得相关商品控制权是指客户能够主导该商品的使用并从中获得几乎全部经济利益，也包括有能力阻止其他方主导该商品的使用并从中获得经济利益。如果客户只能在未来的某一期间主导该商品的使用并从中获益，则表明其尚未取得该商品的控制权。

二、账户设置

为了核算和监督企业销售商品等所实现的收入以及因销售商品而与购买单位之间发生的货款结算关系，企业应设置以下主要账户：

1. "主营业务收入" 账户

"主营业务收入"账户，是用来核算企业销售产品、提供劳务等所取得收入的账户。该账户属损益类账户，账户贷方登记已实现的产品销售收入，借方登记销售退回、销售折让的发生额和期末转入"本年利润"账户的数额，结转后本账户应无余额。该账户应按产品的种类设置明细账，进行明细分类核算。

"主营业务收入"账户结构如图5-21所示。

借方	主营业务收入	贷方
①销售退回、销售折让的发生额 ②期末转入"本年利润"账户的数额	本期实现的产品销售收入	

图5-21 "主营业务收入"账户结构

2. "主营业务成本" 账户

"主营业务成本"账户，是用来核算企业因销售商品、提供劳务或让渡资产使用权等日常活动而发生的实际成本。该账户属于损益类账户，借方登记从"库存商品"账户结转的已销售产品的生产成本，贷方登记销售退回应冲减的销售成本及期末转入"本年利润"账户的数额，结转后本账户无余额。该账户应分别产品类别设置明细分类账，进行明细分类核算。

"主营业务成本"账户结构如图 5-22 所示。

借方	主营业务成本	贷方
从"库存商品"账户结转已销售产品的生产成本	①销售退回应冲减的销售成本 ②期末转入"本年利润"账户的数额	

图 5-22 "主营业务成本"账户结构

3. "税金及附加"账户

"税金及附加"账户，是用来核算企业日常活动应负担的销售税金及附加，包括消费税、城市维护建设税、资源税和教育费附加等。该账户属于损益类账户，其借方登记企业按照规定计算应负担的税金及附加；贷方登记期末转入"本年利润"账户的数额；结转后本账户应无余额。

"税金及附加"账户结构如图 5-23 所示。

借方	税金及附加	贷方
本期应负担的税金及附加	期末转入"本年利润"账户的数额	

图 5-23 "税金及附加"账户结构

4. "销售费用"账户

"销售费用"账户，是用来核算企业在销售商品过程中发生的各项费用，包括运输费、装卸费、包装费、保险费、展览费和广告费，以及为销售本企业的商品而专设的销售机构的职工工资及福利费、业务费等经营费用。该账户属于损益类账户，其借方登记本期发生的各项销售费用；贷方登记期末转入"本年利润"账户的数额；结转后本账户应无余额。该账户应按费用种类设置明细账，进行明细分类核算。

"销售费用"账户结构如图 5-24 所示。

借方	销售费用	贷方
本期发生的各项销售费用	期末转入"本年利润"账户的数额	

图 5-24 "销售费用"账户结构

5. "应收账款"账户

"应收账款"账户，是用来核算企业因销售商品、提供劳务等应向购货单位或接受劳务单位收取款项的结算情况的账户。该账户是资产类账户，其借方登记因销售商品或提供劳务等而发生的应收账款，贷方登记收回的应收账款，期末一般为借方余额，表示尚未收回的应收账款。该账户应按购货单位或接受劳务单位的名称设置明细账，进行明细分类核算。

"应收账款"账户结构如图 5-25 所示。

借方	应收账款	贷方
发生的应收账款	收回的应收账款	
余额：尚未收回的应收账款		

图 5-25　"应收账款"账户结构

6."预收账款"账户

"预收账款"账户，是用来核算企业按合同的规定预收购买单位或接受劳务单位款项的增减变动及结余情况的账户。该账户属负债类账户，其贷方登记预收账款的增加，借方登记收入实现时冲减的预收账款，期末余额如在贷方，表示企业预收账款的结余额，如在借方，表示购货单位或接受劳务单位应补付给本企业的款项。该账户应按购买单位或接受劳务单位设置明细账，进行明细分类核算。

"预收账款"账户结构如图 5-26 所示。

借方	预收账款	贷方
收入实现时冲减的预收账款	预收账款的增加	
	余额：预收账款的结余额	

图 5-26　"预收账款"账户结构

三、销售过程业务的核算

仍以盛昌公司 202×年 12 月发生的经济业务为例，说明销售过程业务的核算。

【例 5-29】12 月 10 日，企业向佳美公司销售 A 产品 500 件，单位售价 360 元；B 产品 600 件，单位售价 300 元，价款共计 360 000 元，增值税销项税额 46 800 元，款项已收并存入银行。

此项经济业务的发生，一方面使企业的银行存款增加了 406 800 元；另一方面使产品销售收入增加了 360 000 元，增值税销项税额增加了 46 800 元。银行存款的增加应记入"银行存款"账户的借方，销售收入的增加应记入"主营业务收入"账户的贷方，增值税销项税额的增加应记入"应交税费——应交增值税"账户的贷方。编制会计分录如下：

借：银行存款　　　　　　　　　　　　　　　　　406 800

　　贷：主营业务收入——A 产品　　　　　　　　　　　　180 000

　　　　　　　　　　——B 产品　　　　　　　　　　　　180 000

　　　　应交税费——应交增值税（销项税额）　　　　　　46 800

注：此业务应编制银行收款凭证。

【例 5-30】12 月 16 日，企业向华丰公司销售 A 产品 300 件，单位售价 360 元；B 产品 600 件，单位售价 300 元，价款共计 288 000 元，增值税销项税额 37 440 元，以银行存款为对方代垫运费 3 040 元，全部款项均未收到。

此项经济业务的发生，一方面使企业的应收账款增加了 328 480 元；另一方面使产品销售收入和增值税销项税额分别增加了 288 000 元和 37 440 元，银行存款减少了 3 040 元。应收账款的增加，应记入"应收账款"账户的借方；销售收入的增加应记入"主营业务收入"账户的贷方，增值税销项税额的增加应记入"应交税费——应交增值税"账户的贷方，银行存款的减少应记入"银行存款"账户的贷方。编制会计分录如下：

借：应收账款——华丰公司　　　　　　　　　　　　　　328 480
　　贷：主营业务收入——A 产品　　　　　　　　　　　　　108 000
　　　　　　　　　　　——B 产品　　　　　　　　　　　　180 000
　　　　应交税费——应交增值税（销项税额）　　　　　　　37 440
　　　　银行存款　　　　　　　　　　　　　　　　　　　　3 040

注：此业务在采用专用记账凭证时，应拆分为两个会计分录，分别编制转账凭证和银行付款凭证。

【例 5 - 31】12 月 18 日，企业根据合同预收宏发公司购货款 150 000 元，存入银行。

此项经济业务的发生，一方面使企业银行存款增加 150 000 元，应记入"银行存款"账户的借方；另一方面使企业预收账款增加 150 000 元。预收账款的增加是负债的增加，应记入"预收账款"账户的贷方。编制会计分录如下：

借：银行存款　　　　　　　　　　　　　　　　　　　　150 000
　　贷：预收账款——宏发公司　　　　　　　　　　　　　　150 000

注：此业务应编制银行收款凭证。

【例 5 - 32】12 月 20 日，企业以银行存款支付产品广告费，增值税专用发票上列明价款 50 000 元，税额 3 000 元。

此项经济业务的发生，一方面使企业销售费用增加 50 000 元，应记入"销售费用"账户的借方；增值税进项税额的增加应记入"应交税费——应交增值税"账户的借方；另一方面使银行存款减少 53 000 元，应记入"银行存款"账户的贷方。编制会计分录如下：

借：销售费用　　　　　　　　　　　　　　　　　　　　50 000
　　应交税费——应交增值税（进项税额）　　　　　　　　3 000
　　贷：银行存款　　　　　　　　　　　　　　　　　　　53 000

注：此业务应编制银行付款凭证。

【例 5 - 33】12 月 23 日，企业收到华丰公司所欠的款项 117 000 元，存入银行。

此项经济业务的发生，一方面使企业的银行存款增加 117 000 元，应记入"银行存款"账户的借方；另一方面使应收账款减少了 117 000 元，应记入"应收账款"账户的贷方。编制会计分录如下：

借：银行存款　　　　　　　　　　　　　　　　　　　　117 000
　　贷：应收账款——华丰公司　　　　　　　　　　　　　　117 000

注：此业务应编制银行收款凭证。

【例 5 - 34】12 月 26 日，企业向宏发公司发出 A 产品 500 件，单位售价 360 元，共计货款 180 000 元，增值税销项税额 23 400 元，原预收款不足，其差额部分尚未收到。

此项经济业务的发生，涉及"预收账款""主营业务收入""应交税费"三个账户。由于结算引起预收账款的减少，应记入"预收账款"账户的借方；销售收入的增加，应记入"主营业务收入"账户的贷方；增值税销项税额的增加，应记入"应交税费——应交增值税"账户的贷方。编制会计分录如下：

借：预收账款——宏发公司　　　　　　　　　　　　　　　　　203 400

　　贷：主营业务收入——A产品　　　　　　　　　　　　　　　　180 000

　　　　应交税费——应交增值税（销项税额）　　　　　　　　　23 400

注：此业务应编制转账凭证。

【例5-35】12月31日，企业结转本月已销售产品的生产成本。

本月销售的产品不一定都是本月生产的。由于各个月份生产的同一种产品的单位生产成本可能不同，所以与确定仓库发出材料的实际成本一样，要计算本月销售产品的生产成本，就必须采用一定的存货计价方法，如先进先出法、加权平均法等。本例为简化核算，假定企业每月生产的同一种产品单位生产成本相同，据此计算本月已销售产品的生产成本如表5-18所示。

表5-18　已销售产品的生产成本计算表

产品种类	销售产品数量/件	单位生产成本/元	生产成本合计/元
A	1 300	175.40	228 020
B	1 200	144.80	173 760
合计	—	—	401 780

结转已销售产品的生产成本，一方面表明已销售产品成本的增加；另一方面表明库存商品成本的减少。因此，此项经济业务涉及"主营业务成本"和"库存商品"两个账户。产品销售成本的增加是费用的增加，应记入"主营业务成本"账户的借方；库存商品成本的减少是资产的减少，应记入"库存商品"账户的贷方。编制会计分录如下：

借：主营业务成本——A产品　　　　　　　　　　　　　　　　228 020

　　　　　　　　——B产品　　　　　　　　　　　　　　　　173 760

　　贷：库存商品——A产品　　　　　　　　　　　　　　　　　228 020

　　　　　　　　——B产品　　　　　　　　　　　　　　　　　173 760

注：此业务应编制转账凭证。

【例5-36】12月31日，企业按照规定计算出本月应负担的城市维护建设税3 640元，教育费附加1 560元。

此项经济业务的发生，一方面使本月应负担的税金及附加增加5 200元，应记入"税金及附加"账户的借方；另一方面使企业应交的税费增加，应记入"应交税费"账户的贷方。编制会计分录如下：

借：税金及附加　　　　　　　　　　　　　　　　　　　　　　5 200

　　贷：应交税费——应交城建税　　　　　　　　　　　　　　　3 640

　　　　　　　　——应交教育费附加　　　　　　　　　　　　　1 560

注：此业务应编制转账凭证。

上述销售过程业务的总分类核算如图5-27所示。

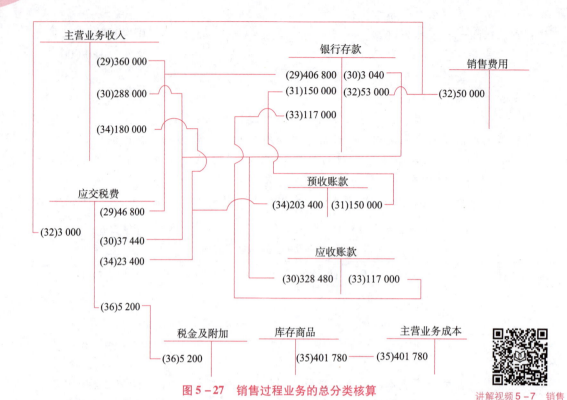

图 5 - 27　销售过程业务的总分类核算

讲解视频 5 - 7　销售
过程业务的核算

【会计论道与素养提升】

　　虚增收入是许多公司粉饰利润的常用手段，中小投资者受骗后往往投诉无门。但随着我国法律体系的不断完善，投资者保护制度日趋完善。如上市公司康美药业以收入造假等违法行径粉饰报表，欺骗投资者，受到了法律制裁，受害投资者 52 037 人，赔付金额约 24.59 亿元。所以，作为财务人员，应坚持以诚信为本，不做假账，这是财务工作的底线。

课 后 拓 展

1. 如何计算本期销售商品的销售成本？
2. 请以思维导图的形式，总结本任务内容，并以小组为单位进行分享。

同 步 练 习

一、单项选择题

1. 销售费用属于（　　　）账户。

A. 资产类　　　　　　B. 负债类　　　　　　C. 所有者权益类　　　D. 损益类

2. 结转已销售产品实际成本时，贷记"库存商品"账户，应借记（　　）账户。

A. "生产成本"　　　B. "主营业务成本"　　C. "销售费用"　　　　D. "本年利润"

3. 企业发生的广告费用应记入（　　）账户。

A. "管理费用"　　　B. "主营业务成本"　　C. "销售费用"　　　　D. "制造费用"

二、多项选择题

1. 下列账户中，能与"主营业务收入"账户发生对应关系的是（　　）账户。

A. "银行存款"　　　B. "应付账款"　　　　C. "应收账款"　　　　D. "本年利润"

2. 下列费用中，属于销售费用的有（　　）。

A. 代垫运费　　　　B. 广告费　　　　　　C. 产品运输费　　　　D. 产品展览费

3. 通过"税金及附加"账户核算的税金有（　　）。

A. 增值税　　　　　　　　　　　　　　B. 教育费附加

C. 所得税　　　　　　　　　　　　　　D. 城市维护建设税

4. 企业结转已销售产品的生产成本时，应通过（　　）账户核算。

A. "生产成本"　　　B. "主营业务成本"　　C. "库存商品"　　　　D. "本年利润"

三、判断题

1. 增值税一般纳税人在确认商品销售收入的同时应核算增值税销项税额。　　　（　　）

2. 如果客户只能在未来的某一期间主导该商品的使用并从中获益，则表明其尚未取得该商品的控制权。　　　　　　　　　　　　　　　　　　　　　　　　　　　　（　　）

四、实训题

1. 目的：练习销售过程业务的核算及记账凭证的填制。

2. 资料：兴海公司202×年12月有关销售过程业务如下：

（1）10日，向华美公司销售甲产品1 000件，单位售价180元；乙产品400件，单位售价320元，价款共计308 000元，增值税销项税额40 040元，款项已收并存入银行。

（2）15日，向万方公司销售甲产品500件，单位售价180元；乙产品500件，单位售价320元，价款共计250 000元，增值税销项税额32 500元，以银行存款为对方代垫运费4 500元，全部款项均未收到。

（3）18日，根据合同预收大发公司购货款50 000元，存入银行。

（4）20日，以银行存款支付产品广告费，增值税专用发票上列明价款20 000元，税额1 200元。

（5）25日，向大发公司发出甲产品400件，单位售价180元，共计货款72 000元，增值税销项税额9 360元，原预收款不足，其差额部分尚未收到。

（6）31日，结转本月已销售产品的生产成本。（甲产品单位生产成本99元，乙产品单位生产成本197.50元）

（7）31日，按照规定计算出本月应负担的城市维护建设税1 815.59元，教育费附加778.11元。

3. 要求：根据上述资料编制相应的会计分录，并填制相应种类的记账凭证。

任务 5　财务成果形成与利润分配业务的核算

学习目标

1. 知识目标

（1）了解企业财务成果形成与分配业务的内容。

（2）掌握财务成果形成与分配业务核算需要设置的账户。

（3）掌握财务成果形成与分配业务的会计处理。

2. 能力目标

（1）能根据企业财务成果形成与分配业务开展财务核算。

（2）能熟练填制财务成果形成与分配业务的记账凭证。

3. 素质目标

（1）培育善于创造、脚踏实地的价值取向。

（2）增强社会责任感和契约精神，树立依法纳税和互利共赢的创业意识。

（3）培养尽职勤勉、勤学苦练、主动学习的工作作风。

知识准备

财务成果是企业在一定时期内全部经营活动在财务上所取得的最终成果，即利润或亏损。财务成果包括企业的收入与费用相抵后的差额和直接计入当期利润的利得和损失。财务成果是企业经济效益和工作质量的综合反映，正确核算企业的财务成果，对于考核企业的经济效益，监督企业的利润形成与分配过程，评价企业的工作业绩具有重要意义。

一、财务成果形成业务的核算

（一）利润的构成

从利润的构成内容看，财务成果不仅包括在销售业务核算中涉及的主营业务收支，也包括其他业务、期间费用、投资收益等营业活动中的损益，同时还包括那些与生产经营活动没有直接关系的利得和损失。因此，利润一般包括收入减去费用后的净额、直接计入当期利润的利得和损失。利润的具体构成包括以下几部分：

1. 营业利润

营业利润 = 营业收入 − 营业成本 − 税金及附加 − 销售费用 − 管理费用 −
财务费用 − 信用减值损失 − 资产减值损失 + 公允价值变动收益
（− 公允价值变动损失）+ 投资收益（− 投资损失）+ 其他收益 +
资产处置收益（− 资产处置损失）

其中：

营业收入 = 主营业务收入 + 其他业务收入

营业成本 = 主营业务成本 + 其他业务成本

信用减值损失是指企业计提各项金融资产减值准备所形成的损失。

资产减值损失是指企业计提各项资产减值准备所形成的损失。

公允价值变动收益（或损失）是指企业交易性金融资产等公允价值变动形成的计入当期损益的收益或损失。

投资收益（或损失）是指企业以各种方式对外投资所取得的收益（或发生的损失）。

其他收益主要是指与企业日常活动相关，除冲减相关成本费用以外的政府补助。

资产处置收益（或损失）反映企业出售划分为持有代售的非流动资产（金融工具、长期股权投资和投资性房地产除外）或处置组（子公司和业务除外）时确认的处置利得或损失，以及处置未划分为持有待售的固定资产、在建工程、生产性生物资产及无形资产而产生的处置利得或损失，还包括债务重组中因处置非流动资产产生的利得或损失和非货币性资产交换中换出非流动资产产生的利得或损失。

2. 利润总额

$$利润总额 = 营业利润 + 营业外收入 - 营业外支出$$

其中：

营业外收入是指企业发生的与其日常经营活动没有直接关系的各项利得，包括罚没利得、债务重组利得、政府补助、捐赠利得等。

营业外支出是指企业发生的与其日常经营活动没有直接关系的各项损失，包括罚没损失、盘亏损失、债务重组损失、公益性捐赠支出、非常损失等。

3. 净利润

$$净利润 = 利润总额 - 所得税费用$$

在企业的利润总额和净利润中，营业利润代表企业的核心能力。其中主营业务和期间费用的核算内容已在前面任务中做了介绍，其他业务、投资收益的核算将在后续任务中阐述，这里简要介绍营业外收支、所得税费用、净利润形成的核算。

【提示】

营业毛利指商业企业商品销售收入减去商品原进购价后的余额。毛利是净利的对称，又称商品进销差价。因其尚未减去商品流通费和税金，还不是净利，故称毛利。在中国，工业品进销差价是指同种产品的出厂价与批发价之间的差额（批发价与零售价之间的差额称批零差价），农副产品进销差价是指同种农副产品的产地收购价格与产地批发或零售价格之间的差额。若毛利不足以补偿流通费用和税金，企业就会发生亏损。毛利占商品销售收入或营业收入的百分比称毛利率。毛利率一般分为综合毛利率、分类毛利率和单项商品毛利率。商品销售毛利率直接反映企业经营的全部、大类、某种商品的差价水平，是核算企业经营成果和价格制定是否合理的依据。

（二）账户设置

1. "营业外收入"账户

"营业外收入"账户，是用来核算企业营业外收入的取得及结转情况的账户。该账户为损益类账户，其贷方登记本期取得的营业外收入，借方登记期末转入"本年利润"账户的营业外收入，结转后该账户期末无余额。该账户应按营业外收入项目设置明细账，进行明细分类核算。

"营业外收入"账户结构如图 5-28 所示。

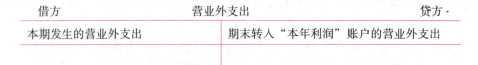

借方	营业外收入	贷方
期末转入"本年利润"账户的营业外收入	本期取得的营业外收入	

图 5-28 "营业外收入"账户结构

2. "营业外支出"账户

"营业外支出"账户，是用来核算企业营业外支出的发生及结转情况的账户。该账户为损益类账户，其借方登记本期发生的营业外支出，贷方登记期末转入"本年利润"账户的营业外支出，期末结转后无余额。该账户应按营业外支出项目设置明细账，进行明细分类核算。

"营业外支出"账户结构如图 5-29 所示。

借方	营业外支出	贷方
本期发生的营业外支出	期末转入"本年利润"账户的营业外支出	

图 5-29 "营业外支出"账户结构

3. "所得税费用"账户

"所得税费用"账户，是用来核算企业确认的应从当期利润总额中扣除的所得税费用。该账户属于损益类账户，其借方登记本期发生的所得税费用；贷方登记期末转入"本年利润"账户的所得税费用。期末结转后无余额。本账户可设置"当期所得税费用"和"递延所得税费用"两个明细分类账户。

"所得税费用"账户结构如图 5-30 所示。

借方	所得税费用	贷方
本期发生的所得税费用	期末转入"本年利润"账户的所得税费用	

图 5-30 "所得税费用"账户结构

4. "本年利润"账户

"本年利润"账户，是用来核算企业实现的净利润或发生的净亏损。该账户属于所有者权益类账户，其贷方登记期末各收入账户转入的收入数；借方登记期末各费用账户转入的费用；期末将收入与费用相抵后，若收入大于费用，即为贷方余额，表示本期实现的净利润；若收入小于费用，即为借方余额，表示本期发生的亏损，在年度中间，该账户的余额保留在本账户，不予转账，表示截至本期末本年度累计实现的净利润或累计发生的亏损；年终，应将本年实现的净利润（或亏损额）全部转入"利润分配——未分配利润"账户的贷方（或借方），结转后本账户年末无余额。

"本年利润"账户结构如图 5-31 所示。

借方	本年利润	贷方
从有关费用账户转入的各项费用，如主营业务成本、其他业务成本、税金及附加、管理费用、财务费用、销售费用、营业外支出、所得税费用等		从有关收入账户转入的各项收入，如主营业务收入、其他业务收入、营业外收入等
余额：本期末止累计亏损额		余额：本期末止累计实现的净利润额
年终结转的全年净利润额		年终结转的全年亏损额

图 5-31 "本年利润"账户结构

（三）利润形成业务的核算

仍以盛昌公司 202×年 12 月发生的经济业务为例，说明财务成果形成业务的核算。

【例 5-37】12 月 20 日，企业收到鑫源公司因违反技术服务合同有关条款而支付的罚款金额 5 000 元，款项已存入银行。

此项经济业务的发生，一方面使企业银行存款增加 5 000 元，应记入"银行存款"账户的借方；另一方面使营业外收入增加了 5 000 元，应记入"营业外收入"账户的贷方。编制会计分录如下：

借：银行存款　　　　　　　　　　　　　　　　　　5 000
　贷：营业外收入　　　　　　　　　　　　　　　　　　　5 000

注：此业务应编制银行收款凭证。

【例 5-38】12 月 25 日，企业开出转账支票向希望工程捐款 10 000 元。

此项经济业务的发生，一方面使企业的银行存款减少了 10 000 元，应记入"银行存款"账户的贷方；另一方面使营业外支出增加了 10 000 元，应记入"营业外支出"账户的借方。编制会计分录如下：

借：营业外支出　　　　　　　　　　　　　　　　　10 000
　贷：银行存款　　　　　　　　　　　　　　　　　　　10 000

注：此业务应编制银行付款凭证。

【例 5-39】12 月 31 日，企业结转本月实现的各种收入共计 833 000 元，其中，主营业务收入 828 000 元，营业外收入 5 000 元。

此项经济业务涉及"主营业务收入""营业外收入"和"本年利润"三个账户，将各种收入账户的贷方发生额从其借方转入"本年利润"账户的贷方，应编制会计分录如下：

借：主营业务收入　　　　　　　　　　　　　　　828 000
　　营业外收入　　　　　　　　　　　　　　　　　5 000
　贷：本年利润　　　　　　　　　　　　　　　　　　　833 000

注：此业务应编制转账凭证。

【例 5-40】12 月 31 日，企业结转本月发生的各种费用共计 511 600 元，其中，主营业务成本 401 780 元，税金及附加 5 200 元，管理费用 44 120 元，财务费用 500 元，销售费用 50 000 元，营业外支出 10 000 元。

此项经济业务是将各费用类账户本期借方发生额从其贷方转入"本年利润"账户的借方，应编制会计分录如下：

借：本年利润	511 600
贷：主营业务成本	401 780
税金及附加	5 200
管理费用	44 120
财务费用	500
销售费用	50 000
营业外支出	10 000

注：此业务应编制转账凭证。

经过上述结转后，将"本年利润"账户的本月贷方发生额减去借方发生额，可计算出本期实现的利润为 321 400（833 000 – 511 600）元。

【例5–41】 12月31日，企业按规定计算本期应交所得税（假定无纳税调整项目，所得税税率25%，不考虑递延所得税）。

企业所得税是按照国家税法规定，对企业某一经营年度实现的经营所得和其他所得，按规定的所得税税率计算交纳的一种税款。企业所得税一般实行按期预交、年终清缴的办法。其计算公式为：

$$应纳所得税税额 = 应纳税所得额 \times 适用的所得税税率$$
$$应纳税所得额 = 利润总额 \pm 纳税调整项目$$

纳税调整项目主要是由于税法与会计的相关规定不同造成的，由于纳税调整项目的计算比较复杂，为了简化核算，在"会计学基础"课程中一般不予考虑。企业在实际中按年计算，为讲解所得税的计算和结转，本例按月计算和结转。

$$本月应交所得税 = 321 400 \times 25\% = 80 350（元）$$

此项经济业务的发生，一方面使企业承担的所得税费用增加，应记入"所得税费用"账户的借方；另一方面使企业应交的所得税增加，应记入"应交税费——应交所得税"账户的贷方。编制会计分录如下：

借：所得税费用	80 350
贷：应交税费——应交所得税	80 350

注：此业务应编制转账凭证。

知识链接

企业所得税是对我国境内的企业和其他取得收入的组织的生产经营所得和其他所得征收的一种所得税。企业所得税的纳税人是在中华人民共和国境内，企业和其他取得收入的组织（以下统称企业），包括各类企业、事业单位、社会团体、民办非企业单位和从事经营活动的其他组织。个人独资企业、合伙企业不属于企业所得税纳税义务人。企业所得税采取收入来源地管辖权和居民管辖权相结合的双管辖权，把企业分为居民企业和非居民企业，分别确定不同纳税义务。

（1）居民企业，是指依法在中国境内成立，或者依照外国（地区）法律成立但实际管理机构在中国境内的企业。

（2）非居民企业，是指依照外国（地区）法律成立且实际管理机构不在中国境内，但在中国境内设立机构、场所的，或者在中国境内未设立机构、场所，但有来源于中国境内所得的企业。

【例 5 – 42】12 月 31 日，企业将"所得税费用"账户的本期发生额转入"本年利润"账户。

此项经济业务是将本期所发生的所得税费用转入"本年利润"账户，据以确定当期实现的净利润。结转所得税费用时，从"所得税费用"账户的贷方转入"本年利润"账户的借方。编制会计分录如下：

借：本年利润 80 350

　　贷：所得税费用 80 350

注：此业务应编制转账凭证。

上述财务成果形成业务的总分类核算如图 5 – 32 所示。

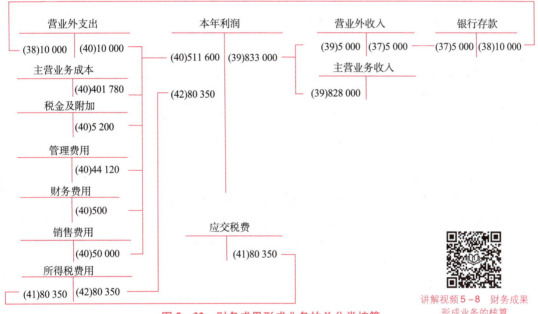

图 5 – 32　财务成果形成业务的总分类核算

讲解视频 5 – 8　财务成果
形成业务的核算

二、利润分配业务的核算

（一）利润分配的顺序

企业当年实现的净利润，首先是弥补以前年度的亏损，然后按以下顺序进行分配：

（1）提取法定盈余公积，一般按当年实现净利润的 10% 提取。

（2）向投资者分配利润或股利。

其中，股份制企业向投资者分配利润时，按以下顺序进行：

①支付优先股股利；

②提取任意盈余公积；

③支付普通股股利。

（二）账户设置

为了核算企业利润分配的具体业务，需要设置"利润分配""盈余公积""应付股利"等账户。

1. "利润分配"账户

"利润分配"账户，是用来核算企业利润的分配（或亏损的弥补）和历年分配（或弥补）后的未分配利润（或未弥补亏损）的账户。该账户为所有者权益类账户，平时，其借方登记已分配的利润数，贷方一般不作登记。年末，将企业实现的净利润从"本年利润"账户转入"利润分配"账户贷方，若本年发生亏损，则将亏损额从"本年利润"账户转入"利润分配"账户借方；结转后本账户年末如为贷方余额，表示累计未分配利润数，如为借方余额，表示累计未弥补的亏损数。为了具体反映企业利润分配情况和未分配利润情况，本账户应设置"提取盈余公积""应付股利""未分配利润"等明细账户，进行明细分类核算。

"利润分配"账户结构如图 5-33 所示。

借方	利润分配	贷方
①本年累计发生的亏损数 ②本期净利润的分配数	①本期弥补的亏损数 ②本年累计实现的净利润	
余额：期末累计未弥补的亏损数	余额：期末累计未分配的利润数	

图 5-33 "利润分配"账户结构

2. "盈余公积"账户

"盈余公积"账户，是用来核算企业盈余公积的提取、使用和结余情况的账户。该账户为所有者权益类账户，其贷方登记提取的盈余公积，借方登记盈余公积的使用数，期末贷方余额，表示盈余公积的结余数。该账户应按盈余公积种类设置明细账，进行明细分类核算。

"盈余公积"账户结构如图 5-34 所示。

借方	盈余公积	贷方
盈余公积的使用数	从净利润中提取的盈余公积	
	余额：盈余公积的结余数	

图 5-34 "盈余公积"账户结构

3. "应付股利"账户

"应付股利"账户，是用来核算企业确定或宣告支付但尚未实际支付的利润或现金股利的账户。该账户为负债类账户，其贷方登记应支付给投资者的利润或现金股利，借方登记实际支付的利润或现金股利，期末贷方余额，表示企业应付未付的利润或现金股利，该账户应按投资者设置明细账，进行明细分类核算。

"应付股利"账户结构如图 5-35 所示。

借方	应付股利	贷方
实际支付的利润或现金股利	应支付的利润或现金股利	
	余额：应付未付的利润或现金股利	

图 5－35 "应付股利"账户结构

（三）核算举例

【例 5－43】12 月 31 日，企业根据董事会通过的利润分配方案，按全年净利润 2 800 000 元的 10% 提取法定盈余公积 280 000 元。

此项经济业务的发生，一方面使利润分配增加（即净利润减少）了 280 000 元，应记入"利润分配"账户的借方；另一方面使盈余公积增加了 280 000 元，应记入"盈余公积"账户的贷方。编制会计分录如下：

借：利润分配——提取盈余公积 280 000
　　贷：盈余公积 280 000

注：此业务应编制转账凭证。

【例 5－44】12 月 31 日，企业根据董事会通过的利润分配方案，决定向投资者分配利润 1 000 000 元。

此项经济业务的发生，一方面使利润分配增加了 1 000 000 元，应记入"利润分配——应付股利"账户的借方；另一方面使应付股利增加了 1 000 000 元，应记入"应付股利"账户的贷方。编制会计分录如下：

借：利润分配——应付股利 1 000 000
　　贷：应付股利 1 000 000

注：此业务应编制转账凭证。

（四）年末结转

年末，企业需将"本年利润"账户及"利润分配"账户的有关明细账户的本年发生额分别转入"利润分配——未分配利润"账户，以求得未分配利润。结转后，"本年利润"账户及"利润分配"账户的有关明细账户（除未分配利润明细账户外）均无余额。

【例 5－45】12 月 31 日，企业将本年度实现的净利润 2 800 000 元转入"利润分配——未分配利润"账户。

此项经济业务的发生，一方面使利润分配中的未分配利润增加，应记入"利润分配——未分配利润"账户的贷方；另一方面因结转净利润使本年实现的净利润减少，应记入"本年利润"账户的借方。编制会计分录如下：

借：本年利润 2 800 000
　　贷：利润分配——未分配利润 2 800 000

注：此业务应编制转账凭证。

【例 5－46】12 月 31 日，企业将"利润分配"账户下其他明细分类账户余额转入"利润分配——未分配利润"账户。

此项经济业务的发生，是"利润分配"账户的各明细账户之间的转账。编制会计分录如下：

借：利润分配——未分配利润 1 280 000
贷：利润分配——提取盈余公积 280 000
——应付股利 1 000 000

注：此业务应编制转账凭证。

上述利润分配业务的总分类与明细分类核算如图 5 - 36 所示。

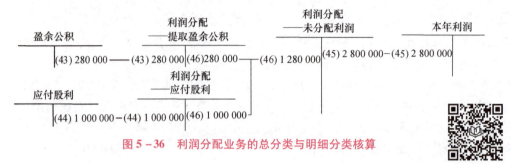

图 5 - 36 利润分配业务的总分类与明细分类核算

讲解视频 5 - 9 利润
分配业务的核算

拓 展 阅 读

利润造假

一提到利润造假，人们可能最熟悉的就是夸大利润，但其实故意低估利润也是造假。只要不是按照真实可靠的利润来反映，都是造假。公司造假主要是受大股东和管理层的利益驱动。为什么会出现虚增利润和低估利润的造假行为呢？动机是什么？

1. 为什么要虚增利润

1）对于上市公司来说，虚增利润主要有以下两个原因

（1）谋取更高的薪酬。一般管理层的薪酬是跟企业的利润挂钩的。简单来说，公司赚得多，管理层拿得就多。这样通过虚增当前的利润获取高报酬。或者故意把当前完成的一部分利润藏到未来，为以后谋求更多的薪酬。

（2）拉高股票价格，在高价位抛售，获取投资收益。由于利润是影响股价的一个最重要指标，上市公司可以通过虚增利润，从而抬高股价，这样大股东和管理者可以借机在公司股票的高价位抛售，从中获利，割小股东和散户的韭菜。

2）对于非上市公司来说，虚增利润主要有以下两个原因

（1）谋取更高的薪酬。与上市公司一样，通过虚增利润，夸大经营业绩，这样，作为管理层，就可以获取更高的报酬。另外，夸大经营业绩给外界造成管理能力出色，为他们跳槽索要更高薪酬创造机会。

（2）影响公司估值。通过夸大利润，虚增当前的业绩，从而在股权融资的时候抬高公司的估值。或者故意把当前完成的一部分利润隐藏起来，这样当企业在未来股权融资的时候，再把隐藏的利润释放出来，当作未来年份的利润，从而抬高企业估值。

2. 为什么要低估利润

相比虚增利润，低估利润是比较少的一种情况，低估利润主要有两个原因：

（1）管理层希望企业呈现稳步增长的态势。例如有时候，企业在某些年份业绩做得非常好，利润已经超额完成了整个预期。这个时候，作为管理者就愿意把其中一部分利润隐藏

起来，转移到下一个年度或者未来年份，这样使每年的利润看上去很稳定，而不是大起大落，企业看上去持续稳步发展。

（2）为企业扭亏为盈做铺垫。一般当企业经营不善陷入困境，甚至企业破产重组的时候，通常会人为夸大当年的费用，把未来可能产生的费用也提前算作当年的费用，这样使本年度产生巨额亏损，也就是我们说的破罐子破摔。由于未来年度的费用都算在当下，这样就为以后扭亏为盈，转型成功做好了铺垫。

随 堂 讨 论

企业为什么要提取盈余公积？

 【会计论道与素养提升】

习近平总书记在党的二十大报告中指出："高质量发展是全面建设社会主义现代化国家的首要任务。"这是在分析总结各国现代化建设一般规律和我国现代化建设实践经验的基础上，根据我国发展阶段、发展环境、发展条件变化，作出的具有根本性、全局性、长远性的重大战略判断。

高质量发展作为我国经济社会发展的鲜明主题，也是一个企业发展壮大的主旋律。利润作为企业财富的积累、价值创造的根本，必须有持续稳健的增长。因此，企业应脚踏实地发展自己的经济业务，降本增效，从而实现利润的高质量增长。

课 后 拓 展

1. 如何理解营业利润、利润总额、净利润的联系与区别？
2. 请以思维导图的形式，总结本任务内容，并以小组为单位进行分享。

同 步 练 习

一、单项选择题

1. 月末计算出应交纳的所得税时，应借记（　　　）账户。
A."所得税费用"　　　B."应交税费"　　　C."税金及附加"　　　D."管理费用"

2. 期末损益类账户转入（　　　）账户后，余额为零。
A."本年利润"　　　B."利润分配"　　　C."应付股利"　　　D."所得税费用"

3. "利润分配"账户期末贷方余额，反映企业历年积累的（　　　）。
A. 未分配利润　　　B. 利润总额　　　C. 净利润　　　D. 未弥补亏损

4. 利润总额减去（　　　）后的余额称为净利润。
A. 管理费用　　　B. 销售费用　　　C. 所得税费用　　　D. 财务费用

二、多项选择题

1. 通过"税金及附加"账户核算的税金有（　　　）。

A. 增值税 　　　　　　　　　　　　B. 教育费附加

C. 所得税 　　　　　　　　　　　　D. 城市维护建设税

2. 在结转损益时，下列账户发生额应转入"本年利润"账户的是（　　）账户。

A."制造费用" 　　B."销售费用" 　　C."管理费用" 　　D."财务费用"

3. 下列各项中，影响企业营业利润的项目有（　　）。

A. 投资收益 　　　　B. 管理费用 　　　　C. 营业外收入 　　　　D. 税金及附加

4. 企业的利润总额，包括（　　）。

A. 营业利润 　　　　B. 投资收益 　　　　C. 营业外收入 　　　　D. 营业外支出

5. 下列账户中，年末结转后应无余额的有（　　）账户。

A."主营业务收入" 　　B."本年利润" 　　C."管理费用" 　　D."利润分配"

三、判断题

1. 利润总额，是指企业的营业利润加投资收益加营业外收支净额减去所得税费用后的余额。　　　　　　　　　　　　　　　　　　　　　　　　　　　　　　（　　）

2. 企业实际交纳的增值税、消费税和城市维护建设税等均应记入"税金及附加"账户。　　　　　　　　　　　　　　　　　　　　　　　　　　　　　　　　（　　）

3. 年末结转后"本年利润——未分配利润"账户的借方余额，即为企业历年积累的未分配利润。　　　　　　　　　　　　　　　　　　　　　　　　　　　　　　（　　）

四、实训题

1. 目的：练习财务成果形成和利润分配业务的核算及记账凭证的填制。

2. 资料：兴海公司 202×年 12 月有关财务成果形成和利润分配业务如下：

（1）18 日，收到永安公司因违反技术服务合同有关条款而支付的罚款金额 4 000 元，款项已存入银行。

（2）25 日，开出转账支票向希望工程捐款 8 000 元。

（3）31 日，结转本月实现的各种收入共计 634 000 元，其中，主营业务收入 630 000 元，营业外收入 4 000 元。

（4）31 日，结转本月发生的各种费用共计 435 720 元，其中，主营业务成本 365 850 元，税金及附加 2 500 元，管理费用 38 370 元，财务费用 1 000 元，销售费用 20 000 元，营业外支出 8 000 元。

（5）31 日，企业按规定计算本月应交所得税（假定无纳税调整项目，所得税税率 25%，不考虑递延所得税）。

（6）31 日，将"所得税费用"账户的本月发生额转入"本年利润"账户。

（7）31 日，根据企业利润分配方案，按本月实现的净利润的 10% 提取法定盈余公积。

（8）31 日，根据企业利润分配方案，企业决定向投资者分配利润 20 000 元。

（9）31 日，将本月实现的净利润转入"利润分配——未分配利润"账户。

（10）31 日，将"利润分配"账户下其他明细分类账户余额转入"利润分配——未分配利润"账户。

3. 要求：

（1）根据上述经济业务编制会计分录，并填制相应种类的记账凭证。

（2）计算本月实现的营业利润、利润总额、净利润和期末未分配利润。

任务6 资金退出业务的核算

学习目标

1. 知识目标
（1）熟悉资金退出业务常见的原始凭证。
（2）掌握资金退出业务的核算需要设置的账户。
（3）掌握资金退出业务的会计处理。

2. 能力目标
（1）能根据企业资金退出业务开展财务核算。
（2）能熟练填制资金退出业务的记账凭证。

3. 素质目标
（1）培养尽职勤勉、勤学苦练的工作作风。
（2）培养严谨细致、精益求精的工匠精神。

知识准备

资金投入企业后，经过一定时期的循环与周转，有一部分资金退出企业，如上交税费、向投资者支付股利、归还银行借款等，使得这部分资金离开本企业，退出本企业的资金循环与周转。本任务仅就企业上交税费、支付投资者股利、归还银行借款业务的核算加以说明。

一、税费计算及上交税费的核算

【例5-47】12月31日，企业计算、结转并上交本月应交增值税（实务中应于下月15日之前交纳）。

$$本月销项税额合计 = 107\ 640（元）$$
$$本月进项税额合计 = 67\ 275（元）$$

本月应交增值税额 = 当月销项税额 - 当月进项税额 = 107 640 - 67 275 = 40 365（元）

月末，应将本月应交的增值税由"应交税费——应交增值税"账户，转入"应交税费——未交增值税"账户。编制会计分录如下：

借：应交税费——应交增值税（转出未交增值税）　　　40 365
　　贷：应交税费——未交增值税　　　　　　　　　　　　　　40 365

注：此业务应编制转账凭证。

实际上交增值税时，编制会计分录如下：

借：应交税费——未交增值税　　　　　　　　　　　40 365
　　贷：银行存款　　　　　　　　　　　　　　　　　　　　　40 365

注：此业务应编制银行付款凭证。

拓展阅读

增值税的纳税期限

《中华人民共和国增值税暂行条例》规定：增值税的纳税期限分别为 1 日、3 日、5 日、10 日、15 日、1 个月或者 1 个季度。纳税人的具体纳税期限，由主管税务机关根据纳税人应纳税额的大小分别核定；不能按照固定期限纳税的，可以按次纳税。

纳税人以 1 个月或者 1 个季度为 1 个纳税期的，自期满之日起 15 日内申报纳税；纳税人以 1 日、3 日、5 日、10 日或者 15 日为 1 个纳税期的，自期满之日起 5 日内预交税款，于次月 1 日起 15 日内申报纳税并结清上月应纳税款。

扣缴义务人解缴税款的期限，依照上述规定执行。

【例 5－48】12 月 31 日，企业以银行存款上交城建税 3 640 元和教育费附加 1 560 元（实务中应于下月 15 日之前交纳）。

此项经济业务的发生，一方面使企业的应交税费减少，应记入"应交税费"账户的借方；另一方面使银行存款减少，应记入"银行存款"账户的贷方。编制会计分录如下：

借：应交税费——应交城建税　　　　　　　　　　　　　　　　　3 640
　　　　　　　——应交教育费附加　　　　　　　　　　　　　　　1 560
　　贷：银行存款　　　　　　　　　　　　　　　　　　　　　　　　　5 200

注：此业务应编制银行付款凭证。

知识链接

城市维护建设税和教育费附加是增值税和消费税的附加税费，以纳税人实际交纳的消费税、增值税为计税依据，纳税义务发生时间与增值税、消费税的纳税义务发生时间一致，分别与增值税、消费税同时交纳。

二、支付投资者股利的核算

【例 5－49】12 月 31 日，企业以银行存款 1 000 000 元，支付投资者利润（实务中应于下年支付）。

此项经济业务的发生，一方面使企业的应付股利减少，应记入"应付股利"账户的借方；另一方面使银行存款减少，应记入"银行存款"账户的贷方。编制会计分录如下：

借：应付股利　　　　　　　　　　　　　　　　　　　　　　1 000 000
　　贷：银行存款　　　　　　　　　　　　　　　　　　　　　　　　1 000 000

注：此业务应编制银行付款凭证。

【提示】

企业发放股利的形式有现金股利、股票股利、财产股利和建业股利，本例中的股利发放形式是现金股利。

三、归还银行借款的核算

【例 5 – 50】 12 月 31 日，企业以银行存款 200 000 元，归还银行长期借款。

此项经济业务的发生，一方面使企业的长期借款减少，应记入"长期借款"账户的借方；另一方面使银行存款减少，应记入"银行存款"账户的贷方。编制会计分录如下：

借：长期借款   200 000

 贷：银行存款   200 000

注：此业务应编制银行付款凭证。

上述资金退出业务的总分类核算如图 5 – 37 所示。

图 5 – 37 资金退出业务的总分类核算

讲解视频 5 – 10 资金退出业务的核算

拓展阅读

企业资金循环周转形态

资金进入企业以后，随着再生产活动而不断地运动着。企业经营资金的运动，即表现为资金的循环周转，也表现为资金的耗费与收回。

资金的循环周转属于资金形态的变化。在供应过程，企业以货币资金购买劳动对象，形成生产储备，企业的资金由货币形态转化为材料储备形态。这是资金循环的第一个阶段。接着，进入生产过程，工人利用劳动手段对劳动对象进行加工，使劳动对象发生形态或性质上的变化，创造出产品。在这一阶段中，一方面向仓库领用材料，同时也动用一部分货币资金支付工资和其他生产费用，企业的资金由材料储备形态、货币形态转化为生产资金（在产品、半成品）形态。这是资金循环的第二个阶段。随着生产的继续进行，在产品、半成品最终转化为完工产品，从而脱离生产过程而成为入库待售的产成品。于是企业的资金再由生产资金形态转化为产品形态。最后，产品通过销售，企业资金由产品形态又转化为货币形态。企业的资金就这样从货币形态开始，顺次经过供、产、销三个连续的阶段，最后又回到原来的出发点，这就是资金的循环。资金循环周而复始，不断重复，这就是资金的周转，总称为流动资金的循环周转。

随 堂 讨 论

资金是企业运行的源头活水，讨论资金在企业的运营中是怎么流动的？

课 后 拓 展

1. 谈谈你对企业资金循环周转的理解。

2. 请以思维导图的形式，总结本任务内容，并以小组为单位进行分享。

同 步 练 习

一、单项选择题

1. 下列不属于资金退出业务的有（ ）。

A. 偿还各项债务   B. 向所有者分配利润

C. 上交各项税金   D. 支付职工工资

2. 以银行存款实际上交增值税的业务，应填制的记账凭证种类为（ ）。

A. 银付凭证   B. 现付凭证   C. 转账凭证   D. 银收凭证

二、多项选择题

1. 资金退出企业的业务主要包括（ ）。

A. 归还各种借款   B. 上交税费

C. 对外投资   D. 支付投资者利润

2. 以银行存款上交城市维护建设税和教育费附加业务的核算，应记入（ ）账户的借方。

A. "银行存款"   B. "应交税费——应交城建税"

C. "应交税费——应交教育费附加"   D. "税金及附加"

三、判断题

1. 资金退出业务的发生，必将引起企业的资产和负债或所有者权益同时减少。（ ）

2. 企业的利润分配业务均属于资金退出业务。 （ ）

四、实训题

1. 目的：练习资金退出业务的核算及记账凭证的填制。

2. 资料：兴海公司202×年12月有关资金退出业务如下：

（1）31日，计算、结转并上交本月应交增值税（实务中应于下月15日之前交纳）。

（2）31日，以银行存款上交城市维护建设税 1 815.59 元，教育费附加778.11 元（实务中应于下月15日之前交纳）。

（3）31日，以银行存款 20 000 元，支付投资者利润（实务中应于下年支付）。

（4）31日，以银行存款 1 000 元，支付银行借款利息。

3. 要求：根据上述经济业务编制会计分录，并填制相应种类的记账凭证。

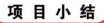

项 目 小 结

　　制造企业是从事生产经营活动的主体，同其他类型的企业相比，它的经营活动经历了供应过程、生产过程和销售过程三个完整的阶段，资金形态从货币资金开始，进入供应过程，转化为固定资金和储备资金；进入生产过程，转化为生产资金，生产过程结束后转化为产品资金；进入销售过程，又转化为货币资金，从而完成了经营资金的一次循环。制造业的主要经济业务包括资金筹集业务、供应过程业务、生产过程业务、销售过程业务、财务成果形成和利润分配业务、资金退出业务。

　　本项目以制造企业一个月的主要经济业务为例，结合其资金运动过程详细阐述了企业基本经济业务核算所需设置的主要账户、编制的会计分录及需要填制的记账凭证等。其中，资金筹集业务的核算介绍了企业实收资本（吸收投资）和银行借款业务的核算；供应过程业务的核算介绍了固定资产购入业务的核算、材料采购业务的核算及材料采购成本的计算；生产过程业务的核算介绍了生产费用的发生、归集和分配的核算，以及产品成本的计算；销售过程业务的核算介绍了企业收入的确认、销售成本的结转、销售费用的发生、税金及附加的计算等业务的核算；财务成果形成和利润分配业务的核算介绍了本年利润的结转、净利润的形成以及对净利润的分配业务的核算；资金退出业务的核算主要介绍了企业上交税费、支付投资者股利和归还银行借款业务的核算。

项目六　登记会计账簿

思维导图

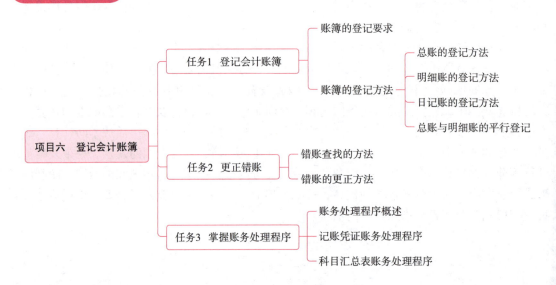

项目六　登记会计账簿
- 任务1　登记会计账簿
  - 账簿的登记要求
  - 账簿的登记方法
    - 总账的登记方法
    - 明细账的登记方法
    - 日记账的登记方法
    - 总账与明细账的平行登记
- 任务2　更正错账
  - 错账查找的方法
  - 错账的更正方法
- 任务3　掌握账务处理程序
  - 账务处理程序概述
  - 记账凭证账务处理程序
  - 科目汇总表账务处理程序

任务引入

宿舍里，正在练习登记账簿的张阳对李彤说："李彤，老师布置的登账作业，我写得不顺手，都快登完了，才发现好几处错误，怎么办啊？是不是都得重新登记？"李彤说："不一定都要重新登记吧，那样工作量太大了。上课时王老师好像说过，不同的登账错误，改正方法是不一样的，要不，我们问问王老师吧。"

随后，李彤给王老师发了信息，请教错账更正的问题。王老师马上就回复了信息："登账容易出现错误，错误类型不一样，更正的方法也不一样。明天上课，我就要讲这些内容，等学习完你就知道应该怎么做了，我先卖个关子。"

任务1　登记会计账簿

学习目标

1. 知识目标

（1）了解账簿的登记要求。

（2）掌握账簿的登记方法。

2. 能力目标

（1）能准确说出账簿的登记要求。

（2）能按要求熟练登记总账、日记账和明细账。

3. 素质目标

（1）培养严谨认真、精益求精的工匠精神。

（2）培养依法依规、遵循准则的职业操守。

知 识 准 备

一、账簿的登记要求

启用订本式账簿，应当从第一页到最后一页顺序编定页数，不得跳页、缺号。使用活页式账页，应当按账户顺序编号，并需定期装订成册。装订后再按实际使用的账页顺序编定总页码，另加目录，记录每个账户的名称和页次。具体记账要求如下：

（一）准确完整

登记会计账簿时，应当将会计凭证日期、编号、内容摘要、金额和其他有关资料逐项记入账内，做到数字准确、摘要清楚、登记及时、字迹工整。登记完毕后，要在记账凭证上签名或者盖章，并在记账凭证的过账栏内注明账簿页数或画"√"，以明确责任，并避免重记或漏记。

（二）书写规范

账簿中书写的文字和数字上面要留有适当空距，不要写满格，一般应占格距的1/2。

（三）用笔规范

登记账簿要用蓝黑墨水或者碳素墨水书写，不得使用圆珠笔或者铅笔书写。下列情况可以用红色墨水记账：

（1）按照红字冲账的记账凭证，冲销错误记录；

（2）在不设借贷等栏的多栏式账页中，登记减少数；

（3）三栏式账户的余额栏前，如未印明余额方向的，在余额栏内登记负数余额；

（4）根据有关规定可以用红字登记的其他会计记录。

（四）连续登记

各种账簿按页次顺序连续登记，不得跳行、隔页。如果发生跳行、隔页，应当将空行、空页划线注销。或者注明"此行空白""此页空白"字样，并由记账人员签名或者盖章。

（五）结计余额

凡需要结出余额的账户，结出余额后，应当在借或贷栏内写明"借"或"贷"字样。没有余额的账户，应当在借或贷栏内写"平"字，并在余额栏内用"0"表示，应当放在"元"位。

（六）过次承前

每一账页登记完毕结转下页时，应当结出本页合计数及余额，写在本页最后一行和下页第一行有关栏内，并在摘要栏内分别注明"过次页"和"承前页"字样，也可以将本页合计数及金额只写在下页第一行有关栏内，并在摘要栏内注明"承前页"字样，以保持账簿记录的连续性，便于对账和结账。

对需要结计本月发生额的账户，结计"过次页"的本页合计数应当为自本月初起到本页末止的发生额合计数；对需要结计本年累计发生额的账户，结计"过次页"的本页合计数应当为自年初起至本页末止的累计数；对既不需要结计本月发生额也不需要结计本年累计发生额的账户，可以只将每页末的余额结转次页。

（七）正确更正

账簿记录发生错误，不准涂改、挖补、刮擦或者用药水去除字迹，不准重新抄写，必须用规定的方法更正。

二、账簿的登记方法

（一）总账的登记方法

总分类账的记账依据和登记方法取决于企业采用的账务处理程序。既可以根据记账凭证逐笔登记，也可以根据经过汇总的科目汇总表或汇总记账凭证等登记。

总账账页中各基本栏目的登记方法如下：

（1）日期栏填写登记总账所依据的记账凭证上的日期。

（2）凭证字、号栏填写登记总账所依据的记账凭证的字（如现收、银收、转、科汇、汇收）和编号。

（3）摘要栏填写所依据的凭证的简要内容。依据记账凭证登账的，应填写与记账凭证一致的摘要内容；依据科目汇总表登账的，可填写"×日至×日发生额×元"字样；依据汇总记账凭证登账的，可填写"第×号至第×号记账凭证"字样。

讲解视频 6－1
总账的登记

（4）借或贷栏表示余额的方向，填写"借"字或"贷"字。

（5）借、贷方金额栏填写所依据凭证上记载的各账户的借、贷方发生额。

（二）明细账的登记方法

不同类型经济业务的明细账，可以根据管理的需要，依据记账凭证、原始凭证或汇总原始凭证逐日逐笔或定期汇总登记。现金、银行存款账户由于已设置了日记账，不必再设明细账，其日记账实质上也是一种明细账。

1. 三栏式明细账

三栏式明细账根据记账凭证，按经济业务发生的顺序逐日逐笔登记。其他各栏目的登记方法与三栏式总账相同。

2. 多栏式明细账

多栏式明细账依据记账凭证顺序逐日逐笔登记。对于借方多栏式明细账，各明细项目的贷方发生额因其未设置贷方专栏，如果出现贷方发生额，则用红字登记在借方栏及明细项目专栏内，以表示对该项目金额的冲销或转出。

3. 数量金额式明细账

数量金额式明细账一般由会计人员和业务人员（如仓库保管员）根据原始凭证按照经

济业务发生的时间先后顺序逐日逐笔登记。

（三）日记账的登记方法

1. 现金日记账的登记方法

讲解视频 6-2 明细账的登记

现金日记账是由出纳人员根据审核后的现金收款凭证和现金付款凭证及从银行提取现金业务的银行存款付款凭证，按经济业务发生的时间逐日逐笔登记。具体登记方法如下：

（1）日期栏填写与现金实际收、付日期一致的记账凭证的日期。

（2）凭证栏填写所入账的收、付款凭证的"字"和"号"。

（3）摘要栏填写经济业务的简要内容。

（4）对方科目栏填写与"库存现金"账户发生对应关系的账户名称。

（5）收入栏、支出栏填写每笔经济业务的现金实际收付的金额。

（6）现金日记账应进行"日清"。每日应在本日所记最后一笔经济业务行的下一行进行本日合计，并在本日合计行内的摘要栏填写"本日合计"字样，分别合计本日的现金收入和现金支出金额，并计算出余额。如果一个单位的现金收付业务不多，可不填写本日合计行，但需结出每日的余额并填写在每日所记的最后一笔经济业务行的余额栏内；每日的现金余额应与库存现金核对，以检查现金收付是否有误。

2. 银行存款日记账的登记方法

银行存款日记账应由出纳员根据与银行存款收付业务有关的记账凭证及将现金存入银行业务的现金付款凭证，按时间先后顺序逐日逐笔登记。现以三栏式日记账为例说明其登记方法。

（1）日期栏填写与银行存款实际收、付日期一致的记账凭证的日期。

（2）凭证栏填写所入账的收、付款凭证的"字"和"号"。

（3）摘要栏填写经济业务的简要内容。

（4）对方科目栏填写与"银行存款"账户发生对应关系的账户名称。

（5）收入栏、支出栏填写银行存款实际收、付的金额。

（6）银行存款日记账应定期与对账单进行核对。每日应在本日所记最后一笔经济业务行的下一行（本日合计行）进行本日合计，并在本日合计行内的摘要栏填写"本日合计"字样，分别合计本日的收入和支出并计算出余额。如果一个单位的银行存款收付业务不多，可不填写本日合计行，但需结出每日的余额并填写在每日所记最后一笔经济业务行的余额栏内；定期应将银行存款日记账的余额与银行送达的对账单核对。

讲解视频 6-3 日记账的登记

（四）总账与明细账的平行登记

总分类账和明细分类账的平行登记，是指经济业务发生后，根据同一会计凭证，分别在总分类账和明细分类账登记的方法。

总分类账与明细分类账平行登记的要点如下：

1. 同时期登记

即对同一经济业务，既要记入有关的总分类账，又要记入所属的明细分类账。如果涉及几个明细分类账，则应分别记入各有关明细账。

2. 同方向登记

即在将经济业务记入总分类账和其所属的明细分类账时，记账方向必须一致，如果总分类账记入借方，明细分类账也必须记入借方；如果总分类账记入贷方，明细分类账也必须记入贷方。

3. 等金额登记

总分类账和明细分类账登记的金额必须相等，如果一笔经济业务同时记入几个明细分类账，则记入总分类账户的金额，应与记入各个明细分类账的金额之和相等。

下面以"原材料"和"应付账款"账户为例，说明总分类账与明细分类账的平行登记。

【例 6 - 1】 202 × 年 12 月 1 日，盛昌公司"原材料"总账借方月初余额为 100 000 元，其中，甲材料 400 千克，每千克 100 元，共计 4 000 元；乙材料 100 千克，每千克 600 元，共计 60 000 元；"应付账款"贷方总账月初余额为 60 000 元，其中，应付恒源公司 40 000 元，应付恒生公司 20 000 元。本月发生经济业务如下：

（1）2 日，生产领用甲材料 100 千克，每千克 100 元，共计 10 000 元；生产领用乙材料 50 千克，每千克 600 元，共计 30 000 元；

（2）2 日，从恒源公司购进甲材料 300 千克，单价 100 元，共计 30 000 元；乙材料 40 千克，单价 600 元，共计 24 000 元，货款尚未支付；

（3）8 日，从恒生公司购进甲材料 200 千克，每千克 100 元，共计 20 000 元，货款尚未支付；

（4）15 日，归还恒源公司购货款 30 000 元，恒生公司购货款 10 000 元。

根据上述资料，编制该公司"原材料"和"应付账款"的总分类账和明细分类账，如表 6 - 1 ～ 表 6 - 6 所示。

表 6 - 1　原材料总分类账　　　　　　　　　　　　　　　　　　　　　　　元

202 × 年		凭证号数	摘要	借方	贷方	借或贷	余额
月	日						
12	1		期初余额			借	100 000
12	2		领用材料		40 000	借	60 000
12	2	（略）	外购材料	54 000		借	114 000
12	8		外购材料	20 000		借	134 000
12	31		本期发生额和余额	74 000	40 000	借	134 000

表 6 - 2　原材料明细分类账

材料名称：甲材料

202 × 年		凭证号数	摘要	收入			发出			结存		
月	日			数量/千克	单价/元	金额/元	数量/千克	单价/元	金额/元	数量/千克	单价/元	金额/元
12	1		期初结存							400	100	40 000
12	2		领用材料				100	100	10 000	300	100	30 000
12	2	略	购进材料	300	100	30 000				600	100	60 000
12	8		购进材料	200	100	20 000				800	100	80 000
12	31		本期发生额和余额	500	100	50 000	100	100	10 000	800	100	80 000

表6-3 原材料明细分类账

材料名称：乙材料

202×年		凭证号数	摘要	收入			发出			结存		
月	日			数量/千克	单价/元	金额/元	数量/千克	单价/元	金额/元	数量/千克	单价/元	金额/元
12	1	略	期初余额							100	600	60 000
12	2		领用材料				50	600	30 000	50	600	30 000
12	2		购进材料	40	600	24 000				90	600	54 000
12	31		本期发生额和余额	40	600	24 000	50	600	30 000	90	600	54 000

表6-4 应付账款总分类账

元

202×年		凭证号数	摘要	借方	贷方	借或贷	余额
月	日						
12	1	略	期初余额			贷	60 000
12	2		外购材料		54 000	贷	114 000
12	8		外购材料		20 000	贷	134 000
12	15		偿还材料款	40 000		贷	94 000
12	31		本期发生额和余额	40 000	74 000	贷	94 000

表6-5 应付账款明细分类账

账户名称：恒源公司

元

202×年		凭证号数	摘要	借方	贷方	借或贷	余额
月	日						
12	1	略	期初余额			贷	40 000
12	2		外购材料		54 000	贷	94 000
12	15		偿还材料款	30 000		贷	64 000
12	31		本期发生额和余额	30 000	54 000	贷	64 000

表6-6 应付账款明细分类账

账户名称：恒生公司

元

202×年		凭证号数	摘要	借方	贷方	借或贷	余额
月	日						
12	1	略	期初余额			贷	20 000
12	8		外购材料		20 000	贷	40 000
12	15		偿还材料款	10 000		贷	30 000
12	31		本期发生额和余额	10 000	20 000	贷	30 000

　　从【例6-1】可以看出，总分类账和明细分类账平行登记的结果，应该达到四个相符：

（1）总分类账的期初余额，应与其所属各个明细分类账的期初余额之和相符。

（2）总分类账的本期借方发生额合计数，应与其所属各个明细分类账的本期借方发生额合计数相符。

（3）总分类账的本期贷方发生额合计数，应与其所属各个明细分类账的本期贷方发生额合计数相符。

（4）总分类账的期末余额，应与其所属各个明细分类账的期末余额之和相符。

知 识 链 接

违反会计法律制度，需承担法律责任

1. 法律规定

《中华人民共和国会计法》第 42 条规定，隐匿或者故意销毁依法应当保存的会计凭证、会计账簿、财务会计报告，构成犯罪的，依法追究刑事责任。第 43 条规定，授意、指使、强令会计机构、会计人员及其他人员伪造、变造会计凭证、会计账簿，编制虚假财务会计报告或者隐匿、故意销毁依法应当保存的会计凭证、会计账簿、财务会计报告，构成犯罪的，依法追究刑事责任。

2. 法院判例

案例：浙江大学原副校长褚健一审被判处有期徒刑 3 年 3 个月。

据新华社 2017 年 1 月 16 日报道，浙江湖州中院 16 日一审公开审理并当庭宣判浙江大学原副校长褚健贪污及故意销毁会计凭证、会计账簿案，决定执行有期徒刑 3 年 3 个月，并处罚金人民币 50 万元；对褚健贪污所得财物予以追缴。法院审理查明，2012 年下半年，被告人褚健指使他人销毁浙江中控软件有限公司、杭州浙大中控自动化公司、浙江大学工业自动化工程研究中心等相关公司的会计账册，情节严重。鉴于在法庭审理过程中，褚健能如实供述自己的犯罪事实，并自愿认罪悔罪，且赃款已全部追缴，具有酌情从轻处罚情节，依法予以从轻处罚。法庭遂作出上述判决。

课 后 拓 展

1. 谈谈你对做假账的认识。
2. 请以思维导图的形式，总结本任务内容，并以小组为单位进行分享。

同 步 练 习

一、单项选择题

1. 下列账簿中，一般情况下不需根据记账凭证登记的账簿是（　　）。

A. 明细分类账　　　　B. 总分类账　　　　C. 日记账　　　　D. 备查账

2. 记账人员根据记账凭证登记完账簿后，要在记账凭证上注明已记账的符号，主要是为了（　　）。

A. 便于明确记账责任　　　　　　　　B. 避免重记或漏记

C. 避免错行或隔页   D. 防止凭证丢失

3. 下列账簿中，要求必须逐日结出余额的是（   ）。

A. 债权债务明细账   B. 现金日记账和银行存款日记账

C. 总账   D. 财产物资明细账

4. 总账、现金日记账和银行存款日记账应采用（   ）。

A. 活页账   B. 订本账   C. 卡片账   D. 以上均可

5. 下列凭证中，不能用来登记总分类账的是（   ）。

A. 原始凭证   B. 记账凭证   C. 科目汇总表   D. 汇总记账凭证

二、多项选择题

1. 下列可以作为登记总分类账依据的有（   ）。

A. 转账凭证   B. 现金、银行存款收付款凭证

C. 原始凭证   D. 科目汇总表

2. 下列各项中，关于银行存款日记账的表述，不正确的是（   ）。

A. 应按实际发生的经济业务定期汇总登记

B. 仅以银行存款付款凭证为记账依据

C. 应按企业在银行开立的账户和币种分别设置

D. 不得使用多栏式账页格式

3. 库存现金日记账的登记依据有（   ）。

A. 银行存款收款凭证   B. 库存现金收款凭证

C. 库存现金付款凭证   D. 银行存款付款凭证

4. 总账与明细账平行登记的要点有（   ）。

A. 记账人员相同   B. 会计期间相同   C. 记账方向相同   D. 金额相同

5. 银行存款日记账的登记依据有（   ）。

A. 银行存款收款凭证   B. 库存现金收款凭证

C. 库存现金付款凭证   D. 银行存款付款凭证

三、判断题

1. 在登记会计账簿时，如果不慎发生隔页，应立即将空页撕掉，并更改页码。（   ）

2. 原材料明细账的每一账页登记完毕结转下页时，可以只将每页末的余额结转次页，不必将本页的发生额结转次页。（   ）

3. 根据具体情况，会计人员可以使用铅笔、圆珠笔、钢笔、蓝黑墨水或红色墨水填制会计凭证，登记账簿。（   ）

任务 2   更正错账

学习目标

1. 知识目标

（1）了解错账的查找方法。

（2）掌握错账的更正方法。

2. 能力目标

（1）能准确地查找错账。

（2）能准确地更正错账。

3. 素质目标

（1）培养严谨认真、精益求精的工匠精神。

（2）培养依法依规、遵循准则的职业操守。

知 识 准 备

一、错账查找的方法

在实际记账过程中，会产生例如重复记账、漏记、数字颠倒、数字错位、数字错误、科目记错、借贷方向记反等错误，从而影响会计信息的准确性。

错账查找的方法主要有以下几种：

（一）差数法

差数法是指按照错账的差数来查找错账的方法。适用借贷方有一方漏记的错误。例如，在记账过程中只登记了经济业务的借方或者贷方，漏记了另一方，从而使试算平衡中借方合计数与贷方合计数不相等。如果借方金额遗漏，就会使该金额在贷方超出；如果贷方金额遗漏，则会使该金额在借方超出。对于这样的差错，可由会计人员通过回忆和与相关金额的记账核对来查找。

（二）尾数法

尾数法是指对于发生的只有角、分差错的，可以只检查小数部分来查找错账的方法。这样可以提高查找错误的效率。

（三）除 2 法

除 2 法是指以差数除以 2 来查找错账的方法。当记账时借方金额错记入贷方（或者相反）时，出现错账的差数就表现为错误的 2 倍，因此将此差数用 2 去除，得出的商就应该是反向的正确的金额。例如，应记入"固定资产"科目借方的 5 000 元误记入贷方，则该科目的期末余额将小于总分类科目期末余额 10 000 元，被 2 除的商 5 000 元即为借贷方向反向的金额。同理，如果借方总额大于贷方 800 元，即应查找有无 400 元的贷方金额误记入借方。

（四）除 9 法

除 9 法是指以差数除以 9 来查找错账的方法。适用于以下两种情况：

1. 将数字写大

例如将 30 写成 300，错误数字大于正确数字 9 倍。查找的方法是，以差数除以 9 得出的商为正确的数字，商乘以 10 后所得的积为错误数字。上例差数 270（即 300 − 30）除以 9 以后，所得的商 30 为正确数字，30 乘以 10（即 300）为错误数字。

2. 将数字写小

例如将 500 写成 50，错误数字小于正确数字 9 倍。查找的方法是，以差数除以 9 得出的商即为写错的数字，商乘以 10 即为正确的数字。上例差数 450（即 500 − 50）除以 9，商 50

即为错数，扩大 10 倍后即可得出正确的数字 500。

二、错账的更正方法

讲解视频 6 - 4
错账的更正

在实际记账过程中，如果发生重记、漏记、数字颠倒、数字错位、数字记错、科目记错、借贷方向记反等错误，不得刮擦、挖补、涂改或用褪色药水更改字迹，必须根据错账的具体情况，采用正确的方法予以更正。

（一）划线更正法

结账以前，如果发现账簿记录中数字或文字错误，过账笔误或数字计算错误，可用划线更正法更正。更正时，先在错误的数字或文字上划一条红线加以注销，但必须保证划去的字迹仍可清晰辨认，以备查考；然后在红线上面空白处写上正确的文字或数字，并由记账人员、会计机构负责人在更正处盖章，以明确责任。需要注意的是，对于错误的数字要整笔划掉，不能只划去其中一个或几个记错的数字。

【例 6 - 2】在依据记账凭证登记账簿时，将数字 18 175 误记为 18 715，不能只划去其中"71"改为"17"，而要把"18 715"全部用红线划去，并在其上方写上"18 175"，即

18 175（印章）

18 715（红线）

（二）红字更正法

（1）记账以后，发现记账凭证中应借应贷符号、科目或金额有错误时，可采用红字更正法更正。更正时先用红字金额编制一笔内容与错误的记账凭证相同的分录，注明更正某年某月某日的错账，据以用红字金额登记有关账簿，冲销原来的错误记录；然后再用正常的蓝字编制正确的记账凭证，据以用正常的蓝字登记入账。

【例 6 - 3】某企业以银行存款 2 500 元支付销售产品广告费。编制记账凭证时误用下列账户，并已记账。

借：管理费用　　　　　　　　　　　　　　　　　　　　　　　　2 500

　　贷：银行存款　　　　　　　　　　　　　　　　　　　　　　　　2 500

更正时，首先填制一张与原错误分录内容完全一样的红字金额记账凭证，并据以登记入账，冲销原错误的账簿记录。

借：管理费用　　　　　　　　　　　　　　　　　　　　　　　　2 500

　　贷：银行存款　　　　　　　　　　　　　　　　　　　　　　　　2 500

再用正常的蓝字编制一笔正确的记账凭证：

借：销售费用　　　　　　　　　　　　　　　　　　　　　　　　2 500

　　贷：银行存款　　　　　　　　　　　　　　　　　　　　　　　　2 500

（2）记账以后，发现记账凭证中应借应贷会计科目正确，但所记金额大于应记金额。可将多记的金额（正确数与错误数之间的差额）用红字填写一张记账凭证，据以登记入账，用以注销多记的金额。

【例 6 - 4】某企业用银行存款归还前面业务所欠货款 8 000 元，但错误地编制了如下会计分录并已经登记入账。

借：应付账款　　　　　　　　　　　　　　　　　　　　　　　　80 000

贷：银行存款　　　　　　　　　　　　　　　　　　　　　　80 000

发现错误以后，应将多记的金额用红字进行注销，其会计分录如下：

借：应付账款　　　　　　　　　　　　　　　　　　　　　72 000

　　贷：银行存款　　　　　　　　　　　　　　　　　　　　72 000

（三）补充登记

记账以后，如果发现原编制的记账凭证中应借应贷科目虽然没有错误，但所记金额少于正确金额，可用补充登记法更正。

更正时，把少记的金额编制一笔与原记账凭证相同的蓝字记账凭证并注明补记某月某日的金额，将其补记入账。

【例 6-5】某企业收到某单位归还欠款 3 500 元存入银行，原始记账凭证把金额误写为 350 元，并已记账。原错误会计分录如下：

借：银行存款　　　　　　　　　　　　　　　　　　　　　　350

　　贷：应收账款　　　　　　　　　　　　　　　　　　　　350

发现上述错误时，可将少记的 3 150（3 500-350）元，再编一笔蓝字会计分录如下：

借：银行存款　　　　　　　　　　　　　　　　　　　　　3 150

　　贷：应收账款　　　　　　　　　　　　　　　　　　　3 150

【提示】

一般来说，发生错账的原因有很多种，比如重记、漏记、数字颠倒、数字错位、数字记错、科目记错、借贷方向记反等错误。因此，首先需要判断发生错账的原因，根据错误类型选择合适的错账更正方法；其次运用适当的错账更正方法完成错账更正。

课后拓展

1. 谈谈你对某一种错账更正方法的看法。

2. 请以思维导图的形式，总结本任务内容，并以小组为单位进行讨论。

同步练习

一、单项选择题

1. 记账人员在登记账簿后，发现所依据的记账凭证中使用的会计科目有误，则更正时应采用的更正方法是（　　）。

A. 涂改更正法　　　　　　　　　　　　B. 划线更正法

C. 红字更正法　　　　　　　　　　　　D. 补充登记法

2. 记账凭证填制正确，记账时文字或数字发生笔误引起的错账，应采用（　　）进行。

A. 划线更正法　　　B. 重新登记法　　　C. 红字更正法　　　D. 补充登记法

3. 记账人员根据正确的记账凭证登记账簿时，误将某账户的 2 000 元现金金额记为 200 元，则该项错账应采用（　　）更正。

A. 划线更正法　　　B. 重新登记法　　　C. 红字更正法　　　D. 补充登记法

二、多项选择题

1. 可以用红色墨水记账的情形有（　　　）。

A. 按照红字冲账的记账凭证，冲销错误记录

B. 在不设借贷等栏的多栏式账页中，登记减少数

C. 在三栏式账户的余额栏前，如未印明余额方向，在余额栏内登记负数余额

D. 在三栏式账户的余额栏前，印明余额方向，也可在余额栏内登记负数余额

2. 记账错误主要表现为漏记、重记和错记三种，错记又表现为（　　　）等。

A. 会计科目错记　　　　　　　　　B. 记账方向错记

C. 金额错记　　　　　　　　　　　D. 记账墨水错用

3. 错账的更正方法，主要有（　　　）。

A. 划线更正法　　　　　　　　　　B. 刮擦更正法

C. 补充登记法　　　　　　　　　　D. 红字更正法

4. 在下列错误中，应采用红字更正法更正的是（　　　）。

A. 记账凭证无误，但记账记录有数字错误

B. 因记账凭证中的会计科目错误而引起的账簿记录错误

C. 记账凭证中的会计科目正确但所记金额大于应记金额而引起的账簿记录错误

D. 记账凭证中的会计科目正确但所记金额小于应记金额而引起的账簿记录错误

三、判断题

1. 若发现记账凭证上应记科目和金额错误，并已登记入账，则可将填错的记账凭证销毁，并另填一张正确的记账凭证，据以入账。　　　　　　　　　　　　　　　　　（　　　）

2. 记账时发生错误或者隔页、缺号、跳行的，应在空页、空行处用红色墨水划对角线注销，或者注明"此页空白"或"此行空白"字样，并由记账人员和会计机构负责人（会计主管人员）在更正处签章。　　　　　　　　　　　　　　　　　　　　　　　　　　　（　　　）

3. 在结账前发现账簿记录有文字或数字错误，但记账凭证没有错误，会计人员应采用红字更正法进行更正处理。　　　　　　　　　　　　　　　　　　　　　　　　　　　（　　　）

任务3　掌握账务处理程序

学习目标

1. 知识目标

（1）了解账务处理程序的意义和种类。

（2）理解各种账务处理程序的工作步骤以及优缺点。

2. 能力目标

（1）能准确地说出账务处理程序的种类。

（2）能按照要求具体应用记账凭证账务处理程序和科目汇总表账务处理程序。

3. 素质目标

（1）培养严谨认真、精益求精的工匠精神。

（2）培养依法依规、遵循准则的职业操守。

知 识 准 备

一、账务处理程序概述

（一）账务处理程序的含义

账务处理程序又称会计核算形式，是指在会计核算中，以账簿体系为核心，把会计凭证、账簿、记账程序和记账方法有机结合起来的技术组织方式。账簿体系是指账簿的种类、格式和各种账簿之间的相互关系。记账程序和记账方法是指从凭证的填制、账簿的登记到编制会计报表的步骤和方法。

在会计核算中，作为会计核算要素的记账方法、凭证、账簿以及会计报表等，只有有机地结合起来，才能形成完整的会计信息处理系统，为各种会计信息使用者服务。所以设计合理的账务处理程序，对于科学地组织会计核算工作，充分发挥会计的职能，更好地完成会计的任务有着十分重要的意义。

（1）合理的账务处理程序可以保证各种会计凭证按照规定的环节和时间有条不紊地进行传递，及时登记账簿、编制会计报表，提高会计核算工作的效率。

（2）合理的账务处理程序可以提供全面、正确、及时的会计资料，满足企业本身经营管理和外部单位对会计资料的需要。

（3）合理的账务处理程序可以简化会计核算环节和手段，避免重复、无效的会计核算工作，从而节约人力、物力和财力。

（4）合理的账务处理程序可以正确地组织会计核算的分工、协作，加强岗位责任制，明确经济责任，充分发挥会计的核算和监督职能。

（二）账务处理程序的种类

由于各单位的业务性质、规模大小各不相同，设置的账簿种类、格式和各种账簿之间的相互关系以及与之相适应的记账程序和记账方法也就不完全相同。不同的账簿体系、记账程序和记账方法相互结合在一起，就形成了不同的账务处理程序。在会计实务中，我国采用的主要账务处理程序如下：

（1）记账凭证账务处理程序；

（2）科目汇总表账务处理程序；

（3）汇总记账凭证账务处理程序；

（4）日记总账账务处理程序；

（5）多栏式日记账账务处理程序。

上述五种账务处理程序中，企事业单位一般采用前三种。本任务着重介绍记账凭证账务处理程序和科目汇总表账务处理程序。

（三）各种账务处理程序的异同

1. 各种账务处理程序的共同点

（1）根据原始凭证填制记账凭证；

（2）根据原始凭证和记账凭证登记日记账和明细分类账；

（3）根据账簿资料编制财务报表。

2. 各种账务处理程序的区别

各种账务处理程序的区别在于登记总分类账的依据和方法不同。

二、记账凭证账务处理程序

（一）记账凭证账务处理程序的概念

记账凭证账务处理程序是指对发生的经济业务事项，都是根据原始凭证或汇总原始凭证编制记账凭证，直接根据各种记账凭证逐笔登记总账的账务处理程序。它是一种最基本的账务处理程序，其他各种账务处理程序都是以这种账务处理程序为基础而发展形成的。

（二）记账凭证账务处理程序下凭证与账簿的设置

采用记账凭证账务处理程序，凭证可以设置收款凭证、付款凭证和转账凭证，用来反映日常业务发生的各种收款、付款和转账经济业务，也可以设置通用的记账凭证，设置现金日记账、银行存款日记账、总分类账和明细分类账；现金日记账、银行存款日记账、总分类账都采用三栏式，明细分类账的格式可以根据实际需要采用三栏式、数量金额式和多栏式。

（三）记账凭证账务处理程序的工作步骤及优缺点

1. 记账凭证账务处理程序的工作步骤

（1）根据原始凭证或汇总原始凭证填制记账凭证。

（2）根据收、付款凭证，每日逐笔登记现金日记账、银行存款日记账。

（3）根据原始凭证、汇总原始凭证或记账凭证，逐笔登记各种明细分类账。

（4）根据记账凭证逐笔登记总分类账。

（5）期末，将现金日记账、银行存款日记账和各明细分类账的余额与总分类账有关账户的余额核对。

（6）期末，根据总分类账和有关明细分类账的数额编制会计报表。

记账凭证账务处理程序如图6-1所示。

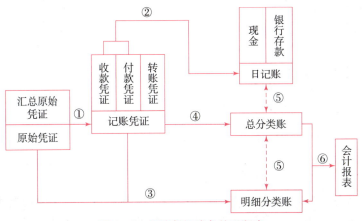

图6-1 记账凭证账务处理程序

2. 记账凭证账务处理程序的优缺点

1）优点

（1）简单明了，易于理解；

（2）手续简单，由于根据记账凭证直接登记总分类账，不进行中间汇总，会计处理十分简便；

（3）总分类账可以较详细地反映经济业务的发生情况。

2）缺点

直接根据记账凭证登记总分类账，登记总分类账的工作量较大。

因此，记账凭证账务处理程序适用于规模较小、经济业务较少、记账凭证不多的单位。

（四）记账凭证账务处理程序的应用

【例6-6】 盛昌公司有关账户期初余额如表6-1~表6-3所示。

（1）公司的经济业务见项目五主要经济业务的核算及记账凭证填制。

（2）依据经济业务，按时间顺序编制记账凭证。

（3）根据记账凭证登记总账（本例只列示"库存现金"总账，其他总账略），"库存现金"总账如表6-7所示。

表6-7 "库存现金"总账

总分类账

会计科目：库存现金

202×年		凭证号数	摘要	借方								贷方								借或贷	余额							
月	日			十	万	千	百	十	元	角	分	十	万	千	百	十	元	角	分		十	万	千	百	十	元	角	分
12	1		期初余额																	借			5	0	0	0	0	0
12	6	现付1												3	0	0	0	0	0	借			2	0	0	0	0	0
12	10	银付8				9	9	0	0	0	0									借	1	0	1	0	0	0	0	0
12	10	现付2												9	9	0	0	0	0	借			2	0	0	0	0	0
12	16	现付3													2	0	0	0	0	借			1	8	0	0	0	0
12	17	现收1						5	0	0	0	0								借			2	3	0	0	0	0
12	31		期末余额		9	9	5	0	0	0	0	1	0	2	2	0	0	0	0	借			2	3	0	0	0	0

三、科目汇总表账务处理程序

（一）科目汇总表账务处理程序的概念

科目汇总表账务处理程序是根据记账凭证当期编制科目汇总表，然后根据科目汇总表登记总分类账。它是在记账凭证账务处理程序的基础上，将登记总分类账的工作进行简化的一种账务处理程序。

讲解视频6-5
账务处理程序

（二）科目汇总表账务处理程序下凭证与账簿的设置

采用科目汇总表账务处理程序时，应根据通用记账凭证或收款凭证、付款凭证、转账凭证定期编制科目汇总表。经济业务较多的企业需要每日汇总，或三五天汇总一次，经济业务较少的企业也可十天或按月汇总。汇总时，应将该期间内的全部记账凭证，按照相同科目归类，汇总每一会计科目的借方本期发生额和贷方本期发生额，填写在科目汇总表的相关栏内，用以反映全部会计科目的本期发生额。

（三）科目汇总表账务处理程序的工作步骤及优缺点

1. 科目汇总表账务处理程序的工作步骤

（1）根据原始凭证或汇总原始凭证填制记账凭证。

（2）根据收、付款凭证，每日逐笔登记现金日记账、银行存款日记账。

（3）根据原始凭证、汇总原始凭证或记账凭证，逐笔登记各种明细分类账。

（4）根据记账凭证定期编制科目汇总表。

（5）根据科目汇总表登记总分类账。

（6）期末，将现金日记账、银行存款日记账的余额与现金总账和银行存款总账的余额进行核对，将各明细分类账的余额与有关总分类账的余额进行核对。

（7）期末，根据总分类账和明细分类账编制会计报表。

科目汇总表账务处理程序如图 6-2 所示。

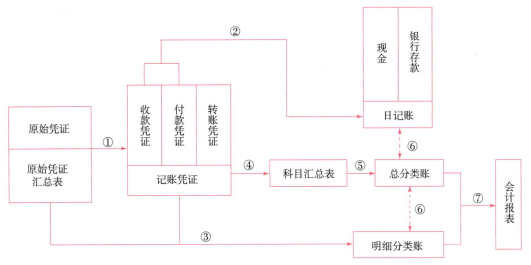

图 6-2　科目汇总表账务处理程序

2. 科目汇总表账务处理程序的优缺点

1）优点

（1）由于采取了汇总登记总分类账的方式，因而简化了总分类账的登记工作，并且科目汇总表的编制方法比较容易、简便。

（2）通过编制科目汇总表，可以进行总分类账本期借方、贷方发生额的试算平衡，保证记账工作的质量。

2）缺点

在科目汇总表和总分类账上，不能明确反映有关账户之间的对应关系，所以不便于分析经济活动情况，不便于查对账目。

科目汇总表账务处理程序一般为经济业务量大的大中型企业所采用。

（四）科目汇总表账务处理程序的应用

【例 6 - 7】盛昌公司有关账户期初余额如表 6 - 1 ~ 表 6 - 3 所示。

（1）公司的经济业务见项目五主要经济业务的核算及记账凭证填制。

（2）依据经济业务，按时间顺序编制记账凭证。

（3）根据上述记账凭证编制科目汇总表，如表 6 - 8 所示（每 10 天编制一次，本例只列前 10 天的科目汇总表，其他略）。

表 6 - 8　科目汇总表

202 × 年 12 月 1—10 日　　　　　　　　　　　　　　　　　　科汇第 1 号

会计科目	总账页数	本期发生额		记账凭证起止号数
		借方	贷方	
库存现金		99 000.00	102 000.00	
银行存款		1 806 800.00	414 124.00	
预付账款		15 000.00		
其他应收款		3 000.00		
在途物资		183 600.00		
原材料		62 400.00		
固定资产	（略）	220 000.00		（略）
短期借款		0	100 000.00	
应付账款		70 200.00	70 200.00	
应付职工薪酬		99 000.00		
应交税费		60 124.00	46 800.00	
长期借款		0	800 000.00	
实收资本		0	726 000.00	
主营业务收入		0	360 000.00	
合计		2 619 124.00	2 619 124.00	

（4）根据科目汇总表登记总账（本例只列示"原材料"总账，其他总账略），"原材料"总账如表 6 - 9 所示。

表 6-9 "原材料"总账

总分类账

会计科目：原材料

202×年		凭证号数	摘要	借方								贷方								借或贷	余额							
月	日			十	万	千	百	十	元	角	分	十	万	千	百	十	元	角	分		十	万	千	百	十	元	角	分
12	1		期初余额																	借			8	7	6	0	0	0
12	11	科汇1			6	2	4	0	0	0	0									借		7	1	1	6	0	0	0
12	21	科汇2		1	9	9	6	0	0	0	0									借	2	7	0	6	0	0	0	0
12	31	科汇3											2	2	7	0	0	0	0	0	借		4	3	7	6	0	0	0
12	31		期末余额	2	6	2	0	0	0	0	0	2	2	7	0	0	0	0	0	借		4	3	7	6	0	0	0

【会计论道与素养提升】

会计职业道德与法律责任

　　近些年来，财务总监变成了"高危职业"，出现财务异常的公司，特别是上市公司，事件的处理结果基本上都少不了"财务总监引咎辞职"或者更换公司财务总监。譬如，2021 年震惊 A 股市场的康美药业财务造假案中，参与财务造假的财务总监、签字的注册会计师均承担连带民事赔偿责任。

　　现实中，金税四期上线以后，很多会计人员更是感受到了无形的压力，一方面是金税四期超强的数据校验和税负预警功能；另一方面是企业老板要求降低企业税负和提升公司效益的要求。会计人员犹如行走在钢丝上，如果不注意协调平衡，就很有可能跌入犯罪的深渊。

　　那么会计人员应如何处理？

　　实务工作中，作为会计人员，一方面要努力提高自身专业水准，坚持财业融合思维，站在公司角度而非单纯财务角度思考问题，主动为业务部门提供解决方案，为企业不断增加价值，有为才有位；另一方面，必须坚持依法依规开展会计工作，保持足够的风险意识，对于经营过程中发现的财务风险及时预警，防患于未然，规避风险；同时，还必须加强职业道德修养，强化法律底线意识，不踩红线，不碰高压线，面对违反会计法律的行为，有说"不"的勇气。

课后拓展

1. 谈谈会计人员如何坚守职业操守。
2. 请以思维导图的形式，总结本任务内容，并以小组为单位进行讨论。

同步练习

一、单项选择题

1. 根据记账凭证逐笔登记总分类账的是（　　）账务处理程序的主要特点。

A. 汇总记账凭证　　　B. 科目汇总表　　　　C. 多栏式日记账　　　D. 记账凭证

2. 科目汇总表账务处理程序和汇总记账凭证账务处理程序的主要相同点是（　　）。

A. 登记总账的依据方法相同　　　　　　B. 汇总凭证的格式相同

C. 记账凭证的汇总方法相同　　　　　　D. 凭证的汇总及记账步骤相同

3. 记账凭证账务处理程序的特点是（　　）。

A. 根据记账凭证逐笔登记总账　　　　　B. 根据汇总记账凭证登记总账

C. 根据记账凭证汇总表登记总账　　　　D. 根据多栏式日记账登记总账

4. 科目汇总表账务处理程序的缺点是不能反映（　　）。

A. 账户借方、贷方发生额　　　　　　　B. 账户借方、贷方余额

C. 账户对应关系　　　　　　　　　　　D. 账户借方、贷方发生额合计

二、多项选择题

1. 科目汇总表（　　）。

A. 能起到试算平衡作用　　　　　　　　B. 反映各科目借方、贷方本期发生额

C. 不反映各科目之间的对应关系　　　　D. 反映各科目之间的对应关系

2. 在各种会计账务处理程序下，明细分类账可以根据（　　）登记。

A. 原始凭证　　　　　　　　　　　　　B. 原始凭证汇总表

C. 记账凭证　　　　　　　　　　　　　D. 汇总记账凭证

3. 在科目汇总表账务处理程序下，记账凭证是用来（　　）的依据。

A. 登记现金日记账　　　　　　　　　　B. 编制科目汇总表

C. 登记明细分类账　　　　　　　　　　D. 登记总分类账

4. 各种账务处理程序所具有的共同点是（　　）。

A. 根据记账凭证登记总分类账

B. 根据收款凭证、付款凭证登记现金日记账、银行存款日记账

C. 根据原始凭证编制汇总原始凭证

D. 根据总账和明细账编制会计报表

三、判断题

1. 在科目汇总表账务处理程序中，每月可以编制多张科目汇总表。　　　　　　（　　）

2. 在不同的账务处理程序下，报表的编制方法不尽相同。　　　　　　　　　（　　）

3. 无论采用何种账务处理程序，明细账既可以根据记账凭证登记，也可以根据部分原始凭证或是原始凭证汇总表登记。　　　　　　　　　　　　　　　　　　　　　（　　）

项目小结

本项目主要阐述了会计账簿的登记方法、错账更正方法以及账务处理程序。

　　在建账的基础上，会计人员应根据审核无误的记账凭证，按照账簿登记规则登记各种账簿。假如在登账过程中发生错误，应根据情况采用相应的更正方法予以更正，常用的错账更正方法包括划线更正法、红字更正法和补充登记法。

　　账务处理程序又称会计核算形式，是指在会计核算中，以账簿体系为核心，把会计凭证、账簿、记账程序和记账方法有机结合起来的技术组织方式。账簿体系是指账簿的种类、格式和各种账簿之间的相互关系。本项目中主要介绍了记账凭证账务处理程序和科目汇总表账务处理程序。

思维导图

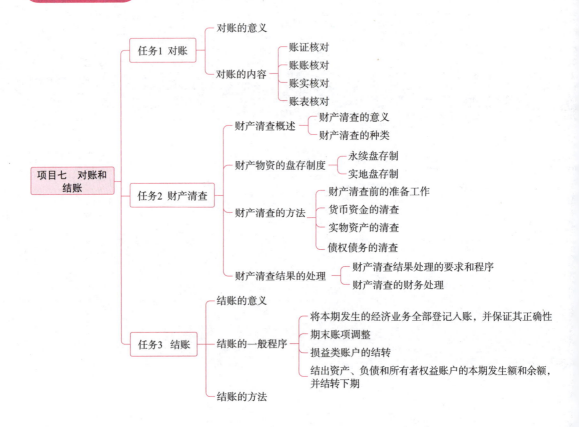

任务引入

元旦放假前，张阳就接到在老家开服装厂的姑姑的电话，说临近年底，厂里的财务人员忙不过来，让他一放假就过来帮忙，张阳心想，我国庆假期已经跟着李会计学习了不少技能，而且现在企业中的基本业务处理我也都学会了，去帮忙肯定没问题，于是非常痛快地答应了姑姑。当他来到财务室时，就看到一名员工正在跟李会计争吵着什么，他静静地站在一边听了一会儿，才明白事情的原委。原来这名员工是公司的采购员，之前采购的一批布料按照合同规定要付款了，李会计当时给开了一张转账支票，结果今天布料厂打电话给采购员，说公司签的是空头支票，账上根本没有那么多钱。李会计说："签支票之前我查了账，当时余额肯定是够的，这几天厂里并没有其他的款项支付，怎么会不够呢？现在你先跟厂家解释一下，我马上跟银行对一下账再回复你。""张阳，正好你过来了，我们去银行打印一下对账单，你来把对账单跟我们的银行存款日记账核对一下，看看是哪里出了问题。"张阳心想："这个账要怎么核对呢？"

任务1 对　账

学习目标

1. 知识目标
（1）了解对账的含义。
（2）理解对账的作用。
（3）掌握三种对账的方法。

2. 能力目标
（1）能够对账簿记录与会计凭证进行账证核对。
（2）能够对不同的会计账簿之间的账簿记录进行账账核对。

3. 素质目标
（1）培养遵纪守法、实事求是、坚持准则的职业操守。
（2）培养严谨细致、真实可靠的工作作风。

知识准备

一、对账的意义

对账就是定期将各种账簿记录与有关资料进行核对的工作。在会计工作中，由于客观或人为原因，难免会发生各种各样的差错，造成有关资料中有勾稽关系的数据不相符的情况。为了保证会计资料的真实性、准确性，为编制财务报表提供准确可靠的数据资料，各单位必须建立对账制度，经常或定期对账，尤其在结账以前必须对账。

二、对账的内容

（一）账证核对

账证核对是指将各种账簿记录与有关原始凭证、记账凭证的时间、凭证字号、内容、金额进行核对，检查记录是否一致，记账方向是否相符。

【提示】
原始凭证的要素能够说明经济事项发生的时间、地点、金额、数量以及具体负责的人员。复式记账能够说明经济事项发生的来源与去向。根据权责发生制，会计能够很好地确认应尽的义务与应得的权利，并能较好地将这些权利与义务进行适当的配比。

账簿是根据经过审核的会计凭证登记的，但实际工作中仍然可能发生账证不符的情况。因此，登记账簿后，要将账簿记录与会计凭证进行核对，做到账证相符。

（二）账账核对

账账核对是指核对不同的会计账簿之间的账簿记录是否相等。各个会计账簿是一个有机的整体，既有分工，又有衔接，总的目的就是全面、系统、综合地反映企事业单位的经济活动与财务收支情况。各种账簿之间的这种衔接关系就是人们常说的勾稽关系。账簿之间的核对包括以下内容：

1. 总分类账的核对

期末通过编制总分类账本期发生额及余额表，核对当期全部总分类账的本期借方发生额合计数与本期贷方发生额合计数是否相符，全部总分类账期末借方余额合计数与期末贷方余额合计数是否相符。如果核对不符，则应查明原因，直到相符为止。

2. 总账与明细账的核对

期末通过编制明细分类账本期发生额及余额表，核对各明细分类账之和与其所属的总分类账的发生额是否相符，方向是否一致；核对各明细分类账的余额之和与其所属的总分类账的余额是否相符，方向是否一致。

3. 总账与日记账的核对

核对"库存现金""银行存款"总账的借贷方发生额合计及余额与同期现金日记账、银行存款日记账的借贷方发生额合计及余额是否相符。

4. 明细账的核对

核对会计部门的各种财产物资明细账的期末余额与财产物资保管部门和使用部门的有关财产物资的明细账期末余额是否相符。

（三）账实核对

账实核对是指各项财产物资、债权债务等账面余额与实有数额之间的核对。具体内容如下：

（1）核对现金日记账的账面余额与库存现金实存数是否相符。核对时，不准以白条抵库。

（2）核对银行存款日记账账面余额与银行对账单的余额是否相符。

（3）核对各项财产物资明细账账面余额与财产物资的实有数额是否相符

（4）核对有关债权债务明细账账面余额与对方单位的账面记录是否相符等。

（四）账表核对

会计在编制报表的过程中，还可以进行账表核对。

账表核对是指将财务报表各项目的数据与有关的账簿相核对，以判断报表各项目的数据是否存在差错，报表是否如实地反映了被审计单位的财务状况、经营成果和现金流量。在进行账表核对时，主要核对以下内容：

（1）核对会计报表中某些数字是否与有关总分类账的期末余额相符。

（2）核对会计报表中某些数字是否与有关明细分类账的期末余额相符。

（3）核对会计报表中某些数字是否与有关明细分类账的发生额相符。

讲解视频 7 - 1
对账

知 识 链 接

对账的技巧

在对账前，会计对供应商提供的对账资料应进行初步审核，不满足条件的对账资料，应

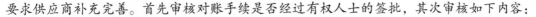

要求供应商补充完善。首先审核对账手续是否经过有权人士的签批，其次审核如下内容：

（1）对于只提供余额无明细账目的对账资料，不予对账。

供应商必须提供最后一次对账以来的全部账目资料；以前从未进行过对账的，必须提供自双方开始业务往来以后的所有账目资料。对于对方因财务决算审计发函要求核对账面余额的，同样应按照上述原则办理。

（2）对于供应商直接依据其销售部门往来资料而非财务部门账目提供对账资料的，不予对账。

双方核对的账目主要应是财务账目，供应商销售部门账目可能与其财务部门账目不符，对账基数存在问题，会给以后的双方清算带来不必要的麻烦，因为最后清算以双方财务账目为准。

（3）对于多年无业务往来的供应商前来对账，即使经过企业有权人士签批，供应商的对账资料也必须加盖供应商公章（或财务专用章），或者提供加盖公章的介绍信，否则不予对账。

因为对多年无业务往来的供应商，会计不太了解其在一定时期的情况，可能原有企业已解体、改制，在一定时期对账及以后催款都可能是个人行为，并不代表原企业，可能对账人并不具有索偿权利。

（4）对于对账手续和账目资料齐全的供应商，应及时对账并出具对账单。

（5）有些供应商属于小企业或个体工商户，账目资料并不齐全，很可能缺失以前年度的账目资料，这种情况如何处理呢？

如果今后双方继续合作，那么应针对现有资料出具"有保留意见的对账单"，至少对账目齐全的年度不拖拉，否则会造成历史遗留问题。所谓有保留意见的对账单，是指在对账单上加一个说明段，说明双方对账由于供应商提供账目不全的原因，只就某年某月以来的账目资料进行对账，以前年度的账目并未核对，暂时以某余额为准出具对账单，采购企业保留根据证据进一步调整账目的权利。

如果供应商账目不全而双方余额又不符，这时供应商通常会同意暂时以双方较小的余额为准出具对账单，如果采购企业余额较小，就不必调整应付账款账面余额；如果供应商余额较小，采购企业就要调低应付账款账面余额，凭对账单确认（债务重组）收益，这时必须由供应商在对账单上签字并同时加盖公章。

（6）对于发票丢失又无法确认是采购企业责任的，采购企业不能在对账单上确认该项债务，应要求供应商调减该债权。

（7）采购企业财务部门如果采用手工账记账的，最难查找的就是串户错误。对方入账，我方账面上没有入账，很可能是下错户，但是从手工账上查串户，非常困难，而使用财务软件的，在财务软件上查找串户就非常容易，主要是查有无该金额的发生额。

（8）为方便对账，应要求供应商下次对账时携带本次对账单或其复印件。

随堂讨论

请谈一谈对账工作的意义。

【会计论道与素养提升】

党的二十大报告指出："我们必须坚持解放思想、实事求是、与时俱进、求真务实，一切从实际出发，着眼解决新时代改革开放和社会主义现代化建设的实际问题。"

对账工作也必须实事求是、求真务实，保证财务数据的准确性、真实性和可靠性。因此，在对账过程中，需要核对各项财务数据的准确性，确保账目无误。如果发现错误，应及时调整和纠正，确保财务数据的真实性和可靠性。

课后拓展

1. 谈一谈对账工作的主要内容及其重要性。
2. 请以思维导图的形式，总结本任务内容，并以小组为单位进行分享。

同步练习

一、单项选择题

1. 在下列有关账项核对中，不属于账账核对的内容是（　　）。
A. 银行存款日记账余额与银行对账单余额的核对
B. 银行存款日记账余额与其总账余额的核对
C. 总账账户借方发生额合计与其明细账借方发生额合计的核对
D. 总账账户贷方余额合计与其明细账贷方余额合计的核对

2. 财务部门财产物资明细账余额与保管部门财产物资明细账的核对属于（　　）。
A. 账账核对　　　　　B. 账证核对　　　　　C. 账实核对　　　　　D. 账表核对

3. 下列对账工作，属于账实核对的是（　　）。
A. 总分类账与序时账核对
B. 总分类账与其所属明细分类账核对
C. 会计部门存货明细账与存货保管部门明细账核对
D. 财产物资明细账账面余额与财产物资实有数核对

4. 在下列有关账项核对中，属于账实核对的内容是（　　）。
A. 现金日记账与现金总账之间的核对
B. 银行存款日记账与银行对账单之间的核对
C. 应收账款总账与其所属明细账之间的核对
D. 会计部门财产物资明细账与财产物资保管和使用部门的有关财产物资明细账之间的核对

5. 为了保证账簿记录的正确性和完整性，必须进行的工作是（　　）。
A. 过账　　　　　B. 结账　　　　　C. 对账　　　　　D. 查账

6. 出纳每天工作结束前都要将现金日记账结清并与现金实存数核对，下列各项中，

（　　）符合此项工作的表述。

A. 账账核对　　　　　　　B. 账证核对　　　　　　C. 账实核对　　　　　　D. 账表核对

7. 对账时，账账核对不包括的内容是（　　）。

A. 总账与其所属明细账之间的核对　　　　B. 总账与日记账的核对

C. 总账与备查账之间的核对　　　　　　　D. 总账各账户的余额核对

8. 下列属于账证核对内容的是（　　）。

A. 会计账簿记录与记账凭证核对

B. 总分类账簿与其所属明细分类账簿核对

C. 原始凭证与记账凭证核对

D. 银行存款日记账与银行对账单核对

9. 下列关于对账的意义，说法不正确的是（　　）。

A. 对账能够保证账簿记录的准确无误和编制会计报表数字的真实可靠

B. 对账能够发现会计工作中的薄弱环节，有利于会计核算质量的不断提高

C. 对账能够加强单位内部控制，建立健全经济责任制

D. 对账能够提高会计人员的工作效率

二、多项选择题

1. 为保证账簿记录的正确性，需对账项进行核对，对账的内容主要包括（　　）。

A. 账账核对　　　　　　　B. 账表核对　　　　　　C. 账实核对　　　　　　D. 账证核对

2. 下列各项中，属于账证核对的有（　　）。

A. 日记账与收款凭证、付款凭证相核对

B. 总账与记账凭证相核对

C. 明细账与记账凭证或原始凭证相核对

D. 总分类账与明细分类账相核对

3. 下列各项中，（　　）属于账证核对的主要内容。

A. 核对会计账簿与原始凭证、记账凭证的时间是否一致

B. 核对会计账簿与原始凭证、记账凭证的凭证字号是否一致

C. 核对会计账簿与原始凭证、记账凭证的内容是否一致

D. 核对会计账簿与原始凭证、记账凭证的金额是否一致

4. 下列各项，属于账实核对内容的是（　　）。

A. 将现金日记账账面余额与库存现金余额核对

B. 将银行存款日记账账面余额与银行对账单余额核对

C. 将有关债权明细账余额与对方单位的账面记录核对

D. 将各项财产物资明细账余额与对应财产物资的实有数核对

5. 对账的意义在于（　　）。

A. 为了保证各种账簿记录的完整性和正确性

B. 如实反映和监督企业经济活动的状况

C. 确保账证相符、账账相符、账实相符

D. 为编制会计报表提供真实可靠的资料

6. 账账核对的内容包括（　　）。

A. 总账有关账户的余额核对   B. 总账与明细账之间的核对

C. 总账与备查簿之间的核对   D. 总账与日记账的核对

三、判断题

1. 任何单位，对账工作每年都应至少进行一次。   （　　）

2. 对账，就是核对账目，即对各种会计账簿之间相对应记录进行核对。 （　　）

3. 会计部门各种财产物资明细分类账的期末余额与财产物资保管或使用部门有关明细账的期末余额核对属于账实核对。   （　　）

任务 2　财产清查

学 习 目 标

1. 知识目标

（1）了解财产清查的意义和种类。

（2）掌握财产物资的盘存制度。

2. 能力目标

（1）能够对货币资金、实物资产、债权债务进行清查。

（2）能够正确处理财产清查结果。

3. 素质目标

（1）培养遵纪守法、廉洁自律、坚持准则的职业操守。

（2）培养严谨细致、精益求精、追求完美的工匠精神。

知 识 准 备

一、财产清查概述

（一）财产清查的意义

1. 财产清查的定义

财产清查是指通过对货币资金、实物和往来款项的盘点和核对，确定其实存数，查明其账实是否相符的一种专门的核算方法。

2. 造成账实不符的原因

根据企业会计核算的要求，应做到账实相符。但由于主观和客观原因，可能会造成账实之间发生差异。造成账实不符的原因归纳起来主要有以下几个：

1）账面记录原因

由于原始凭证或记账凭证的差错而导致账簿记录错误；由于经济业务发生后没有填制或取得凭证而造成账簿无记录；由于会计人员疏忽而造成的重登、漏登、错登等错误。

2）管理方面的原因

在财物收发过程中，由于检验不准确而造成的品种、数量上的差错；由于保管不善或工作人员失职造成的财物损坏、霉烂等；由于贪污、盗窃、舞弊等违纪行为造成的财物损失。

3）客观原因

财物在保管过程中发生的自然升溢或自然损耗；发生自然灾害形成的损失；由于凭证传递时间不一致造成的未达账项等。

正是由于以上原因，影响了账实的一致性，为了保证会计资料真实可靠，保证账实相符，就必须对各种财产物资进行定期或不定期的清查。

3. 财产清查的意义

财产清查是发挥会计监督职能的一种必要手段，它对于正确组织会计核算、改善经营管理、维护财经纪律、保护企业财产等具有重要的意义。

1）账实相符能保证会计资料的真实可靠

通过财产清查，可以查明各项财产物资的实际结存数，将其与账存数核对，以查明账实是否相符，以及账实不符的原因，并按照规定的程序调整账存数，做到账实相符，从而保证会计资料的真实性。

2）加强经济责任制，保护财产物资的安全完整

通过财产清查，可以查明各项财产物资的实际保管情况，有无因管理不善而造成的毁损、霉烂变质、短缺、盗窃等情况，以便及时采取相应的措施，改善管理，加强经济责任制，保护财产物资的安全完整。

3）充分发挥财产物资的潜力，加速资金周转

通过财产清查，可以查明财产物资的储备和利用情况，有无超储积压或储备不足，促使企业充分挖掘财产物资的潜力，加速资金周转，提高资金使用效率。

4）加强法制观念，维护财经纪律

通过财产清查，可以查明企业在财经纪律和有关制度方面的遵守情况，有无贪污、挪用、损失、浪费等情况，有无故意拖欠税款、偷税、漏税等情况，有无不合理的债权债务，是否遵守结算制度。如果发现问题，可及时采取措施予以纠正，或进行相应的处理，从而加强人们的法制观念，以维护财经纪律。

（二）财产清查的种类

1. 按照清查的范围，分为全面清查和局部清查

（1）全面清查是指对企业所有的财产物资进行全面的盘点和核对。全面清查一般在以下几种情况下组织：在年度决算之前，为确保年度会计报表的真实可靠，组织一次全面清查；企业破产、撤销、合并或改变隶属关系时，为了明确经济责任和确定资产、负债的实际数，要进行一次全面清查；在核定资本金或资产评估时，也要进行全面清查。

【提示】

全面清查的特点在于清查的内容全面以及清查的范围具有一定的广泛性，能够全面核实会计主体所有财产物资、货币资金和债权债务的情况，其弊端在于开展全面清查工作的工作量较大，且花费的时间较长。

（2）局部清查是指根据需要，对一部分财产物资所进行的盘点与核对。它一般在以下情况下进行：对流动性较大的物资，如原材料、在产品、产成品等，除在年度决算前进行全面盘点外，每月、每季还要进行轮流盘点或抽查；对各种贵重物资，每月应对其盘点清查一次；对于债权债务，每季度核对一次；对于库存现金，每日业务终了时，应由出纳员自行清点实存数，要与日记账结存额保持相符；对于银行存款和短期借款，应每月与银行核对一

次；遭受自然灾害或发生盗窃事件，以及更换实物保管人时，也要进行局部清查。

【提示】

相对于全面清查而言，局部清查的范围较小，需要投入的人力比较少，花费的时间也较短。但清查结果不能反映会计主体整体的情况。

2. 按照清查的时间，分为定期清查和不定期清查

（1）定期清查是指按照预先安排的时间，对财产物资、货币资金和债权债务等进行的清查。这种清查通常是在年终、季末、月末结账时进行。其清查对象和范围，根据实际需要而决定，可以进行全面清查，也可以进行局部清查。

（2）不定期清查是指事先并无规定清查的时间，而是根据实际需要所进行的清查。它属于临时性的清查，其范围是根据需要而决定的。一般在以下情况下进行：更换财产物资或库存现金保管人员时，要对其保管的财产物资或库存现金进行清查，以分清保管人员的经济责任；上级主管部门和财政、银行以及审计部门对企业进行检查时，应根据检查的要求和范围进行清查；发生非常灾害或意外时，对受灾损失有关的财产物资进行清查，以查明遭受损失情况；企业实行股份制、吸收外商投资、对外联营投资或合并、改组时，要对财产物资进行清查。

二、财产物资的盘存制度

企业确定各项存货期末账面结存数量的方法有两种制度：永续盘存制和实地盘存制。

（一）永续盘存制

永续盘存制，也称账面盘存制，是指根据账簿记录计算账面结存数量的方法。采用这种制度，平时对各项存货的增加数和减少数，都要根据会计凭证连续记入有关账簿，可以随时根据账簿记录结出账面结存数。账面结存数的计算公式如下：

期末存货账面结存金额 = 期初存货账面结存金额 + 本期存货增加金额 − 本期存货减少金额

【例7−1】某企业 A 材料的期初结存及购进和发出的有关资料如下：

12 月 1 日，结存 300 千克，单价 110 元，金额 33 000 元；12 月 6 日，发出 200 千克；12 月 11 日，购进 400 千克，单价 110 元，金额 44 000 元；12 月 18 日，购进 100 千克，单价 110 元，金额 11 000 元；12 月 25 日，发出 500 千克。

根据上述资料，采用永续盘存制，在 A 材料明细账上的记录如表 7−1 所示。

表 7−1　原材料明细账

品名：A 材料

202×年		凭证	摘要	收入			发出			结存		
月	日			数量/千克	单价/元	金额/元	数量/千克	单价/元	金额/元	数量/千克	单价/元	金额/元
12	1		期初							300	110	33 000
12	6		发出				200	110	22 000	100	110	11 000
12	11	略	购进	400	110	44 000				500	110	55 000
12	18		购进	100	110	11 000				600	110	66 000
12	25		发出				500	110	110	100	110	11 000
12	30		合计	500	110	55 000	700	110	77 000	100	110	11 000

通过【例7-1】可以看出，采用永续盘存制的存货盘存制度，可以在A材料明细账中对A材料的收入、发出情况进行连续登记，且随时结出账面结存数，便于随时掌握存货的占用情况及其动态，有利于加强对存货的管理。其不足之处在于账簿中记录的存货的增、减变动及结存情况都是根据有关会计凭证登记的，可能发生账实不符的情况。因此，采用永续盘存制，需要对各项存货定期进行清查，以查明账实是否相符，以及账实不符的原因。

（二）实地盘存制

实地盘存制，也称定期盘存制，不同于永续盘存制。采用这种制度，平时只根据会计凭证在账簿中登记各项存货的增加数，不登记减少数，到月末，对各项存货进行盘点，根据实地盘点或技术推算盘点确定的实存数作为账面结存数量，再倒挤计算出本期各项存货的减少数。计算公式如下：

$$期末存货结存金额 = 期末存货盘点数量 \times 存货单价$$

$$本期存货减少金额 = 期初存货账面结存金额 + 本期存货增加金额 - 期末存货结存额$$

【例7-2】如前例，期末盘点，A材料的结存数量为95千克，采用实地盘存制登记A材料明细账，如表7-2所示。

表7-2 原材料明细账

品名：A材料

202×年		凭证		摘要	收入			发出			结存		
月	日	字	号		数量/千克	单价/元	金额/元	数量/千克	单价/元	金额/元	数量/千克	单价/元	金额/元
12	1			期初							300	110	33 000
12	11			购进	400	110	44 000				700	110	77 000
12	18			购进	100	110	11 000				800	110	88 000
12	30			盘点							95	110	10 450
12	30			发出				705	110	77 550			
12	31			合计	500	110	55 000	705	110	77 550	95	110	10 450

通过【例7-2】可以看出，采用实地盘存制的存货盘存制度，平时在明细账中记录购进成本，不记录发出的数量和金额，虽可以简化存货的核算工作，但各项存货的减少数计算缺少严密的手续，不便于实行会计监督和实物管理。倒挤出的各项存货的减少数中成分复杂，用途不明，无法进行分析和考核。如【例7-1】中结转减少的705千克A材料，除了正常耗用之外，可能还有非正常减少的因素存在，或为毁损，或为丢失，或被盗窃，对此是无法进行判断的。

两种盘存制度都有利弊，但二者相比较，永续盘存制能够加强对存货的管理，能够及时提供有用的资料。因而在实际工作中，绝大部分存货都采用永续盘存制。只有一些价值低、品种多、收发频繁的存货才采用实地盘存制。

知识链接

永续盘存制的优点和缺点

1. 永续盘存制的优点

可以加强对库存品的管理。在库存品明细账中，可以随时反映出每种库存品的收入、发出和结存情况，并在数量和金额两方面进行控制，有利于加强对存货的管理与控制。明细账的结存数，可以通过盘点与实存数进行核对。当发生库存溢余或短缺时，可以查明原因，及时纠正。此外，明细账上的结存数，还可以随时与预定的最高和最低库存限额进行比较，取得库存积压或不足的资料，以便及时组织库存品的购销或处理，加速资金周转。

2. 永续盘存制的缺点

相对于实地盘存制而言，永续盘存制下存货明细账的会计核算工作量较大，尤其是月末一次结转销售成本或耗用成本时，存货结存成本及销售或耗用成本的计算工作比较集中；采用这种方法需要将财产清查的结果同账面结存数进行核对，在账实不符的情况下还需要对账面记录进行调整。

三、财产清查的方法

（一）财产清查前的准备工作

1. 组织准备

进行财产清查要成立财产清查领导小组，有计划、有组织地进行。特别是全面清查，更应在单位负责人的领导下，由领导干部、专业人员和职工代表参加的清查领导小组负责清查工作，制定清查工作计划，明确清查范围、进程，确定具体工作人员的分工和职责，检查清查工作质量，总结清查工作经验教训，提出清查结果的处理意见。

2. 账簿记录的准备

财产清查是为了检查账实相符情况，所以清查前要把有关账目的收发登记齐全，结出余额，并对总账和明细账核对清楚，保证账证相符、账账相符。只有账证相符、账账相符，才能进行账面结存与实物结存的核对工作。

3. 实物整理的准备

财产物资保管部门和保管人员应在进行财产清查之前，将准备清查的财产物资整理清楚，按类别、组别存放整齐。

4. 度量衡器的准备

财产清查前要准备好各种必要的度量衡器，并校正准确。

此外，还要准备有关清查的登记表册。在进行银行存款、银行借款和有关结算款项的清查时，还应取得对账所需的有关资料。

讲解视频 7-2
财产清查认知

（二）货币资金的清查

1. 库存现金的清查

对库存现金的清查主要采用实地盘点法。通过实地盘点来确定库存现金的实存数，然后再与现金日记账的账面余额核对，以查明账实是否相符及盘盈盘亏情况。

库存现金的清查包括出纳人员每日终了前进行的现金账款核对和清查小组进行的定期和不定期的现金盘点、核对。清查小组在盘点现金时，出纳人员必须在场。清查的内容主要是检查是否违反现金管理规定、是否挪用现金、是否白条顶库、是否超过限额留存现金等现象，以及账实是否相符等。

库存现金盘点结束后，应根据盘点的结果以及与现金日记账核对的情况，填写现金盘点报告表，如表7-3所示，由盘点人员、出纳人员及有关负责人签字盖章，并据以调整账簿记录。

表7-3　现金盘点报告表

单位名称：　　　　　　　　　　年　月　日　　　　　　　　　　　　元

实存金额	账存金额	实存与账存对比		备注
		盘盈	盘亏	
盘点人签章：			出纳员签章：	

2. 银行存款的清查

银行存款的清查是采用与开户银行核对账目的方法进行的。就是将本单位的银行存款日记账与开户银行转来的对账单逐笔核对，以确定双方银行存款收入、付出及其余额的账簿记录是否正确的一种方法。为加强银行存款的管理和监督，企业应按规定时间（至少每月一次）与开户银行核对银行存款账。

企业的银行存款与银行对账单的余额不一致，除记账错误外，还可能存在未达账项。所谓未达账项，是指开户银行和本单位之间，对于同一款项的收付业务，由于凭证传递时间不同，导致记账时间的不一致，发生的一方已取得结算凭证登记入账，而另一方由于尚未取得结算凭证尚未入账的会计事项。开户银行和本单位之间的未达账项有四种情况：

（1）企业已收，银行未收款。即企业已经入账而银行尚未入账的收入事项。如企业销售产品收到支票，送存银行后即可根据银行盖章的进账单回单联，登记银行存款的增加，而银行则不能马上登记增加，要等款项收妥后再记增加。如果此时对账，就会形成企业已收，银行未收款的现象。

（2）企业已付，银行未付款。即企业已经入账而银行尚未入账的付出事项。如企业开出一张支票支付购料款，企业可根据支票存根联、发货票等凭证，登记银行存款的减少。而持票人尚未将支票送往银行，银行由于尚未接到支付款项的凭证，所以未登记存款减少，如果此时对账，则形成企业已付，银行未付款的现象。

（3）银行已收，企业未收款。即开户银行已经入账而企业尚未入账的收入事项。如外地某单位给企业汇来款项，银行收到汇单后，登记存款增加，企业由于尚未收到汇款凭证，所以未登记银行存款增加。如果此时对账，就形成了银行已收，企业未收款的现象。

（4）银行已付，企业未付款。即银行已经入账而企业尚未入账的付出事项。如银行代企业支付款（如水电费等），银行取得支付款项的凭证已记银行存款减少，企业由于尚未接到凭证，所以未登记银行存款减少。如果此时对账，则形成银行已付，企业未付款的现象。

上述任何一种未达账项存在，都会使企业银行存款日记账余额与开户银行转来的对账单的余额不符。因此，在与银行对账时，应首先查明有无未达账项，如果有未达账项，可编制银行存款余额调节表，对未达账项调整后，再确定企业与开户银行之间双方记账是否一致，双方的账面余额是否相符。

【例 7 - 3】某企业 12 月银行存款日记账的余额为 280 000 元，银行对账单余额为 370 000 元，经过逐笔核对，查无错账，但有如下几笔未达账项：

（1）企业收到支票一张 10 000 元的销货款，已记银行存款增加，银行尚未记增加；

（2）企业开出支票一张 90 000 元，支付购料款，已记银行存款减少，而持票人尚未将支票送达银行，银行尚未入账记减少；

（3）银行收到外地某单位汇来的本企业销货款 50 000 元，银行已登记增加，企业尚未接到收款通知，未入账。

（4）银行代企业支付电费 40 000 元，银行已登记减少，而企业尚未收到付款通知，未入账。根据以上资料，编制银行存款余额调节表，调整双方余额，银行存款余额调节表的格式如表 7 - 4 所示。

表 7 - 4　银行存款余额调节表

202 × 年 12 月 31 日 元

项目	金额	项目	金额
企业银行存款日记账余额	280 000	银行对账单余额	370 000
加：银行已收，企业未收款	50 000	加：企业已收，银行未收款	10 000
减：银行已付，企业未付款	40 000	减：企业已付，银行未付款	90 000
调节后的存款余额	290 000	调节后的存款余额	290 000

采用这种方法进行调节，双方调节后的余额相等，就说明企业当时实际可以动用的款项为 290 000 元。

需要注意的是，银行存款余额调节表只能起到对账作用，编制银行存款余额调节表的目的，也只是检查账簿记录的正确性，并不是要更改账簿记录。对于银行已经入账而单位尚未入账的业务和本单位已经入账而银行尚未入账的业务，均不能作账务处理。待以后有关业务的凭证实际到达后，再进行账务处理。

讲解视频 7 - 3
货币资金的清查

（三）实物资产的清查

1. 确定财产物资账面结存数的方法

正确地确定财产物资的数量是进行财产物资计价与核算的基础，而财产物资期末数量的确定方法又取决于存货的盘存制度。依据实物资产所适用的盘存制度来确定财产物资的账面结存价值。

2. 清查实物资产

不同种类的财产物资，由于其实物形态、体积、重量、堆放方式不同，采用的清查方法也不同，一般采用的有实地盘点法和技术推算盘点法（简称技术推算法）两种。

（1）实地盘点法。实地盘点法是指在财产物资存放现场逐一清点数量或用计量仪器确定其实存数的一种方法。这种方法适用范围广，要求严格，数字准确可靠，清查质量高，但工作量大。如果事先按财产物资的实物形态进行科学的码放，如五五排列、三三制码放等，都有助于提高清查的速度。

（2）技术推算盘点法。技术推算盘点法是指利用技术方法，例如量方计尺等对财产物资的实存数进行推算的一种方法。这种方法适用于大量成堆，难以逐一清点的财产物资。

为了明确经济责任，进行财产物资盘点时，有关财产物资的保管人员必须在场，并参加盘点工作。对各项财产物资的盘点结果，应逐一如实地登记在盘存单上，并由参加盘点的人员和实物保管人员同时签章生效。盘存单是记录各项财产物资实存数盘点的书面证明，也是财产清查工作的原始凭证之一。盘存单的一般格式如表7-5所示。

表7-5　盘存单

单位名称：　　　　　　　　　　　　　　　　　　　　　　　　　　编号：

盘点时间：　　　　　　　　　　　财产类别：　　　　　　　　　存放地点：

编号	名称	计量单位	数量	单价	金额	备注

盘点人签字或盖章：　　　　　　　　实物保管人签字或盖章：

盘点完毕，将盘存单中所记录的实存数与账面结存余额相对，发现财产物资账实不符时，填制实存账存对比表，确定财产物资盘盈或盘亏的数额。实存账存对比表是财产清查的重要报表，是调整账面记录的原始凭证，也是分析盈亏原因、明确经济责任的重要依据，应严肃认真填报。实存账存对比表的一般格式如表7-6所示。

表7-6　实存账存对比表

单位名称：　　　　　　　　　　　　年　月　日

编号	类别及名称	计量单位	单价	实存		账存		差异				备注
				数量	金额	数量	金额	盘盈		盘亏		
								数量	金额	数量	金额	

主管人员：　　　　　　　　　会计：　　　　　　　　　制表：

（四）债权债务的清查

债权债务的清查主要是指对各种应收款、应付款、预收款、预付款的清查。企业应将欲清查的有关结算款项全部登记入账，并保证账簿记录的完整准确。债权债务的清查一般采用发函询证法进行核对，包括信函、电函、传真、e-mail等查询方式与对方单位核对账目。

对于企业内部各部门的应收、应付款项，可以确定一个时间，由各部门财产清查人员、会计人员直接根据账簿记录进行核对；对于本单位职工的各种代垫、代付款项、预借款等，通常采用抄列清单与本人核对或定期公布的方法加以核查。

对于外部各单位的往来款项，一般根据有关明细账资料按往来单位编制往来款项对账清单，寄交对方单位进行核对。往来款项对账清单一般一式两联，一联作为回联单，对方单位核对无误后应在回联单上盖章后退回本单位；如果发现数额不符，应在回联单上注明不符情况（盖章）或者另抄账单退回，以便进一步核对。往来款项对账清单的格式和内容如表 7－7 所示。

表 7－7　往来款项对账清单

_____单位：

你单位于 202×年 11 月 5 日到我厂购买 A 产品 500 件，已付货款 30 000 元，尚有 50 000 元货款未付，请核对后将回联单寄回。

清查单位：（盖章）

202×年 12 月 20 日

沿此虚线裁开，将以下回联单寄回！

往来款项对账清单（回联单）

_____清查单位：

你单位寄来的往来款项对账清单已收到，经核对相符无误。

单位（公章）

202×年 12 月 28 日

四、财产清查结果的处理

（一）财产清查结果处理的要求和程序

1. 财产清查结果处理的要求

财产清查结果必须按照国家有关财务制度的规定进行处理，应达到以下基本要求：

讲解视频 7－4　实物资产和往来款项的清查

（1）分析产生差异的原因和性质，提出处理建议。财产清查所发现的实存数与账存数的差异，先应进行对比，核定其相差数额，然后调查并分析产生差异的原因，明确经济责任，提出处理意见，处理方案应按规定的程序报请审批。

（2）积极处理多余积压财产，清理往来款项。财产清查的任务不仅是核对账实，而且要通过清查，发现经营管理中存在的问题。如果发现企业多余积压的呆滞物资及长期不清或有争执的债权债务，应当按规定程序报请批准后及时处理。积压物资除在企业内部尽量利用外，应积极组织调拨或销售；债权债务方面存在的问题应指定专人负责，查明原因，限期整理。

（3）总结经验教训，建立健全各项管理制度。企业针对财产清查中暴露出来的问题，通过分析，若是由于规章不严、制度未落实所造成的，说明管理中存在薄弱环节，必须针对管理中存在的不足，提出改进工作的措施，建立健全切实可行的财产管理制度。

（4）及时调整账簿记录，保证账实相符。对于财产清查的结果，必须以国家有关法律法规、规章制度的有关规定为依据处理。对于财产清查中所发现的盘亏、盘盈和毁损，应按

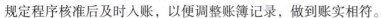

规定程序核准后及时入账，以便调整账簿记录，做到账实相符。

2. 财产清查结果处理的程序

财产清查结果大致有三种情况：第一种情况是实存数等于账存数，即账实相符；第二种情况是实存数大于账存数，即盘盈；第三种情况是实存数小于账存数，即盘亏。对于第一种情况，因为账实相符，在会计上不必进行账务处理。但对第二种和第三种情况，也就是说无论是盘盈还是盘亏，会计上都要进行必要的账务处理。处理的程序分为两个方面：

（1）审批之前的处理。按照规定，在财产清查中发现的盘盈、盘亏、毁损和变质等问题，应认真核准数字，按规定的程序处理。先根据清查中所取得的原始凭证，如盘存单、实存账存对比表，核准财产物资、货币资金及债权债务的盈亏数字，对各项差异产生的原因进行分析，明确经济责任，据实提出处理意见，呈报有关领导和部门批准。在此基础上，应根据实存账存对比表（也称财产盈亏报告单）编制有关记账凭证，并据以登记账簿，调整账簿记录，切实做到账存数与实存数相一致，保证账实相符。

（2）审批之后的处理。对于有关领导部门对所呈报的财产清查结果提出处理意见后，应严格按批复意见进行账务处理，编制记账凭证，登记有关账簿，并追回由于责任者个人原因造成的损失。

（二）财产清查的账务处理

1. 有关账户的设置及其应用

为了核算和监督各单位在财产清查过程中查明的各种财产物资的盘盈、盈亏和毁损及其处理情况，应设置"待处理财产损溢"账户。该账户是一个具有双重性质的账户。各项待处理财产物资的盘盈净值，在批准前记入该账户的贷方，批准后结转已批准处理财产物资的盘盈数登记在该账户的借方，该账户如出现贷方余额，表示尚待批准处理的财产物资的盘盈数；各项待处理财产物资的盘亏及毁损净值，在批准前记入该账户的借方，批准后结转已批准处理财产物资的盘亏及毁损净值，登记在该账户的贷方，该账户如出现借方余额，表示尚待批准处理的财产物资盘亏及毁损数。为了分别核算和监督企业固定资产和流动资产的盈亏情况，分别开设"待处理财产损溢——待处理固定资产损溢"和"待处理财产损溢——待处理流动资产损溢"两个二级明细账户。如图7-1所示。

借方	待处理财产损溢	贷方
财产物资的盘亏及毁损的发生额	财产物资的盘盈发生额	
财产物资的盘盈转销额	财产物资的盘亏及毁损净值	
尚待批准处理的财产物资的盘亏及毁损数	尚待批准处理的财产物资盘盈数	

图7-1 "待处理财产损溢"账户结构

2. 库存现金清查结果的账务处理

【例7-4】某公司在财产清查中发现现金短缺100元，应编制的会计分录如下：

借：待处理财产损溢　　　　　　　　　　　　　　　　　　100

　贷：库存现金　　　　　　　　　　　　　　　　　　　　　　100

经查，上述短款为出纳人员的工作疏忽造成的，应由其负责赔偿，在赔偿款尚未收到之前，应编制的会计分录如下：

借：其他应收款——应收现金短款（××个人）　　　　　　　　　100

　　贷：待处理财产损溢　　　　　　　　　　　　　　　　　　　　　100

如属于应由保险公司赔偿的现金短款，则对应的借方科目为"其他应收款——应收保险赔偿"；如属于无法查明的原因造成的现金短款，则对应的借方科目为"管理费用——现金短款"。

【例 7-5】 某公司在财产清查中发现现金溢余 200 元，应编制的会计分录如下：

借：库存现金　　　　　　　　　　　　　　　　　　　　　　　　200

　　贷：待处理财产损溢　　　　　　　　　　　　　　　　　　　　　200

经核查，未查明上述现金溢余的原因，经批准做营业外收入处理，应编制的会计分录如下：

借：待处理财产损溢　　　　　　　　　　　　　　　　　　　　　200

　　贷：营业外收入——现金溢余　　　　　　　　　　　　　　　　　200

如现金的溢余属于应支付给其他单位或个人的，则对应的贷方科目为"其他应付款——应付现金溢余"（某个人或某单位）。

3. 实物清查结果的账务处理

（1）存货清查结果的账务处理。

【例 7-6】 某公司在财产清查中发现甲材料盘盈 60 千克，价值 3 000 元，应编制会计分录如下：

借：原材料　　　　　　　　　　　　　　　　　　　　　　　　3 000

　　贷：待处理财产损溢　　　　　　　　　　　　　　　　　　　　3 000

经查，上述盘盈的原因为计量器具不准造成的，经批准冲减本月的管理费用，编制的会计分录如下：

借：待处理财产损溢　　　　　　　　　　　　　　　　　　　　3 000

　　贷：管理费用　　　　　　　　　　　　　　　　　　　　　　　3 000

【例 7-7】 某公司因管理不善造成原材料毁损共计 10 000 元，该批原材料购进时增值税为 1 300 元。

购进的原材料发生非正常损失时，其进项税额应予以转出，所以应编制的会计分录如下：

借：待处理财产损溢　　　　　　　　　　　　　　　　　　　11 300

　　贷：原材料　　　　　　　　　　　　　　　　　　　　　　10 000

　　　　应交税费——应交增值税（进项税额转出）　　　　　　　1 300

上述损失应由企业投保的保险公司赔付 8 000 元，余额经批准列作企业的营业外支出，编制的会计分录如下：

借：其他应收款——应收保险款　　　　　　　　　　　　　　8 000

　　营业外支出　　　　　　　　　　　　　　　　　　　　　3 300

　　贷：待处理财产损溢　　　　　　　　　　　　　　　　　　11 300

（2）固定资产清查结果的账务处理。

【例 7-8】 某公司在财产清查中发现短少设备一台，该设备的账面原值为 50 000 元，已计提折旧 20 000 元，应编制的会计分录如下：

借：待处理财产损溢   30 000

  累计折旧   20 000

  贷：固定资产   50 000

经批准，上述固定资产盘亏的原因转作为企业的营业外支出，应编制的会计分录如下：

借：营业外支出   30 000

  贷：待处理财产损溢   30 000

讲解视频 7-5 财产清查结果的处理

 【会计论道与素养提升】

    党的二十大报告指出："要弘扬社会主义法治精神，传承中华优秀传统法律文化，引导全体人民做社会主义法治的忠实崇尚者、自觉遵守者、坚定捍卫者。"

    财务人员由于工作性质，经常接触企业的钱财，诱惑较多，如果违背了法律要求，利用自身工作职务便利，侵占企业资金，既是违法行为，又违背了会计工作者的职业道德。因此会计工作者在工作生活中要坚持纪律底线，增强守纪意识，心存敬畏，清清白白做人，踏踏实实做事，绝不违法违纪。

    同时，各企业也要完善企业财务制度，加强监督管理，从制度上杜绝贪腐挪用等职务违法犯罪行为的发生。

课后拓展

1. 你认为企业出现账实不符的原因是什么？
2. 讨论如果企业不进行财产清查，会有什么样的影响？
3. 请以思维导图的形式，总结本任务内容，并以小组为单位进行分享。

同步练习

一、单项选择题

1. （　　）是指通过对货币资金、实物和往来款项的盘点和核对，确定其实存数，查明账实是否相符的一种专门的核算方法。

A. 财产清查   B. 对账   C. 结账   D. 财产复核

2. 下列选项中，（　　）属于账面记录原因造成的账实不符。

A. 经济业务发生后没有取得原始凭证

B. 工作人员检验不准确

C. 保管不善

D. 物资发生自然损耗

3. 下列选项中，（　　）属于管理原因造成的账实不符。

A. 盗窃造成的物资毁损　　　　　　　B. 原始凭证错误

C. 登账错误　　　　　　　　　　　　D. 自然灾害

4. 下列选项中，（　　）属于客观原因造成的账实不符。

A. 自然灾害　　　　　　　　　　　　B. 盗窃造成的物资毁损

C. 原始凭证错误　　　　　　　　　　D. 登账错误

5. （　　）是指对企业所有的财产物资进行全面的盘点和核对。

A. 全面清查　　　　B. 局部清查　　　　C. 定期清查　　　　D. 不定期清查

6. 对于企业贵重物资，应（　　）进行盘点清查。

A. 每月　　　　　　B. 每天　　　　　　C. 每季　　　　　　D. 每年

7. 对于债权债务，应（　　）进行核对清查。

A. 每月　　　　　　B. 每天　　　　　　C. 每季　　　　　　D. 每年

8. 货币清查的内容是（　　）。

A. 短期借款　　　　　　　　　　　　B. 长期借款

C. 外埠存款　　　　　　　　　　　　D. 库存现金、银行存款和其他货币资金

9. 对库存现金的清查，一般采用（　　）。

A. 实地盘点法　　B. 技术推算法　　C. 发函询证法　　D. 核对账目法

10. 银行存款的清查，一般采用（　　）。

A. 技术测算法　　　　　　　　　　　B. 实地盘点法

C. 外调核对法　　　　　　　　　　　D. 与银行对账单相核对

11. 清查小组对库存现金清查时，下列人员必须在场的是（　　）。

A. 会计主管　　　B. 仓库保管员　　C. 单位负责人　　D. 出纳人员

12. 现金清查中发现的溢余，应首先通过（　　）科目核算。

A. 营业外收入　　　　　　　　　　　B. 待处理财产损溢

C. 其他应付款　　　　　　　　　　　D. 其他应收款

13. 甲公司 5 月 31 日银行对账单余额 800 000 元，经逐笔核对，发现两笔未达账项：①企业已收，银行未收 50 000 元；②企业已付，银行未付 80 000 元。调节后企业银行存款实有数额为（　　）。

A. 720 000 元　　B. 770 000 元　　C. 850 000 元　　D. 880 000 元

14. 会导致单位银行存款日记账余额大于开户银行对账单余额的未达账项是（　　）。

A. 单位已收，银行未收款项与银行已收，单位未收款项

B. 单位已付，银行未付款项与银行已付，单位未付款项

C. 单位已收，银行未收款项与银行已付，单位未付款项

D. 单位已付，银行未付款项与银行已收，单位未收款项

15. 产生未达账项的原因是（　　）。

A. 双方结账时间不一致　　　　　　　B. 双方记账时间不一致

C. 双方记账金额不一致　　　　　　　D. 双方对账时间不一致

二、多项选择题

1. 下列选项中，（　　）属于管理原因造成的账实不符。

A. 工作人员检验不准确　　　　　　B. 保管不善造成物资损失

C. 发生贪污造成物资损失　　　　　D. 自然灾害

2. 财产清查可以（　　　）。

A. 保障会计资料的真实可靠　　　　B. 保护物资的安全性

C. 加速资金周转　　　　　　　　　D. 维护财经纪律

3. 下列选项中，（　　　）属于不定期清查的范围。

A. 更换库存现金保管人员时　　　　B. 政府行政部门要求时

C. 发生自然灾害造成物资毁损时　　D. 企业股份制改革时

4. 存货期末账面结存数量的方法有（　　　）。

A. 永续盘存制　　　B. 实地盘存制　　　C. 先进先出法　　　D. 后进先出法

5. "待处理财产损溢"账户属于资产类账户，该账户用于核算各项财产物资的（　　　）。

A. 盘盈数　　　　　　B. 盘亏数　　　　　C. 报废数　　　　D. 出售数

6. 企业确定财产物资账面结存数量的方法有（　　　）。

A. 实地盘存制　　　B. 加权平均法　　　C. 权责发生制　　　D. 永续盘存制

7. 财产清查的结果大致有（　　　）几种情况。

A. 账实相符　　　　　B. 盘盈　　　　　　C. 账账相符　　　　D. 盘亏

8. 待处理财产损溢的借方有（　　　）。

A. 财产盘亏和毁损的发生额　　　　B. 财产盘盈的发生额

C. 财产盘盈的转销额　　　　　　　D. 财产盘亏及毁损的转销额

9. 财产清查中，发现库存现金盈余，未找到原因，应编制的会计分录是（　　　）。

A. 借：库存现金　　　　　　　　　B. 贷：营业外收入

C. 贷：待处理资产损溢　　　　　　D. 借：应收账款

三、判断题

1. 记账凭证差错会造成账实不符。　　　　　　　　　　　　　　　　（　　　）

2. 由于凭证传递时间不一致所造成的未达账项会导致账实不符。　　（　　　）

3. 实际工作中，绝大多数存货都是应用实地盘存制。　　　　　　　（　　　）

4. 价值低、品种多、收发频繁的存货适合永续盘存制。　　　　　　（　　　）

5. 货币资金的清查采用核对账目法。　　　　　　　　　　　　　　（　　　）

6. 企业在现金清查中，对确实无法查明原因的长款，应记入营业外收入。（　　　）

7. 货币资金的清查主要是对现金和银行存款的清查。　　　　　　　（　　　）

8. 在进行财产物资盘点时，实物保管员必须在场。　　　　　　　　（　　　）

9. 实地盘点法是指在财产物资存放现场逐一清点数量或用计量仪器确定其实存数的一种方法。　　　　　　　　　　　　　　　　　　　　　　　　　　　（　　　）

10. 抽查法属于清查实物资产的方法之一。　　　　　　　　　　　（　　　）

四、实训题

1. 红星工厂202×年6月30日银行存款日记账账面余额为41 353元，开户银行送达的对账单显示银行存款余额为43 835元。经核查，发现有以下几笔未达账项：

（1）企业已送达银行票号为34835转账支票一张，面额1 765元，企业已增加银行存款，开户行尚未入账。

（2）银行代企业支付水费 183 元，银行已入账，减少企业银行存款，企业尚未接到通知，没有入账。

（3）银行代企业收销货款 3 950 元，银行已入账，增加企业银行存款，企业尚未接到通知，没有入账。

（4）企业开出票号为 49 201 转账支票一张，购买办公物品共计金额 480 元，企业已记银行存款减少，银行尚未入账。

要求：根据上述资料，编制银行存款余额调节表，并指出企业月末可动用的银行存款实有数额。

2. 华茂工厂 202 × 年年终进行财产清查，在账实清查中发现以下问题：

（1）盘亏甲产品 6 件，每件 35 元。

（2）盘盈乙材料 260 千克，每千克 15 元。

（3）盘亏 A 型设备 1 台，账面原值 1 700 元，已计提折旧 920 元。

（4）盘亏甲材料 350 千克，每千克 18 元，该批材料购进时增值税进项税额为 819 元。

（5）盘亏乙材料 400 千克，每千克 20 元，该批材料购进时增值税进项税额为 1 040 元。

上述业务清查结果经逐项核实如下：

（1）甲产品损失，属于人为失职造成的，应由其负责赔偿。

（2）盘盈乙材料为计量不准造成的，按规定转销管理费用。

（3）盘亏 A 型设备 1 台，已报废，按规定转作营业外支出。

（4）盘亏甲材料，是管理不善造成的，已无法收回，可转作管理费用。

（5）由于自然灾害，造成乙材料损失，向保险公司索赔 5 000 元，其余转作营业外支出。

要求：根据上述财产清查中的问题和批准结果，编制相应的会计分录。

任务3　结　　账

学习目标

1. 知识目标

（1）熟悉结账的一般程序。

（2）掌握结账的方法。

2. 能力目标

（1）能对各类日记账、明细账、总分类账进行月结。

（2）能对各类日记账、明细账、总分类账进行年结。

3. 素质目标

（1）培养遵纪守法、廉洁自律、坚持准则的职业操守。

（2）培养严谨细致、精益求精、追求完美的工匠精神。

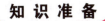

一、结账的意义

为了总结某一会计期间（月份、季度、半年度、年度）的经营情况，了解财务状况，考核经营成果，以便编制财务报告，在账务处理上，必须定期在每一个会计期间终了时进行结账。结账是指在一定时期（月份、季度、半年度、年度）内发生的经济业务全部登记入账的基础上，将各种账簿的记录结算出本期发生额和期末余额，并将期末余额转入下期的一项会计工作。另外，企业由于撤销、合并而办理账务交接时也要办理结账。

〔提示〕

企业的结账日期理论上是最后一天，月份的结账日是月末最后一天，季度结账日是季度的最后一天；年度的结账日是 12 月 31 日。

实际工作中，企业会提前几天结账，年底还可能封账几天，便于结算和出报表。一般是每月的 25 日结账，后续的报销或费用等顺延至下月。年底，一般是当年的 12 月 25 日封账，次年的 1 月 15 日左右开账。

二、结账的一般程序

（一）将本期发生的经济业务全部登记入账，并保证其正确性

在会计核算工作中，为了归类记录和反映资产、负债、所有者权益、收入、费用和利润六大会计要素的增减变化情况，并为编制财务会计报告提供所需的各种数据资料，有必要将记账凭证所提供的分散资料分别登记到相应的会计账户中去。结账前，必须查明本期内发生的经济业务是否已全部入账，若发现漏记、错记，应及时补记、更正。不得为赶编制财务会计报告而提前结账，也不能把本期发生的经济业务延至下期入账，更不得先编制财务会计报告后结账。

（二）期末账项调整

根据权责发生制的要求，调整有关账项，合理确定本期应计的收入和应计的费用。期末账项调整主要包括以下内容：

1. 应计收入的调整

应计收入的调整是指本期已发生而且符合收入的确认条件，应归属本期的收入，但尚未收款的款项，如未入账的产品销售收入或劳务收入，应计入本期收入。

2. 应计费用的调整

应计费用的调整是指本期已发生应归属本期费用，但尚未实际支付款项而未入账的成本、费用，应计入本期费用，如应计银行短期借款利息等。

3. 收入分摊的调整

收入分摊的调整是指前期已经收到款项，但由于尚未提供产品或劳务，因而在当时没有确认为收入入账的预收款项，本期按照提供产品或劳务的情况进行分摊，确认为本期收入。

4. 费用分摊的调整

费用分摊的调整是指原来预付的各项费用应确认为本期费用的调整，如各种待摊性质的

费用。

5. 其他期末账项调整事项

其他期末账项调整事项，如固定资产的折旧、结转完工产品成本和已售产品成本等。

> **知 识 链 接**

期末账项调整的意义是为了正确地分期计算损益，即正确地划分相邻会计期间的收入和费用，使应属报告期的收入和成本费用相配比，以便正确地结算各期的损益和考核各会计期间的财务成果。

（三）损益类账户的结转

将损益类账户转入"本年利润"账户，结平所有损益类账户，如"主营业务收入"账户、"其他业务收入"账户、"营业外收入"账户、"投资收益"账户、"主营业务成本"账户、"其他业务成本"账户、"营业外支出"账户、"财务费用"账户、"管理费用"账户、"销售费用"账户、"所得税费用"账户等。

（四）结出资产、负债和所有者权益账户的本期发生额和余额，并结转下期

应将本期实现的各项收入与发生的各项费用，编制记账凭证，分别从各收入账户与费用账户转入"本年利润"账户的贷方和借方，以便计算确定本期的财务成果；在本期全部经济业务登记入账的基础上，结算出所有资产、负债、所有者权益账户的本期发生额和期末余额。

三、结账的方法

（1）对不需要按月结记本期发生额的账户，如各项债权债务明细账和各项财产物资明细账等，每次记账以后，都要随时结出余额，每月最后一笔余额即为月末余额。月末结账时，只需要在最后一笔经济业务记录之下通栏划单红线，不需要再结记一次余额。

（2）库存现金、银行存款日记账和需要按月结记发生额的收入、费用等明细账，每月结账时，要在最后一笔经济业务记录下面通栏划单红线，结出本月发生额和余额，在摘要栏内注明"本月合计"字样，在下面再通栏划单红线。

（3）需要结记本年累计发生额的某些明细账，如收入、费用等明细账，每月结账时，应在"本月合计"行下结出自年初起至本月末止的累计发生额，登记在月份发生额下面，在摘要栏内注明"本年累计"字样，并在下面再通栏划单红线。12 月末的"本年累计"就是全年累计发生额，全年累计发生额下通栏划双红线。

（4）总账账户平时只需结出月末余额。年终结账时，为了总括反映本年全年各项资金运动情况的全貌，核对账目，要将所有总账账户结出全年发生额和年末余额，在摘要栏内注明"本年合计"字样，并在合计数下通栏划双红线。

（5）年度终了结账时，有余额的账户，要将其余额结转下年。并在摘要栏内注明"结转下年"字样。结转的方法是，将有余额的账户的余额直接记入新账余额内，不需要编制记账凭证，也不必将余额再记入本年账户的借方或贷方，使前面有余额的账户的余额为零。在下一会计年

讲解视频 7-6　结账

度新建有关的会计账簿的第一行余额栏内填写上年结转的余额，并在摘要栏内注明"上年结转"字样。

随堂讨论

期末账项调整具体是指什么呢？

课后拓展

1. 请每位学生总结一下企业结账时要注意的事项。
2. 请针对结账过程中应体现的会计职业素养，谈一谈你的理解。
3. 请以思维导图的形式，总结本任务内容，并以小组为单位进行分享。

同步练习

一、单项选择题

1. 企业的结账时间为（　　　）。

A. 每项业务登记以后　　　　　　　　B. 每日终了时

C. 一定时间终了时　　　　　　　　　D. 会计报表盘查后

2. 下列关于结账的表述，不正确的是（　　　）。

A. 企业按期进行结账，具体包括日结、月结、季结和年结

B. 结账通常包括结清各种损益类账户，以及结出资产、负债和所有者权益账户的本期发生额合计和期末余额

C. 库存现金、银行存款日记账每月结账时，在最后一笔经济业务记录下面通栏划单红线

D. 12 月末的本年累计就是全年累计发生额，全年累计发生额下面通栏划双红线

3. 企业进行年终结账时，要在总账摘要栏内注明"本年合计"字样，结出全年发生额和年末余额，并在合计数（　　　）。

A. 上方通栏划单红线　　　　　　　　B. 下方通栏划单红线

C. 上方通栏划双红线　　　　　　　　D. 下方通栏划双红线

4. 期末根据账簿记录，计算并结出各账户的本期发生额和期末余额，在会计上叫（　　　）。

A. 对账　　　　　　B. 结账　　　　　　C. 调账　　　　　　D. 查账

5. 结账时应划通栏双红线的情形是（　　　）。

A. 月结　　　　　　B. 季结　　　　　　C. 半年结　　　　　　D. 年结

二、多项选择题

1. 结账是一项将账簿记录定期结算清楚的账务工作。在一定时期结束后，为了编制财务报表，需要进行结账，具体包括（　　　）。

A. 月结　　　　　　B. 季结　　　　　　C. 半年结　　　　　　D. 年结

2. 年终结账时，要将所有总账账户结出（　　），在摘要栏内注明"本年合计"字样，并在合计数下通栏划双红线。

A. 累计发生额　　　　　　　　　　B. 全年发生额

C. 年末余额　　　　　　　　　　　D. 上年结转的余额

3. 下列结账方法正确的是（　　）。

A. 对于不需要按月结计发生额的账户，每月最后一笔余额即为月末余额。月末结账时，只需要在最后一笔经济业务记录之下通栏划单红线

B. 12 月末，结账时，在"本年累计"发生额通栏划双红线

C. 在年终结账时，在"本年合计"栏下通栏划双红线

D. 现金、银行存款日记账，每月结账时，在摘要栏注明"本月合计"字样，并在下面通栏划双红线

4. 下列选项中，属于结账流程的是（　　）。

A. 将本期发生的经济业务全部登记入账，并保证其正确性

B. 调整期末账项

C. 结转损益类账户

D. 结出资产、负债和所有者权益账户的本期发生额和余额，并结转下期

三、判断题

1. 结账就是结算每个账户期末余额的工作。　　　　　　　　　　　　　　（　　）

2. 在每一个会计期间可多次登记账簿，但结账只有一次。　　　　　　　　（　　）

3. 结账是指在会计期末对一定时期内账簿记录所做的核对工作。　　　　　（　　）

4. 在结账前应将本期发生的经济业务事项全部登记入账，并保证其正确性，不能漏记或错记。　　　　　　　　　　　　　　　　　　　　　　　　　　　　　（　　）

5. 月结时，在本月最后一笔经济业务下面通栏划双红线，结出本月发生额合计和月末余额。　　　　　　　　　　　　　　　　　　　　　　　　　　　　　　（　　）

6. 结账的标志为划红线，月结划单红线，季结、年结划双红线。　　　　　（　　）

项目小结

登记账簿后，需要结账，才能进入下一个环节，即编制财务会计报告，为了保证对外提供的会计信息的真实可靠，在结账前必须进行对账工作。对账是指为保证账簿记录的真实可靠，对账簿及其记录的有关数据进行检查和核对的工作。通过对账，应当做到账证相符、账账相符、账实相符。对账工作结束后，才能按照规定的要求结账。

本项目以会计工作流程中的对账和结账的工作内容为立足点，结合具体的工作要求和工作步骤展开知识。首先，介绍对账的含义、意义和内容；其次，围绕着"账实不符"的情况引出财产清查，结合财产清查的工作内容和工作步骤，通过财产清查所使用的单证等实物，由感性到理性，引出对货币资金和实物资产清查方法的应用，并重点对清查结果的会计处理进行描述，从而顺利完成企业的对账工作；最后，在对账工作完成后，按照规定的要求进行结账。

项目八 编制会计报表

思维导图

- 项目八　编制会计报表
  - 任务1　认识财务会计报告
    - 财务会计报告的含义及作用
    - 财务会计报告的构成内容
      - 会计报表
      - 会计报表附注
    - 财务会计报告的种类
      - 按所反映的经济内容分类
      - 按编制的时间分类
      - 按服务的对象分类
      - 按编制基础分类
    - 财务会计报告的编制要求
      - 数字真实
      - 计算准确
      - 内容完整
      - 编报及时
      - 便于理解
  - 任务2　编制资产负债表
    - 资产负债表的概念和作用
    - 资产负债表的结构和内容
      - 资产负债表的结构
      - 资产负债表的内容
    - 资产负债表的编制方法
      - 资产负债表"年初余额"栏的填列
      - 资产负债表"期末余额"栏的填列
    - 资产负债表编制举例
  - 任务3　编制利润表
    - 利润表的概念和作用
      - 利润表的概念
      - 利润表的作用
    - 利润表的结构
      - 单步式利润表
      - 多步式利润表
    - 利润表的编制方法
    - 利润表编制举例

任务引入

　　教室中，张阳翻看着"会计学基础"教材，若有所思地说："我现在已经知道公司创业以后经营业务都有哪些了，也知道会计是怎么记账的了，我是不是就可以开公司了？"

　　"总觉得还差点什么。"李彤说，"你记了那么多账，你的公司到底经营得怎么样？赚钱了吗？"

　　"我对公司的业务既做了会计凭证，也登记了账簿，查查不就可以了？"张阳说。

　　"那你得查到什么时候？公司那么多业务，填了这么多会计凭证和账簿。"李彤指着摆在桌上的会计凭证和账页说。

"嗯，确实是。看来还得想办法把这些资料汇总起来，我得问问老师，有什么办法，能让我知道公司到底经营得怎么样，计算公司到底有没有赚钱，这对我经营公司很重要啊。"张阳说。

任务 1　认识财务会计报告

学习目标

1. 知识目标

（1）了解财务会计报告的构成内容和种类。

（2）熟悉财务报告的编制要求。

2. 能力目标

（1）能够列举财务会计报告的种类。

（2）能够解释财务会计报告的编制要求。

（3）能够说出财务会计报告的作用。

3. 素质目标

（1）通过报表让学生反思人生，将爱心和奉献作为人生最大的资产，将贪婪和索取当作人生最大的负债，引导学生追求"爱心大于贪婪，奉献大于索取"的人生价值。

（2）引导学生树立与时俱进、精益求精、终身学习的思想理念。

一、财务会计报告的含义及作用

（一）财务会计报告的含义

财务会计报告（简称财务报告或会计报告）是指反映特定主体在某一特定日期和某一会计期间的经营活动情况、财务状况和财务成果的书面文件。

企业发生的任何一项经济业务，都可以通过编制会计凭证、登记账簿加以记录和反映。但从会计凭证和账簿记录中无法全面、系统、总括地分析企业的经济活动全貌，如企业资产的拥有量、负债多少、收益情况，等等。而根据账簿编制的财务会计报告则可以简单明了、通俗易懂地表达这些内容。财务会计报告是会计核算的一项专门方法，是会计核算过程的最后一个环节。

（二）财务会计报告的作用

财务会计报告的使用者包括企业所有者（股东）、债权人、企业管理者、企业职工、政府有关部门等。这些使用者因各自的目的不同，对财务会计报告的需要和关心程度也不一样。财务会计报告的作用主要表现在以下几个方面：

1. 财务会计报告对现有投资者或潜在投资者的作用

财务会计报告为企业的投资者进行投资决策提供所必需的信息资料。作为投资者，最关心的是投资风险和投资报酬，财务会计报告能够帮助他们决定是否对企业进行投资，是否买进、持有或抛售企业的股票。因此，财务会计报告对现有投资者或潜在投资者能起到投资导向的作用。

2. 财务会计报告对债权人的作用

财务会计报告为企业的债权人提供企业的资金运转情况、短期偿债能力和支付能力的信息资料。金融机构债权人利用财务会计报告可以判断企业是否能够按期还本付息，贷款能否按协议规定使用，是否继续向企业贷款，以减少企业的借贷风险；供应商和其他商业债权人，可利用财务会计报告得到企业所欠款项能否按期支付的信息等。因此，财务会计报告对债权人的借贷行为具有导向作用。

3. 财务会计报告对企业管理者的作用

财务会计报告为企业管理者进行日常的管理活动提供必要的信息资料。企业管理者可利用财务会计报告及时了解企业一定日期的财务状况和一定时期的经营成果，分析企业成本费用开支情况，以便发现问题、纠正缺点、巩固成绩，从而达到加强经济核算、提高经济效益的目的。因此，财务会计报告对企业管理者能起到完善管理、提高效益的作用。

4. 财务会计报告对企业职工的作用

财务会计报告为企业职工参与企业的经营管理活动提供所需要的信息资料。企业职工可以通过财务会计报告了解自己对企业所作的贡献和不足，了解各自报酬水平、企业福利、就业机会等情况，还可以监督企业各级管理人员的工作，提出改进企业管理的合理化建议，帮助企业管理人员提高企业管理水平。

5. 财务会计报告对政府部门的作用

财务会计报告为财政、税务、工商、审计等政府部门提供对企业实施管理和监督的信息资料。财税部门利于财务会计报告可以检查监督企业各种税金的提取上交、利润的分配情况，督促企业依法纳税，履行企业对国家应承担的义务；审计部门的审计工作是从财务会计报告审计开始的，财务会计报告为审计工作提供详尽、全面的数据资料，并为凭证、账簿的进一步审计指明方向。

二、财务会计报告的构成内容

（一）会计报表

会计报表是财务会计报告的主体和核心，也是企业对外披露会计信息的主要手段。包括资产负债表、利润表、现金流量表、所有者权益变动表（股东权益变动表）。

资产负债表是反映企业在某一特定日期的财务状况的会计报表。

利润表是反映企业在一定会计期间的经营成果的会计报表。

现金流量表是反映企业在一定会计期间的现金和现金等价物流入和流出的会计报表。

所有者权益变动表是反映所有者权益的各组成部分当期的增减变动情况的会计报表。

【提示】

现金流量表的编制基础是收付实现制，它能真实反映企业当期实际收入的现金、实际支出的现金、现金流入和流出相抵后的净额，从而分析利润表中本期净利润与现金流量之间的差异，正确地评价企业的经营成果。

（二）会计报表附注

会计报表附注是反映企业财务状况、经营成果和现金流量的补充报表，是为了便于财务会计报告的使用者理解会计报表内容而对会计报表中列示项目所作的进一步说明，以及未能在这些报表中列示项目的说明。会计报表附注主要包括企业的基本情况、财务会计报告的编制基础、遵循企业会计准则的声明、重要会计政策和会计估计、会计政策和会计估计变更，以及差错更正的说明、报表重要项目的说明、分布报告和关联方披露等。

知 识 链 接

设置会计报表附注的必要性

对于一种经济业务，可能存在不同的会计原则和处理方法，也就是说有不同的会计政策，如果不交代会计报表中的这些项目是采用什么原则和方法确定的，就会给财务报告的使用者理解财务报告带来一定困难，这就需要在会计报表附注中加以说明。

由于会计法规会发生变化，或者为了更加公允地反映企业的实际情况，企业有可能改变会计报表中的某些项目的会计政策，由于不同期间的会计报表中同一个项目采用了不同的会计政策，使不同期间的会计报表失去了可比性，为了帮助财务报告使用者掌握会计政策的变化，也需要在会计报表附注中加以说明。

会计报表采用表格形式，由于形式的限制，只能非常概括地反映各主要项目，至于各项目内部的情况以及项目背后的情况，往往难以在表内反映。比如，资产负债表中的应收账款只是一个年末余额，至于各项应收账款的账龄情况就无从得知，而这方面信息对于财务报告的使用者了解企业资产质量都是非常必要的，所以往往需要在会计报表附注中提供应收账款账龄方面的信息。

三、财务会计报告的种类

（一）按所反映的经济内容分类

按所反映的经济内容分类，财务会计报告可分为以下几类：

1. 反映财务状况的报告

反映财务状况的报告，是指用来总括反映企业财务状况及其变动情况的会计报告，如资产负债表。

2. 反映财务成果的报告

反映财务成果的报告，是指用来总括反映企业在一定时期内的经营收入和财务成果的会计报告，如利润表。

3. 反映现金流量的报告

反映现金流量的报告，是指反映企业在一定时期内现金及现金等价物的流入和流出情况的会计报告，如现金流量表。

4. 反映成本费用的报告

反映成本费用的报告，是指用来反映企业生产经营过程中各项成本费用支出和成本形成的会计报告，如期间费用表、制造费用表和产品成本表。

（二）按编制的时间分类

按编制的时间分类，财务会计报告可分为月份会计报告、季度会计报告、半年度会计报

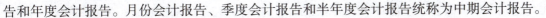

告和年度会计报告。月份会计报告、季度会计报告和半年度会计报告统称为中期会计报告。

1. 月份会计报告

月份会计报告，是指反映企业月份内经营情况、财务状况及其财务成果的会计报告，在每月的月终编制。由于每月都需要编制，因此往往只编制主要的会计报告，如资产负债表、利润表、产品成本表等。月报要求简明扼要、反映及时。

2. 季度会计报告

季度会计报告，是指反映企业某个季度的经营状况、财务状况和财务成果的会计报告，在每季度终了时编制。一般仅编制主要的会计报告，如资产负债表、利润表、产品成本表、管理费用明细表等。季报在提供信息的详细程度上介于月报和年报之间。

3. 半年度会计报告

半年度会计报告，是指在每个会计年度的前 6 个月结束后对外提供的会计报告。股份有限公司编制的半年度会计报告，其内容与年度报告相同，但资料略为简化。

4. 年度会计报告

年度会计报告，是指全面反映企业在某一年度的经营活动情况、财务状况及其财务成果的总结性会计报告，在年度终了时编制。它包括企业对外对内编制的所有会计报告，年报要求披露完整、反映全面。

（三）按服务的对象分类

财务会计报告的目的是向有关方面提供有用的会计信息。财务报告的使用者包括企业内部的使用者和企业外部的使用者。因此，财务会计报告可以划分为内部财务会计报告和外部财务会计报告。

1. 内部财务会计报告

内部财务会计报告，是指需要向企业内部提供的各种用于企业内部经营管理决策的财务预算表、产品成本表、期间费用表等。会计人员作为企业内部经营管理决策信息资料的提供者，就必须向企业管理当局提供尽可能多的、更加详细的会计信息资料，以便于企业经营管理的决策考核和分析成本计划或预算的完成，总结经营管理的经验和存在的问题，评价其经营业绩。

2. 外部财务会计报告

外部财务会计报告，是指企业对外提供的，供国家政府部门、投资者、债权人等使用财务会计报告，如资产负债表、利润表、现金流量表等。外部财务会计报告是向企业外部提供的会计信息的载体，是针对所有使用者的共同需要而编制的。外部财务会计报告的种类和格式，目前由财政部制定的会计准则统一规定。

（四）按编制基础分类

财务会计报告反映的是特定主体某一时期的会计信息，因此，按编制基础分类，可以分为个别财务会计报告、汇总财务会计报告和合并财务会计报告三类。

1. 个别财务会计报告

个别财务会计报告，是指仅反映某个单一企业本身的财务状况及其经营成果等方面信息资料的会计报告，反映个别企业的财务状况和经营成果。

2. 汇总财务会计报告

汇总财务会计报告，是指由企业主管部门或上级机关根据所属基层单位报送的个别会计报告连同本单位的会计报告简单汇总编制的会计报告。它是用来反映某一汇总部门的经济活动及其结果的综合性报告。它通常按照隶属关系，采取逐级汇总的办法编制。

3. 合并财务会计报告

合并财务会计报告，是指由控股公司（母公司）编制的，在母公司和子公司个别财务会计报告的基础上，对企业集团内部交易进行相应的抵消后编制的财务会计报告，以反映企业集团综合的财务状况和经营成果。按照规定，当企业对外投资超过被投资企业资本总额半数以上或者实质上拥有被投资企业控制权时，应当编制合并财务会计报告。

四、财务会计报告的编制要求

为了发挥财务会计报告的作用，保证财务会计报告信息的质量，企业编制财务会计报告必须做到数字真实、计算准确、内容完整、编报及时和便于理解。

（一）数字真实

企业编制财务会计报告应以实际发生的交易和事项为依据，如实反映财务状况、经营成果和现金流量，严禁弄虚作假、估计数字，这是财务会计报告编制的基本要求之一，也是充分发挥财务会计报告作用的前提条件。只有保证财务会计报告的真实可靠，才能为财务会计报告使用者提供正确的信息，使其作出正确的决策。

（二）计算准确

企业在编制财务会计报告之前，要依据《中华人民共和国会计法》《企业会计准则》等规定的口径计算、填列。财务会计报告编制前，必须按期结账，认真对账和进行财产清查，做到账证相符、账账相符和账实相符。在编报以后，必须做到账表相符，并使各种报表之间的数字相互衔接一致。

（三）内容完整

财务会计报告应当全面披露企业的财务状况、经营成果和现金流量，完整地反映企业财务活动的过程和结果，以满足有关方面对会计信息的需要。因此，企业在编制财务会计报告时，应当按照《中华人民共和国会计法》《企业会计准则》等规定的格式和内容填写，并且保证报表种类齐全，报表项目完整。对于企业某些重要的事项，会计报表中未能全面反映的，还应当按照要求在会计报表附注中用文字加以说明，不得漏编漏报。

（四）编报及时

为了使财务报告使用者及时了解企业的财务信息，企业应按照规定的时间和程序，及时编制和报送财务会计报告，以保证财务会计报告的时效性。否则，即使财务会计报告的编制真实可靠、内容完整，但由于编报不及时，也可能失去价值。因此，企业必须加强日常核算，做好记账、算账和结账工作。当然，企业不能为了赶编财务会计报告而提前结账，更不能为了提前报送而影响财务会计报告的质量。

根据《企业会计制度》的规定，月度中期财务会计报告应当于月度终了后 6 天内（节假日顺延，下同）对外提供；季度中期财务会计报告应当于季度终了后 15 天内对外提供；半年度中期财务会计报告应当于年度中期结束后 60 天内（相当于两个连续的月份）对外提供；年度财务会计报告应当于年度终了后 4 个月内对外提供。

（五）便于理解

企业财务会计报告提供的信息应当清晰明了，易于理解和运用。如果财务会计报告晦涩难懂，不可理解，财务会计报告使用者就不能据以作出准确的判断，所提供的信息也会毫无用处。因此，编制财务会计报告的这一要求是建立在财务会计报告使用者具有一定阅读财务会计报告能力的基础之上的。

讲解视频 8-1　认识
财务会计报告

【会计论道与素养提升】

党的二十大报告指出："实施公民道德建设工程，弘扬中华传统美德，加强家庭家教家风建设，加强和改进未成年人思想道德建设，推动明大德、守公德、严私德，提高人民道德水准和文明素养。"

编制财务会计报告是一项很重要的会计工作，会计人员要手脑并用，用精益求精的工匠精神和严肃认真的科学精神，提供真实可靠的财务会计报告。企业所提供的财务会计报告对于投资者、债权人作出投资决策，对于国家宏观经济管理部门制定宏观经济决策，对于企业内部管理者作出经营决策等方面均起着重要作用。因此，客观公正的财务会计报告不仅能维护集体利益，还能维护社会利益和国家利益。所以，我们要在学习和工作中践行社会主义核心价值观中公正和诚信的理念，养成细心、有责任、有担当的良好职业道德。

课后拓展

1. 讨论财务会计报告对不同使用者的作用。
2. 请以思维导图的形式，总结本任务内容，并以小组为单位进行分享。

同步练习

一、单项选择题

1. 下列不属于中期报告的是（　　）。

A. 年报　　　　　　　B. 月报　　　　　　　C. 季报　　　　　　　D. 半年报

2. 半年度财务会计报告是指在每个会计年度的（　　）结束后对外提供的财务会计报告。

A. 前 3 个月　　　　B. 前 6 个月　　　　C. 前 9 个月　　　　D. 前 4 个月

3. 财务会计报告的主体和核心是（　　）。

A. 会计报表　　　B. 会计报表附注　　　C. 指标体系　　　D. 资产负债表

4. 财务会计报告不包括（　　）。

A. 会计报表　　　　　　　　　　　　B. 会计报表附注

C. 财务报告分析　　　　　　　　　　D. 财务情况说明书

二、多项选择题

1. 财务会计报告使用者包括（　　　）。

A. 公司管理层　　　　　B. 出资人　　　　　C. 债权人　　　　　D. 税务机关

2. 按编制的时间分类，财务会计报告可分为（　　　）。

A. 月度财务会计报告　　　　　　　　　B. 季度财务会计报告

C. 半年度财务会计报告　　　　　　　　D. 年度财务会计报告

3. 财务会计报告反映的内容主要包括企业（　　　）。

A. 某一特定日期的财务状况　　　　　B. 某一会计期间的经营成果

C. 某一会计期间的成本费用　　　　　D. 某一会计期间的现金流量

4. 财务会计报告中的会计报表至少应当包括（　　　）等报表。

A. 资产负债表　　　　　B. 成本报表　　　　　C. 利润表　　　　　D. 现金流量表

5. 财务会计报告的编制要求包括（　　　）等。

A. 真实可靠　　　　　B. 全面完整　　　　　C. 便于理解　　　　　D. 适度谨慎

6. 财务会计报告包括（　　　）。

A. 会计报表

B. 会计报表附注

C. 财务分析报告

D. 其他应当在财务会计报告中披露的相关信息和资料

三、判断题

1. 会计报表应当根据经过审核的会计账簿记录和有关资料编制。　　　　　　（　　）

2. 会计报表附注是对会计报表的编制基础、编制依据、编制原则和方法，以及主要项目所做的解释，以便于财务会计报告使用者理解会计报表的内容。　　　　　　（　　）

3. 编制会计报表的主要目的就是为会计报表使用者决策提供信息。　　　　（　　）

4. 财务会计报告是指企业对外提供的反映企业某一会计期间财务状况和某一特定日期经营成果、现金流量的书面文件。　　　　　　（　　）

任务 2　编制资产负债表

学习目标

1. 知识目标

（1）掌握资产负债表的内容、结构。

（2）掌握资产负债表的编制方法。

2. 能力目标

（1）会正确选择资产负债表各项目所采取的编制方法。

（2）能根据所给账簿余额资料准确编制资产负债表。

3. 素质目标

（1）引导学生树立与时俱进、精益求精、终身学习的思想理念。

（2）培养学生克服困难、迎难而上、刻苦钻研的劳动品质。

一、资产负债表的概念和作用

资产负债表是总括地反映企业在某一特定日期（一般为月末、季末、年末）全部资产、负债及所有者权益及其构成情况的报表，又称为财务状况表。这是一张静态的会计报表。该表是根据"资产＝负债＋所有者权益"这一基本会计等式，依照一定的分类标准和一定的顺序，把企业一定日期的资产、负债和所有者权益予以适当的排列，按一定的编制要求编制而成的。

资产负债表能为会计信息使用者提供以下的财务信息：

（1）企业拥有或控制的经济资源及其分布情况；

（2）企业承担的债务责任及其偿还期分布；

（3）企业的净资产及其构成状况；

（4）企业资产、负债及所有者权益之间的关系，企业的偿债能力和现金支付能力等；

（5）企业未来财务状况的变动趋势。

二、资产负债表的结构和内容

（一）资产负债表的结构

资产负债表的格式通常有报告式和账户式两种。报告式资产负债表是将资产、负债、所有者权益项目采用上下结构排列，报表上部分列示资产，下部分列示企业的负债及所有者权益。其格式见表 8-1 所示。

表 8-1　资产负债表

编制单位：××公司　　　　　　　　　202×年 12 月 31 日　　　　　　　　　单位：元

	资产	
各项目		××××
	资产合计	××××
	负债	
各项目		××××
	负债合计	××××
	所有者权益	
各项目		××××
	所有者权益合计	××××

账户式资产负债表是按照"T"字形账户的形式设计的，将报表分为左右结构，左边列示企业的资产，右边列示企业的负债及所有者权益，根据"资产＝负债＋所有者权益"的会计等式，左右两方总额相等。其格式如表 8-2 所示。我国资产负债表的格式一般采用账户式。

资产负债的两方分别排列报表项目名称、期末余额、年初余额三列。左方资产项目按照其流动性由强到弱、分类分项、由上到下依次列示，负债项目按照其偿还期限由短到长、分类分项、由上到下依次列示，所有者权益项目按照其构成的稳定性由强及弱、分类分项、由上到下依次列示。

表 8 – 2 资产负债表

编制单位：××公司 　　　　　　　　　202×年12月31日 　　　　　　　　　单位：元

资产		负债及所有者权益	
各项目	×××	负债	
		各项目	×××
		负债合计	××××
		所有者权益	
		各项目	×××
		所有者权益合计	××××
资产总计	××××	负债及所有者权益合计	××××

（二）资产负债表的内容

1. 资产项目

（1）流动资产。流动资产包括货币资金、交易性金融资产、应收票据、应收账款、预付款项、应收利息、应收股利、其他应收款、存货、一年内到期的非流动资产等。

（2）非流动资产。非流动资产包括可供出售金融资产、持有至到期投资、长期应收款、长期股权投资、投资性房地产、固定资产、在建工程、无形资产、开发支出、商誉、长期待摊费用等。

2. 负债项目

（1）流动负债。流动负债包括短期借款、交易性金融负债、应付票据、应付账款、预收款项、应付职工薪酬、应交税费、应付利息、应付股利、其他应付款、一年内到期的非流动负债等。

（2）非流动负债。非流动负债包括长期借款、应付债券、长期应付款、专项应付款、预计负债等。

3. 所有者权益项目

所有者权益项目包括实收资本（或股本）、资本公积、盈余公积和未分配利润。

三、资产负债表的编制方法

资产负债表的各项目均需填列"期末余额"和"年初余额"两栏，其数据主要来自会计账簿记录。

（一）资产负债表"年初余额"栏的填列

资产负债表"年初余额"栏内各项数字，应根据上年末资产负债表的"期末余额"栏内所列数字填列。

（二）资产负债表"期末余额"栏的填列

资产负债表"期末余额"，是指月末、季末、半年末或年末的数字，它们是根据企业本期总分类账户和明细分类账户的期末余额直接填列或计算分析填列。其具体方法可以归纳如下：

1. 根据总账科目的余额填列

资产负债表中大多数项目是根据有关总账科目的余额填列的。例如，"交易性金融资

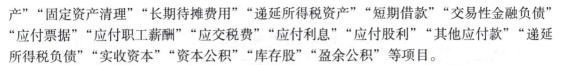

产""固定资产清理""长期待摊费用""递延所得税资产""短期借款""交易性金融负债"
"应付票据""应付职工薪酬""应交税费""应付利息""应付股利""其他应付款""递延
所得税负债""实收资本""资本公积""库存股""盈余公积"等项目。

2. 根据几个总账科目的余额计算填列

例如，"货币资金"项目，应根据"库存现金""银行存款""其他货币资金"等总账
科目的期末借方余额汇总后填列。

3. 根据有关明细科目的余额计算填列

例如，"预付账款"项目，应根据"预付账款"和"应付账款"两个总账科目所属各
明细科目的借方余额合计后填列；"应付账款"项目，应根据"应付账款"和"预付账款"
总账科目所属明细科目的贷方余额合计后填列；"预收账款"项目，应根据"预收账款"和
"应收账款"两个总账科目所属各明细科目的贷方余额合计后填列；"应收账款"项目，应
根据"预收账款"和"应收账款"两个总账科目所属各明细科目的借方余额合计后填列。

【例 8 - 1】 某企业 202×年年末 "应收账款""预付账款""应付账款""预收账款"期
末的明细账余额如表 8 - 3 所示。

表 8 - 3 往来款项账户明细表 元

总账科目	明细账科目	余额方向	余额
应收账款	A 公司	借方	4 000
	B 公司	借方	3 000
预付账款	C 公司	借方	2 800
	D 公司	贷方	2 000
应付账款	E 公司	贷方	6 000
	F 公司	贷方	4 000
预收账款	G 公司	贷方	2 800
	H 公司	借方	2 200

该企业 202×年 12 月 31 日资产负债表中 "应收账款"项目的金额为：4 000 + 3 000 +
2 200 = 9 200（元）。

"预付账款"项目金额为：2 800（元）。

"应付账款"项目金额为：6 000 + 4 000 + 2 000 = 12 000（元）。

"预收账款"项目金额为：2 800（元）。

4. 根据有关总账科目和明细科目的余额分析计算填列

例如，"长期应收款"项目，应当根据"长期应收款"总账科目余额，减去"未实现融
资收益"总账科目余额，再减去所属相关明细科目中将于一年内到期的部分填列；"长期借
款"项目，应当根据"长期借款"总账科目余额，减去"长期借款"科目所属明细科目中
将于一年内到期的部分填列；"应付债券"项目，应当根据"应付债券"总账科目余额，减
去"应付债券"科目所属明细科目中将于一年内到期的部分填列；"长期应付款"项目，应
当根据"长期应付款"总账科目余额，减去"未确认融资费用"总账科目余额，再减去所
属相关明细科目中将于一年内到期的部分填列。

【例 8 - 2】某企业长期借款 4 800 000 元，具体情况如表 8 - 4 所示。

表 8 - 4　长期借款的有关详细资料

借款起始日期	借款期限/年	金额/元
202×年 1 月 1 日	3	1 800 000
20×7 年 1 月 1 日	5	1 000 000
20×6 年 9 月 1 日	4	2 000 000

该企业 202×年 12 月 31 日资产负债表中"长期借款"项目的金额为：

4 800 000 - 2 000 000 = 2 800 000（元）

将在一年内到期的长期借款 2 000 000 元，应当填列在资产负债表中流动负债下"一年内到期的非流动负债"项目中。

5. 根据总账科目与其备抵科目抵销后的净额填列

例如，"存货"项目，应根据"材料采购""原材料""产成品""生产成本"等总账科目的借方余额计算后，减去"存货跌价准备"总账科目的贷方余额填列；"持有至到期投资"项目，应当根据"持有至到期投资"科目期末余额，减去"持有至到期投资减值准备"科目期末余额后的金额填列；"固定资产"项目，应当根据"固定资产"科目期末余额，减去"累计折旧""固定资产减值准备"等科目期末余额后的金额填列。

6. 根据资产负债表内有关项目金额计算填列

例如，"流动资产合计""非流动资产合计""资产合计""负债合计""所有者权益合计""负债及所有者权益合计"等项目。

四、资产负债表编制举例

继续前例，仍以盛昌公司 202×年 12 月的经济业务（详见项目五）为例来说明资产负债表的编制方法。盛昌公司的资产负债表如表 8 - 5 所示。盛昌公司 202×年 12 月各账户情况详见项目六、项目七。

表 8 - 5　资产负债表

编制单位：盛昌公司　　　　　　　　　202×年 12 月 31 日　　　　　　　　　会企 01 表　单位：元

资产	期末余额	年初余额	负债和所有者权益（或股东权益）	期末余额	年初余额
流动资产：			流动负债：		
货币资金	3 301 210.00	2 995 000.00	短期借款	200 000.00	100 000.00
以公允价值计量且其变动计入当期损益的金融资产			以公允价值计量且其变动计入当期损益的金融负债		
应收票据			应付票据		
应收账款	306 500.00	22 900.00	应付账款		23 400.00
预付款项			预收款项		

资产	期末余额	年初余额	负债和所有者权益（或股东权益）	期末余额	年初余额
应收利息			应付职工薪酬	49 440.00	36 000.00
应收股利			应交税费	180 285.00	
其他应收款		3 000.00	应付利息	1 000.00	500.00
			应付股利		
存货	130 560.00	158 860.00	其他应付款		
			一年内到期的非流动负债		
一年内到期的非流动资产			其他流动负债		
其他流动资产			流动负债合计	430 725.00	159 900.00
流动资产合计	3 738 270.00	3 179 760.00			
非流动资产：			非流动负债：		
可供出售金融资产			长期借款	800 000.00	200 000.00
持有至到期投资			应付债券		
长期应收款			长期应付款		
长期股权投资			专项应付款		
投资性房地产			预计负债		
固定资产	1 300 455.00	1 057 515.00	递延所得税负债		
在建工程			其他非流动负债		
工程物资			非流动负债合计	800 000.00	200 000.00
固定资产清理			负债合计	1 230 715.00	359 900.00
生产性生物资产					
油气资产			所有者权益（或股东权益）：		
无形资产			实收资本（或股本）	1 200 000.00	500 000.00
开发支出			资本公积	100 000.00	100 000.00
商誉			减：库存股		
长期待摊费用			盈余公积	280 000.00	108 000.00
递延所得税资产			未分配利润	2 120 000.00	3 169 375.00
其他非流动资产			所有者权益（或股东权益）合计	3 808 000.00	3 877 375.00

续表

资产	期末余额	年初余额	负债和所有者权益（或股东权益）	期末余额	年初余额
非流动资产合计	1 300 455.00	1 057 515.00			
资 产 总 计	5 038 725.00	4 237 275.00	负债及所有者权益（或股东权益）总计	5 038 725.00	4 237 275.00

拓 展 阅 读

讲解视频 8－2 编制
资产负债表

资产负债表不平如何查找原因并调整

财务人员发现资产负债表期末余额不平的时候，需要从以下几个方面找原因：

（1）数字填错：可能是做表时填错数字，造成账表不符。

（2）总账问题：总账不平，会导致报表不平衡。

（3）科目错误：科目借贷方有可能发生错误。

（4）凭证问题：很有可能是还有凭证尚未过账，或者编制错误。

（5）公式错误：有时公式错误是难以发现的。

找到原因之后，寻找平衡方法：

（1）数字填错是最常见的错误。如果是数字错误，可以把总账科目与表格进行核对，会发现问题所在。

（2）账表没问题，就要检查总账是否平了。如果总账不平，便逐步核对，重新结算一次余额。

（3）要注意相关科目余额是在借方还是在贷方，而且相关科目是否已经结转。

（4）查找记账凭证，检查是否编制错误或者尚未过账。

（5）根据公式"资产总额＝负债总额＋所有者权益总额"，逐项检查公式设置。

随 堂 讨 论

请每个小组下载一个上市公司的资产负债表，以小组为单位进行讨论，形成小组总结报告并提交。

课 后 拓 展

1. 谈一谈你对"资产负债表分为两块，左边是资产，表示钱的去处；右边是负债及股东权益，表示钱的来源"这句话的理解。

2. 请以思维导图的形式，总结本任务内容，并以小组为单位进行分享。

同步练习

一、单项选择题

1. 编制资产负债表的依据是（ ）。

A. 资产 = 负债 + 所有者权益　　　　　　B. 收入 – 费用 = 利润

C. 资产 + 费用 = 负债 + 所有者权益 + 收入　　D. 以上都不对

2. 下列各项中，不应在资产负债表"货币资金"项目列示的是（ ）。

A. 交易性金融资产　　B. 银行结算户存款　　C. 信用卡存款　　　　D. 外埠存款

3. 编制资产负债表的目的是体现（ ）。

A. 资产、负债和所有者权益之间的关系

B. 一个公司收入、费用和利润或亏损的汇总额

C. 一个公司利润或亏损是怎样被处理的

D. 公司形成的利润或亏损的水平

4. 资产负债表主要是根据（ ）编制的。

A. 各资产、负债及所有者权益账户的本期发生额

B. 各损益类账户本期发生额

C. 各损益类账户期末余额

D. 各资产、负债及所有者权益账户的期末余额

5. 编制资产负债表的依据是（ ）。

A. 复式记账　　　　　B. 记账规则　　　　　C. 会计等式　　　　D. 试算平衡

6. 资产负债表的编制基础是（ ）。

A. 权责发生制　　　　B. 收付实现制　　　　C. 现金制　　　　　D. 公允价值

7. 资产负债表中的"年初余额"栏，应该根据（ ）填列。

A. 上年末资产负债表的"期末余额"栏　　B. 有关账户的本期发生额

C. 有关账户的期末余额　　　　　　　　　D. 期末余额和期初余额之差

8. 资产负债表中的"应收账款"项目是根据（ ）减坏账准备账户的期末余额后的金额填列的。

A. 应收账款和预收账款总账科目的借方余额合计数

B. 应收账款和预收账款总账科目的贷方合计数

C. 应收账款和预收账款总账科目所属明细科目的借方余额合计数

D. 应收账款和预收账款总账科目所属明细科目的贷方余额合计数

9. 资产负债表中的"预收账款"项目是根据（ ）填列的。

A. 应收账款和预收账款总账科目的借方余额合计数

B. 应收账款和预收账款总账科目的贷方合计数

C. 应收账款和预收账款总账科目所属明细科目的借方余额合计数

D. 应收账款和预收账款总账科目所属明细科目的贷方余额合计数

10. 资产负债表中的"应付账款"项目是根据（ ）填列的。

A. 应付账款和预付账款总账科目的借方余额合计数

B. 应付账款和预付账款总账科目的贷方合计数

C. 应付账款和预付账款总账科目所属明细科目的借方余额合计数

D. 应付账款和预付账款总账科目所属明细科目的贷方余额合计数

11. 资产负债表中的"预付账款"项目是根据（　　）填列的。

A. 应付账款和预付账款总账科目的借方余额合计数

B. 应付账款和预付账款总账科目的贷方合计数

C. 应付账款和预付账款总账科目所属明细科目的借方余额合计数

D. 应付账款和预付账款总账科目所属明细科目的贷方余额合计数

二、多项选择题

1. 资产负债表中"期末余额"的来源是（　　）。

A. 总账余额　　　　　B. 明细账余额　　　　C. 科目汇总表　　　　D. 现金日记账

2. 资产负债表中"期末余额"栏的填列方法有（　　）。

A. 直接填列　　　　　B. 计算填列　　　　　C. 分析填列　　　　　D. 发生额填列

3. 资产负债表的基本要素有（　　）。

A. 资产　　　　　　　B. 负债　　　　　　　C. 收入　　　　　　　D. 费用

4. 在填列资产负债表"一年内到期的非流动负债"项目时，需要考虑的会计科目有

（　　）。

A. 应付利息　　　　　B. 应付债券　　　　　C. 长期借款　　　　　D. 应付股利

三、判断题

1. 资产负债表"年初余额"栏的数字，应根据各账户期初余额计算填列。　　　（　　）

2. 资产负债表为动态报表，利润表为静态报表。　　　　　　　　　　　　　（　　）

3. 资产负债表是反映企业某一特定日期财务状况的会计报表。　　　　　　　（　　）

四、实训题

1. 资料：江淮公司 202×年 12 月 31 日各账户的余额如表 8-6 所示，其中有关债权债务明细账期末余额的资料如下：

（1）应收账款：南方公司 900 000（借方）；北方公司 100 000（贷方）。

（2）应付账款：亨达公司 1 200 000（贷方）；祥宇公司 240 000（借方）。

（3）预收账款：西北公司 400 000（贷方）；悦杰公司 240 000（借方）。

（4）预付账款：东方公司 200 000（借方）；湘财公司 100 000（贷方）。

表 8-6　总分类账户期末余额

202×年 12 月 31 日　　　　　　　　　　　　　　　　　元

账户名称	借方金额	账户名称	贷方金额
库存现金	200	累计折旧	2 700 000
银行存款	1 700 000	短期借款	500 500
交易性金融资产	200 000	应付票据	54 000
应收票据	46 000	应付账款	960 000
应收账款	800 000	预收账款	160 000
预付账款	100 000	应付职工薪酬	78 000

续表

账户名称	借方金额	账户名称	贷方金额
其他应收款	500	应交税费	134 000
原材料	1 750 000	长期借款	1 000 250
库存商品	640 000	未分配利润	6 627.66
生产成本	98 750	实收资本	8 840 000
固定资产	9 000 000	盈余公积	25 072.34
无形资产	100 000	应付利润	6 000
长期待摊费用	29 000		
合计	14 464 450	合计	14 464 450

注：本例中长期待摊费用中有 4 000 元将于一年内摊销完毕；长期借款中有 1 000 000 元将于一年内到期；同时，暂不考虑"坏账准备""存货跌价准备""材料成本差异""固定资产减值准备""无形资产减值准备"等情况。

2. 要求：根据上述资料编制江淮公司 202×年 12 月 31 日的资产负债表。

任务 3　编制利润表

学 习 目 标

1. 知识目标

（1）熟悉利润表的主要项目。

（2）掌握利润表主要项目的计算方法。

2. 能力目标

（1）能根据所给的相关会计科目发生额正确编制利润表。

（2）能正确计算企业本期的营业利润、利润总额和净利润。

3. 素质目标

（1）引导学生通过报表反思人生，树立正确的收入费用观，不要斤斤计较，不要在乎一时的得与失，要怀着一颗始终乐于奉献的初心，才能编好人生的利润表。

（2）引导学生树立与时俱进、精益求精、终身学习的思想理念。

（3）培养学生吃苦耐劳、勤学苦练、不怕困难的劳动品质。

知 识 准 备

一、利润表的概念和作用

（一）利润表的概念

利润表是反映企业在一定会计期间的经营成果的会计报表。它是根据"收入－费用＝利润"这一会计等式，依照费用在企业所发挥的功能进行适当分类、汇总、排列后与收入相匹配编制而成的。

与资产负债表相比较，利润表具有两个显著特征：一是利润表反映的是报告期间而不是报告时点的动态财务数据；二是利润表所列数据是报告期间相关业务项目的累计发生额而不是结余额。

（二）利润表的作用

（1）通过利润表可以反映企业一定会计期间的收入、费用以及利润情况，并据以分析判断企业的经营成果。

（2）通过利润表可以评价企业的获利能力，预测企业未来的盈利趋势，并为企业管理当局决定未来经营决策提供依据。

（3）通过利润表可以分析企业利润增减变动的主要原因，研究如何改进企业经营管理，采取有效措施，提高盈利水平。

二、利润表的结构

利润表的结构一般有单步式和多步式两种。

（一）单步式利润表

单步式利润表是将所有收入和所有费用分别加以汇总，用收入合计减去费用合计，从而得出本期利润。由于它只有一个相减的步骤，因而称为单步式利润表。其格式如表 8 - 7 所示。

表 8 - 7　利润表

编制单位：　　　　　　　　　　　202×年 12 月　　　　　　　　　　　单位：元

项目	行次	本月数	本年累计数
一、收入			
主营业务收入			
其他业务收入			
投资收益			
营业外收入			
收入合计			
二、费用			
主营业务成本			
其他业务成本			
销售费用			
税金及附加			
管理费用			
财务费用			
营业外支出			
所得税费用			
费用合计			
三、净利润			

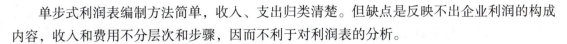

单步式利润表编制方法简单，收入、支出归类清楚。但缺点是反映不出企业利润的构成内容，收入和费用不分层次和步骤，因而不利于对利润表的分析。

（二）多步式利润表

多步式利润表是按照利润的构成内容分层次、分步骤逐项、逐步计算编制而成的报表。其反映的重点不仅在于企业最终的利润，而且在于企业利润的形成过程。这种报表便于使用者对其进行分析。我国企业的利润表，一般采用多步式。利润表中，费用应当按照功能分类，分为从事经营业务发生的成本、管理费用、销售费用和财务费用等。其格式如表8－8所示。

多步式利润表主要包括以下五个方面的内容：

1. 营业收入

营业收入由主营业务收入和其他业务收入组成。

2. 营业利润

营业收入减去营业成本（主营业务成本、其他业务成本）、税金及附加、销售费用、管理费用、财务费用、资产减值损失、信用减值损失，加上其他收益、公允价值变动收益、投资收益、资产处置收益即为营业利润。

3. 利润总额

营业利润加上营业外收入，减去营业外支出，即为利润总额。

4. 净利润

利润总额减去所得税费用，即为净利润。

5. 每股收益

每股收益包括基本每股收益和稀释每股收益两项指标。

三、利润表的编制方法

利润表中一般设有"本期金额"和"上期金额"两栏，其填列方法如下：

利润表中的"上期金额"栏内各项数字，应根据上年该期利润表"本期金额"栏内所列数字填列。

利润表中的"本期金额"栏内各数字，一般根据损益类科目的发生额分析填列，主要项目列报说明如下：

（1）"营业收入"项目，反映企业经营主要业务和其他业务所确认的收入总额。本项目应根据"主营业务收入"和"其他业务收入"账户的发生额分析填列。

（2）"营业成本"项目，反映企业经营主要业务和其他业务发生的实际成本总额。本项目应根据"主营业务成本"和"其他业务成本"账户的发生额分析填列。

（3）"税金及附加"项目，反映企业经营业务应负担的消费税、城市维护建设税、资源税、土地增值税和教育费附加等。本项目应根据"税金及附加"账户的发生额分析填列。

（4）"销售费用"项目，反映企业在销售商品过程中发生的包装费、广告费等费用和为销售本企业商品而专设的销售机构的职工薪酬、业务费等经营费用。本项目应根据"销售费用"账户的发生额分析填列。

（5）"管理费用"项目，反映企业为组织和管理生产经营发生的管理费用。本项目应根据"管理费用"账户发生额分析填列。

（6）"研发费用"项目，反映企业进行研究与开发过程中发生的费用化支出。该项目应根据"管理费用"账户的发生额分析填列。

（7）"财务费用"项目，反映企业筹集生产经营所需资金等而发生的筹资费用。本项目应根据"财务费用"账户发生额分析填列。其中，"利息费用"项目，反映企业为筹集生产经营所需资金等而发生的应予费用化的利息支出，该项目应根据"财务费用"科目的相关明细科目的发生额分析填列。"利息收入"项目，反映企业确认的利息收入，该项目应根据"财务费用"科目的相关明细科目的发生额分析填列。

（8）"资产减值损失"项目，反映企业各项资产发生的减值损益。本项目应根据"资产减值损失"账户的发生额分析填列。

（9）"信用减值损失"项目，反映企业计提的各项金融工具减值准备所形成的预期信用损失。该项目应根据"信用减值损失"账户的发生额分析填列。

（10）"其他收益"项目，反映计入其他收益的政府补助等。本项目应根据"其他收益"账户的发生额分析填列。

（11）"投资收益"项目，反映企业以各种方式对外投资所取得的收益。本项目应根据"投资收益"账户的发生额分析填列。如为净损失，以"－"填列。

（12）"公允价值变动收益"项目，反映企业各项按照相关准则规定应计入当期损益的资产或负债公允价值变动收益，如交易性金融资产当期公允价值的变动额。如为损失，以"－"填列。

（13）"营业利润"项目，反映企业实现的营业利润。如为亏损，以"－"填列。

（14）"营业外收入""营业外支出"项目，反映企业发生的与其经营活动无直接关系的各项收入和支出。本项目应根据"营业外收入"和"营业外支出"账户的发生额分析填列。

（15）"利润总额"项目，反映企业实现的利润总额。如为亏损总额，以"－"填列。

（16）"所得税费用"项目，反映企业根据所得税准则确认的应从当期利润总额中扣除的所得税费用。本项目应根据"所得税费用"账户的发生额分析填列。

（17）"净利润"项目，反映企业实现的净利润。如为亏损，以"－"填列。

四、利润表编制举例

仍以盛昌公司202×年12月的经济业务（详见项目五）为例来说明利润表的编制方法。盛昌公司的利润表，如表8-8所示。盛昌公司202×年12月各账户情况详见项目六、项目七。

表 8 – 8　利润表

会企 02 表

编制单位：盛昌公司　　　　　　　　202×年12月　　　　　　　　单位：元

项目	本期金额	上期金额（略）
一、营业收入	828 000	
减：营业成本	414 100	
税金及附加	9 400	
销售费用	50 000	
管理费用	41 500	
研发费用		
财务费用	500	
其中：利息费用		
利息收入		
资产减值损失		
信用减值损失		
加：其他收益		
投资收益（损失以"－"填列）		
其中：对联营企业和合营企业的投资收益		
公允价值变动收益（损失以"－"填列）		
资产处置收益（损失以"－"填列）		
二、营业利润（亏损以"－"填列）	312 500	
加：营业外收入	5 000	
减：营业外支出	10 000	
其中：非流动资产处置损失		
三、利润总额（亏损总额以"－"填列）	307 500	
减：所得税费用	76 875	
四、净利润（净亏损以"－"填列）	230 625	
五、其他综合收益的税后净额	（略）	
……		
六、综合收益总额		
七、每股收益：		
（一）基本每股收益		
（二）稀释每股收益		

讲解视频 8 – 3　编制利润表

拓展阅读

康得新的罪与罚

2019 年 7 月 5 日晚间，康得新发布公告称：2015 年 1 月至 2018 年 12 月，康得新通过虚构销售业务方式虚增营业收入，并通过虚构采购、生产、研发费用、产品运输费用方式虚增营业成本、研发费用和销售费用。通过上述方式，康得新 2015 年至 2018 年分别虚增利润总额 23.81 亿元、30.89 亿元、39.74 亿元和 24.77 亿元，四年累计虚增利润总额 119.21 亿元。

要知道，康得新过去四年累计利润总额才 72.03 亿元。扣除虚增利润，康得新四年是连续亏损的，触及重大违法强制退市情形，公司股票被实施重大违法强制退市。

本案表明，财务舞弊严重破坏市场诚信基础和投资者信心，严重破坏信息披露制度的严肃性，所以，监管部门坚决依法从严查处上市公司财务造假等恶性违法行为。

随堂讨论

请谈一谈你对"利润造假"的看法。

 【会计论道与素养提升】

编好人生的财务报表

厦门国家会计学院的黄世忠院长在研究生毕业典礼暨学位授予仪式上讲到"编好人生的第二张资产负债表"。人的一生有两张资产负债表：一张用于衡量物质财富；另一张用于衡量精神财富。在衡量物质财富的资产负债表中，资产减去负债剩余的属于你自己的权益，代表着你拥有多少社会财富；而在衡量精神财富的资产负债表中，负债就是你获得了多少帮助，承载了多少情义，资产则是你给予他人多少帮助，付出了多少情义，资产减去负债，留下的是你对社会的净贡献。

在人生的第二张资产负债表上，资产和负债对应三个层面的关系：微观层面是与家人之间的相互关系，中观层面是与同学、同事、朋友和单位之间的相互关系，宏观层面是与国家和社会的相互关系。在人生的资产端方面，对国家对社会的贡献，既要有家国情怀，志存高远，又要从小事着手，从小处做起。

（1）人人都有一颗公德之心，遵守公序良俗，维护社会秩序，节约资源，保护环境，这是我们每个人应当对社会作出的力所能及的贡献。

（2）人人都有一颗关爱之心，关心爱护他人，关注弱势群体，帮扶贫困家庭，也是对社会无私的贡献。

（3）人人都有一颗恻隐之心，对遭受灾难和病痛的群体，表示同情，伸以援手，谁能说这不是对社会的贡献。

（4）人人都有一颗爱家之心，孝敬父母，夫妻恩爱，子女孝顺，家庭和睦，就是对社会和谐的贡献。

（5）人人都有一颗协作之心，团结互助，虚心谦让，和睦相处，营造其乐融融的工作氛围，就是对所在单位的贡献。

在人生的负债端方面，我们一生的负债，既包括父母的养育之恩、教师的启蒙教育、同事朋友的支持鼓励，也包括党和政府开创太平盛世为我们提供的良好环境，当然也包括大自然赋予我们的青山绿水。特别需要说明的是，在社会分工的环境下，工作没有贵贱之分，没有工人农民和解放军的付出，没有农民工和清洁工的辛劳，哪来我们的生活品质与和平安宁，他们的付出，就是我们的负债。

每个人的一生都是一张资产负债表，这张报表，从我们出生的那一天就开始编制，周而复始。爱心和奉献是人生最重要的资产，贪婪和索取是人生最重要的负债。爱心大于贪婪，奉献大于索取，这才是我们理应追求的人生价值。给予他人的帮助和情义，不求一时一事，但求持之以恒；接受他人的帮助和情义，哪怕是滴水之恩，也应涌泉相报，只争朝夕，事不宜迟。

人生的资产负债表所表现出来的是"对称"之美，说明人生需要努力去为社会多付出。人生的利润表所表现出来的是"高度"之美，说明人生需要作出一番事业。

课后拓展

1. 请每个小组下载一个上市公司的利润表，以小组为单位进行讨论，形成小组总结报告并提交。

2. 请以思维导图的形式，总结本任务内容，并以小组为单位进行分享。

同步练习

一、单项选择题

1. 根据"收入－费用＝利润"这个公式填列的会计报表是（　　）。

A. 利润分配表　　　　B. 资产负债表　　　　C. 现金流量表　　　　D. 利润表

2. 我国企业的利润表采用的是（　　）结构的报表。

A. 账户式　　　　B. 多步式　　　　C. 单步式　　　　D. 平衡式

3. 利润表中"本期金额"栏内各项数字一般应根据（　　）的发生额填列。

A. 成本类科目　　　　B. 损益类科目　　　　C. 资产类科目　　　　D. 负债类科目

4. 年度利润表中的"上期金额"栏内各项数字一般应根据（　　）填列。

A. 上月利润表中"本期金额"　　　　B. 年初至上月末的累计金额

C. 上年利润表中"本期金额"　　　　D. 年初至本月末的累计金额

5. 利润表中"税金及附加"项目的"本期金额"栏的金额是（　　）。

A. 本期应交增值税总额

B. 本期未交增值税总额

C. 本期应交所得税总额

D. "税金及附加"账户的本期累计发生额

二、多项选择题

1. 利润表中的"营业成本"项目是根据（　　）填列的。

A. "投资收益"账户的余额　　　　　B. "主营业务成本"账户的发生额

C. "其他业务成本"账户的发生额　　　D. "营业外收入"账户的发生额

2. 利润表的基本要素有（　　）。

A. 资产　　　　　B. 负债　　　　　C. 收入　　　　　D. 费用

3. 利润表中的"营业收入"项目是根据（　　）填列的。

A. "投资收益"账户的余额　　　　　B. "主营业务收入"账户的发生额

C. "其他业务收入"账户的发生额　　　D. "营业外收入"账户的发生额

4. 下列项目，应在利润表"销售费用"项目反映的是（　　）。

A. 销售人员薪酬　　B. 借款利息　　　C. 广告费　　　D. 宣传费

三、判断题

1. 利润表是反映企业在某一期间财务状况的会计报表。　　　　　　（　　）

2. "销售费用"项目应根据"销售费用"账户的发生额分析填列。　　（　　）

3. 利润表是以"收入 − 费用 = 利润"为基础编制的。　　　　　　（　　）

4. 利润表中的各项目应根据有关损益类账户的本期发生额或余额分析计算填列。

（　　）

5. 管理费用是企业为管理和组织企业生产经营活动而发生的各项费用。（　　）

6. 利润表中的"财务费用"项目是根据"销售费用"账户的发生额填列的。（　　）

四、实训题

1. 资料：江淮公司202×年12月31日各损益类账户的有关资料如表8−9所示。

表8−9　损益类账户发生额

江淮公司　　　　　　　　　　　　202×年12月　　　　　　　　　　　　元

账户名称	本月发生额	
	借方	贷方
主营业务收入		117 000
主营业务成本	88 400	
税金及附加	11 700	
其他业务收入		4 800
其他业务成本	4 000	
投资收益		12 000
管理费用	4 925	
财务费用	600	
销售费用	1 000	

续表

账户名称	本月发生额	
	借方	贷方
营业外收入		1 000
营业外支出	2 000	
所得税费用	7 317.75	

2. 要求：根据上述资料编制该公司 202×年 12 月的利润表。

项目小结

　　财务会计报告是指总结反映会计主体在某一特定日期财务状况和某一会计期间经营成果和现金流量的书面文件。它是依据账簿记录、遵循一定的编制要求，采用专门的方法编制而成的。编制财务会计报告，提供会计信息的主要形式和载体，是会计核算工作程序的最后一个环节。编制财务会计报告时，要求数字真实、计算准确、内容完整、编报及时和便于理解。

　　财务会计报告由会计报表和会计报表附注组成。会计报表主要包括资产负债表、利润表、现金流量表和所有者权益变动表（股东权益变动表）。资产负债表是反映企业在某一特定日期财务状况的会计报表。资产负债表中的资产和负债项目均按照流动性由强到弱排序，而所有者权益项目按照稳定程度排序。表内各项目的期末余额按照科目的余额直接填列、计算填列或分析填列。利润表是反映企业在一定会计期间的经营成果的会计报表，是动态报表。该表各项目根据损益类账户的本期发生额计算填写。现金流量表是反映企业一定会计期间现金和现金等价物流入和流出的会计报表。会计报表附注是为了便于财务会计报告使用者理解会计报表内容而对会计报表中列示项目所作的进一步说明，以及对未能在这些报表中列示项目的说明。

思维导图

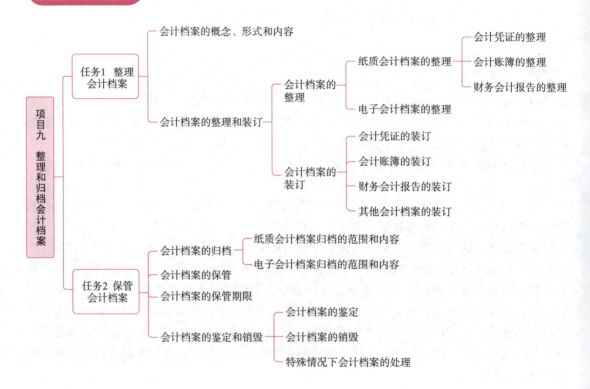

任务引入

　　李明利用暑假时间到一家企业的财务部门实习，实习期间，李明跟随这家企业的会计张方学习整理和归档会计档案，他发现，一般都是在结账完成后，会计及时对会计档案进行整理和装订。李明还了解到会计档案的整理是在会计凭证登记完毕后，将记账凭证连同所附的原始凭证或原始凭证汇总，按照编号顺序折叠整齐。会计凭证在装订之前，必须进行适当的整理，主要是为了便于装订。会计凭证的装订需要将整理完毕的会计凭证加上封面和封底，装订成册，并在装订线上加贴封签等。

　　有一天，李明协助档案员刘阳按照领导要求查找某年的一份文件。发现那份文件已经被污损，部分文字都看不清楚了，他们赶紧拿去问档案主管，档案主管想起来前几年单位整理档案时人手不够，招了两名临时工来帮忙，为了节约成本，档案员在批发市场买了糨糊，用了粘接法装订好档案。过了一段时间，因为库房湿度大，糨糊受潮，浸到了部分文字，有一些地方还长了霉。刘阳着急了，赶紧说"那我们赶紧去复印一下，先用复印件，原件再做技术处理吧。"档案主管感慨地说："要做好档案保管，以后可要做到防患于未然啊……"

任务1 整理会计档案

学习目标

1. 知识目标

（1）理解会计档案的概念。

（2）掌握会计档案的内容。

（3）掌握整理和装订会计档案的方法。

2. 能力目标

（1）能够独立规范地完成各项会计档案的整理。

（2）能够运用正确的装订方法装订会计档案。

3. 素质目标

（1）培养学生在整理装订会计档案的过程中，具备严谨细致的工作作风、精益求精的工匠精神。

（2）让学生树立职业荣誉感，热爱会计工作；安心工作、任劳任怨，严肃认真、一丝不苟，忠于职守、尽职尽责。

知识准备

一、会计档案的概念、形式和内容

会计档案是指在会计核算过程中形成的，记录和反映实际发生的经济业务事项的专业资料，主要形式包括纸质会计档案和电子会计档案。纸质会计档案主要包括会计凭证、会计账簿、财务会计报告和其他会计资料。电子会计档案主要是通过计算机等电子设备形成、传输和存储的电子会计资料，除包括传统纸质环境下所形成的会计资料外，还包括电子环境下的备查信息、主数据、日志文件等资料。

会计档案作为记录会计核算过程和结果的重要载体，其整理和归档有专门的方法。科学地对会计档案进行整理、归档和保管，能够为国家进行宏观调控、经营者进行管理和投资者进行决策提供重要依据。

二、会计档案的整理和装订

（一）会计档案的整理

1. 纸质会计档案的整理

1）会计凭证的整理

会计凭证登记完毕后，应将记账凭证连同所附的原始凭证或原始凭证汇总，按照编号顺序折叠整齐，准备装订。会计凭证在装订之前，必须进行适当的整理，以便于装订。

会计凭证的整理，主要是对记账凭证所附的原始凭证进行整理。会计实务中收到的原始凭证纸张往往大小不一，因此，需要按照记账凭证的大小进行折叠或粘贴。通常，对面积大于记账凭证的原始凭证采用折叠的方法，按照记账凭证的面积尺寸，将原始凭证先自右向左、再自下向上两次折叠。折叠时应注意将凭证上的左上角或左侧面突出，以便于装订后展开查阅。对于纸张面积过小的原始凭证，则采用粘贴的方法，即按一定次序和类别将原始凭证粘贴在一张与记账凭证大小相同的白纸上。粘贴时要注意，应尽量将同类同金额的票据粘在一起；粘贴完成之后，应在白纸一旁注明原始凭证的张数和合计金额。对于纸张面积略小于记账凭证的原始凭证，则可以用回形针或大头针别在记账凭证后面，待装订凭证时，抽去回形针或大头针。

对于数量过多的原始凭证，如工资结算表、领料单等，可以单独装订保管，但应在封面上注明原始凭证的张数、金额，所属记账凭证的日期、编号、种类。封面应一式两份：一份作为原始凭证装订成册的封面，封面上注明"附件"字样；另一份附在记账凭证的后面，在记账凭证上注明"附件另订"，以备查考。

此外，各种经济合同、存出保证金收据以及涉外文件等重要原始凭证，应当另编目录单独登记保管，并在有关记账凭证和原始凭证上相互注明日期、编号。

2）会计账簿的整理

会计账簿的整理，首先，应该完成账簿启用表、目录内容的填写；其次，根据不同类型的账本进行相应的处理。

订本账（总账、现金账、银行账）应该保持账簿原貌，不能拆去空白页，在目录中注明已使用的页数和空白页数。

活页账，撤去账夹和空白账页，填齐目录页号，分别在账页的右上方编上总页数和分页数。加装会计账簿封面、封底装订成册，每册一般不超过 150 页。

3）财务会计报告的整理

会计报表一般在会计年度终了后，由专人（一般是主管报表的人员或财会机构负责人）统一收集、整理、装订，并立卷归档。平时，月（季）度报表，由主管人员负责保存。年终，将全年会计报表，按时间顺序整理装订成册，登记会计档案（会计报表）目录，逐项写明报表名称、页数、归档日期等。经会计机构负责人审核、盖章后，由主管报表人员负责装盒归档。

装订的顺序是封面、财务情况说明书、会计报表、封底。

2. 电子会计档案的整理

电子会计档案的整理，即对采集到的暂存于数据池中的电子会计档案进行整理，可点击"待装册单位"预览相应的待装册电子会计凭证、电子会计账簿、电子会计报表、其他电子会计档案等，并将资料装册，加盖签章。将会计凭证、会计档案目录与会计账簿等详细内容进行归档处理，归档的同时采用电子签名，确保数据入库；电子会计档案的数字签名是采用使用单位的数字证书对会计档案数据加密生成的签名值，用于档案使用者可靠地鉴别电子会计档案的安全性，防止抵赖。

（二）会计档案的装订

1. 会计凭证的装订

会计凭证的装订是指将整理完毕的会计凭证加上封面和封底，装

讲解视频 9-1 会计凭证的装订

订成册,并在装订线上加贴封签的一系列工作。会计凭证不得跨月装订。记账凭证少的单位,可以一个月装订一本;记账凭证较多的单位,一个月内可装订成若干册。序号每月一编。装订好的会计凭证厚度通常为2~3厘米。装订成册的会计凭证必须加盖封面,封面上应注明单位名称、年度、月份和起始日期、凭证种类、起始号码,由装订人在装订线封签外签名或者盖章。

记账凭证封面如表9-1所示。

表9-1 记账凭证封面

年 月 编号

单位名称	
册数	第 册 共 册
起始编号	第 号至 号共计 张
起始日期	年 月 日 至 年 月 日

会计主管: 装订人:

2. 会计账簿的装订

目前手工账簿发挥的作用已越来越少,财务软件的功能使会计凭证在录入后自动生成账簿。现金日记账、银行日记账可以根据管理需要每月打印,总分类账、明细分类账可以以年度为单位,打印成纸制账簿,装订成册保存。

3. 财务会计报告的装订

月度、季度、年度财务报告,包括会计报表、附表、附注及文字说明,其他财务报告也是会计档案重要的组成部分。各类报表在编制完成时应做好电子文件存档工作,同时根据需要打印纸制报表,按报表所属期间、性质做好分类保管。

4. 其他会计档案的装订

其他会计档案主要包括银行存款余额调节表、银行对账单、合同文件等其他应当保存的会计核算专业资料。经济合同比如单位购销合同等,是财务收付款的重要依据,归属财务人员负责保管的,应认真保存,对履行完毕的合同,应分门别类地做好保存。财务人员还应做好单位财务文件的保管工作,明确保管人员及场所,定期整理立卷,装订成册。

任务2 保管会计档案

学习目标

1. 知识目标

(1)了解会计档案的归档范围和内容。

(2)掌握不同会计档案的保管期限。

(3)理解会计档案鉴定和销毁的流程。

(4)掌握特殊情况下会计档案的保管处理。

2. 能力目标

(1)能够准确区分不同会计档案的保管期限。

（2）能够制定会计档案鉴定和销毁的流程。

（3）能够处理特殊情况下会计档案的保管。

3. 素质目标

（1）依法对会计档案归档，做到实事求是、不偏不倚、如实反映，保持应有的独立性。

（2）对于需要归档的会计档案，要做到保密守信、谨慎严谨、信誉至上。

（3）在保管会计档案的时候，要做到客观公正、信守承诺，勇于承担责任、认真履行义务。

知 识 准 备

一、会计档案的归档

会计档案是国家经济档案的重要组成部分，是企业单位日常发生的各项经济活动的历史记录，是总结经营管理经验、进行决策所需的主要资料，也是检查各种责任事故的重要依据。

在整理和装订会计档案后，应该及时对装订好的会计档案归档。企业应该建立规范的档案管理制度，对档案的保管、移交、查阅、鉴定、销毁进行科学的管理，采取可靠的安全防护技术和措施，保证会计档案的真实、完整、可用、安全。

（一）纸质会计档案归档的范围和内容

各单位在进行会计核算等过程中接收或形成的，记录和反映单位经济业务事项，具有保存价值的文字、图表等各种形式的文件材料，都应纳入归档范围。

（1）会计凭证，包括原始凭证和记账凭证。

（2）会计账簿，包括总账、明细账、日记账、固定资产卡片及其他辅助性账簿。

（3）财务会计报告，包括月度、季度、半年度、年度财务会计报告。

（4）其他会计资料，包括银行存款余额调节表、银行对账单、会计科目和项目编码及使用说明、纳税申报表、会计档案移交清册、会计档案保管清册、会计档案销毁清册、会计档案鉴定意见书及其他具有保存价值的会计资料，如工资薪金发放清册、住房公积金备查簿和其他会计核算资料。

（二）电子会计档案归档的范围和内容

实行会计电算化后，存储于磁盘、磁带、光盘、硬盘上属于归档范围的电子会计资料，同时满足下列条件的，可仅以电子形式归档保存，形成电子会计档案。

（1）形成的电子会计资料来源真实有效，由相应的信息系统生成和传输。

（2）使用的会计核算系统能够准确、完整、有效接收和读取电子会计资料，且输出的会计凭证、会计账簿、财务会计报表等会计资料符合国家规定标准的归档格式，并设定必要的经办、审核、审批等电子审签程序。

（3）使用的档案数据库管理系统能够有效接收、管理、利用电子会计档案，符合电子档案数据的长期保管要求，并建立电子会计档案与其相连的纸质会计档案的检索。

（4）采取有效措施，防止电子会计档案资料被篡改。

（5）建立电子会计档案备份制度，能够有效防范自然灾害、意外事故和人为破坏的影响。

（6）归档的电子会计资料不属于具有永久保存或其他重要保存价值的会计档案。

（7）单位从外部接收的电子会计资料，附有符合《中华人民共和国电子签名法》规定的电子签名的，可仅以电子形式归档保存。

【提示】

2016年1月1日起施行的《会计档案管理办法》第7条规定，单位可以利用计算机、网络通信等信息技术手段管理会计档案。同时，第8条规定，只有同时满足上述前六条规定的条件的，单位内部形成的属于归档范围的电子会计资料可仅以电子形式保存，形成电子会计档案。而且，第9条还明确规定，单位从外部接收的电子会计资料附有符合《中华人民共和国电子签名法》规定的电子签名的，可仅以电子形式归档保存，形成电子会计档案。

二、会计档案的保管

《会计档案管理办法》规定：当年形成的会计档案，在会计年度终了后，可由单位会计管理机构临时保管一年，再移交单位档案管理机构保管；因工作需要确需推迟移交的，应当经单位档案管理机构同意；单位会计管理机构临时保管会计档案最长不超过3年；建设单位在项目建设期间形成的会计档案，需要移交给建设项目接受单位的，应当在办理竣工财务结算后及时移交。

单位每年形成的会计档案，都应由会计部门按照归档的要求，负责整理立卷，装订成册，编制会计档案保管清册，交由档案部门保管。各单位可根据实际情况设计会计档案保管清册表格样式，编制会计档案保管清册，以有利于档案检索和清点工作为宜。会计档案保管清册至少应当一式两份，移交时应在纸质保管清册上与会计档案移交清册履行相同的签字手续，移交方和接收方各留存一份。

三、会计档案的保管期限

会计档案保管期限分为永久、定期两类。会计档案的保管期限是从会计年度终了后的第一天算起。永久，即是指会计档案须永久保存；定期，是指会计档案保存应达到法定的时间，定期保管期限一般分为10年和30年。《会计档案管理办法》规定的会计档案保管期限为最低保管期限。

单位会计档案的具体名称如有与《会计档案管理办法》附表所列档案名称不相符的，应当比照类似档案的保管期限办理。《会计档案管理办法》规定企业和其他组织会计档案保管期限如表9-2所示。

表9-2　企业和其他组织会计档案保管期限

序号	档案名称	保管期限	备注
一	会计凭证		
1	原始凭证	30年	
2	记账凭证	30年	
二	会计账簿		
3	总账	30年	

续表

序号	档案名称	保管期限	备注
4	明细账	30 年	
5	日记账	30 年	
6	固定资产卡片		固定资产报废清理后保管 5 年
7	其他辅助性账簿	30 年	
三	财务会计报告		
8	月度、季度、半年度财务报告	10 年	
9	年度财务报告	永久	
四	其他会计资料		
10	银行存款余额调节表	10 年	
11	银行对账单	10 年	
12	纳税申报表	10 年	
13	会计档案移交清册	30 年	
14	会计档案保管清册	永久	
15	会计档案销毁清册	永久	
16	会计档案鉴定意见书	永久	

四、会计档案的鉴定和销毁

（一）会计档案的鉴定

会计档案鉴定工作是会计档案管理工作中的关键性业务环节。因为涉及由谁来决定哪些会计档案应该被保存下来，或者说哪些档案应该被继续保存下去，并鉴别它们分别能够被继续保存多长时间。

讲解视频 9-2　会计档案的保管

（二）会计档案的销毁

在《会计档案管理办法》中，对会计档案销毁有明确规定：对已到保管期限的会计档案，单位应当定期进行鉴定，并形成会计档案鉴定意见书。经鉴定，仍需继续保存的会计档案，应当重新划定保管期限；对保管期满且确无保存价值的会计档案，可以销毁。会计档案鉴定工作应当由单位档案管理机构牵头，组织单位会计、审计、纪检监察等机构或人员共同进行。

经鉴定可以销毁的会计档案，应当按照以下程序进行会计档案的销毁。

（1）需要单位档案管理机构编制会计档案销毁清册，要列明拟销毁会计档案的名称、卷号、册数、起止年度、档案编号、应保管期限、已保管期限和销毁时间等内容。工作人员可根据本单位的具体情况和实际需要，参照会计档案销毁清册（样例），自行制定会计档案销毁清册。

（2）单位负责人、档案管理机构负责人、会计管理机构负责人、档案管理机构经办人、会计管理机构经办人在会计档案销毁清册上签署意见。

（3）单位档案管理机构负责组织会计档案销毁工作，并与会计管理机构共同派员监销。监销人在会计档案销毁前，应当按照会计档案销毁清册所列内容进行清点核对；在会计档案销毁后，应当在会计档案销毁清册上签名或盖章。电子会计档案的销毁还应当符合国家有关电子档案的规定，并由单位档案管理机构、会计管理机构和信息系统管理机构共同派员监销。

另外，国家机关销毁会计档案时，应当由同级财政部门、审计部门派员参加监销。财政部门销毁会计档案时，应当由同级审计部门派员监销。监销人要在销毁会计档案之前，按照会计档案销毁清册所列内容清点核对所要销毁的会计档案；销毁后，应当在会计档案销毁清册上签名盖章，并将监销情况报告本单位负责人。

（三）特殊情况下会计档案的处理

保管期满但未结清的债权债务会计凭证和涉及其他未了事项的会计凭证不得销毁，纸质会计档案应当单独抽出立卷，电子会计档案单独转存，保管到未了事项完结时为止。单独抽出立卷或转存的会计档案，应当在会计档案鉴定意见书、会计档案销毁清册和会计档案保管清册中列明。

对于已到原来保管期限的会计档案但仍然具有非常重要价值的，这类档案是不能销毁的，必须继续保管。续存的会计档案主要包括未了事项的会计档案、在建工程的会计档案、仍有价值的会计档案。

　【会计论道与素养提升】

党的二十大报告提出："完善支持绿色发展的财税、金融、投资、价格政策和标准体系，发展绿色低碳产业，健全资源环境要素市场化配置体系，加快节能降碳先进技术研发和推广应用，倡导绿色消费，推动形成绿色低碳的生产方式和生活方式。"随着大数据、人工智能时代的发展，会计信息化程度越来越高，会计档案与新技术结合，形成更加完善的电子会计档案，与党的二十大报告提出的完善支持绿色发展的要求非常契合。会计人员要秉承"坚持学习，守正创新"的精神，积极学习大数据、人工智能等新技术，与专业结合，对电子会计档案进行创新完善。

拓 展 阅 读

中国电信会计档案电子化管理

中国电信以积极、创新、高效为理念，努力推进会计档案电子化管理试点工作，制定出具体的实施方法，进行会计档案电子化。

1. 前期筹备

一是梳理会计核算软件，保证其能够输出通用电子格式的会计凭证、账簿和报表；二是积极组织开发新版电子会计档案管理系统，使用户通过系统快捷方便地查询相关数据；三是组织专业人员，按照工作规划确定职责分工，从而保证电子会计档案管理系统安全、稳定地运行。

2. 基本要求和扩展要求

试点工作的基本要求是记账凭证、总账、明细账、日记账和银行回单仅以电子形式保存，可以暂不打印相应的纸质凭证和账簿。这样可以节省大量的纸张，符合低碳环保的理念，打造"绿色账本"。

围绕基本要求，中国电信积极开展试点工作，在符合国家法律法规的前提下，又提出进一步扩展要求，即利用会计档案电子化契机，创新管理模式，优化管理流程，提高企业工作效率，实现管理提升，重点创新纸质会计档案管理，优化合同管理。

3. 系统建设

中国电信搭建的电子会计档案管理系统，主要负责存储、保管电子会计档案和纸质会计档案影像件，为用户提供会计档案信息应用服务。系统对接会计核算系统、报账服务平台、银企直联系统、资金稽核平台等，自动收集电子会计资料。

同时，中国电信还开发了影像系统，与电子会计档案管理系统共同承担纸质会计档案的扫描、拍照、接收、流转、调阅等工作，将纸质会计档案与其电子影像件一一对应，实现电子影像件和电子会计档案的统一管理、集中存储。

4. 针对基本要求的做法

（1）不打印记账凭证、总账、明细账、日记账，仅保存电子档案。中国电信在会计核算系统、报账服务平台内，都保存有相关的电子会计资料数据，根据实际需要，将相关数据进行组配，形成记账凭证、总账、明细账、日记账，经过鉴定，存入电子会计档案管理系统，形成电子会计档案。

（2）记账凭证与原始凭证相关联。中国电信对纸质原始凭证拍照或扫描后，通过影像系统和电子会计档案管理系统将电子影像件与电子记账凭证相关联，实现共同调阅。

（3）银行电子回单处理。保存银行电子回单要复杂一些，主要原因是电子回单的产生系统在银行，属于外部系统，需要通过稽核系统核实后，才可以存入电子会计档案管理系统，与记账凭证相关联。

5. 针对扩展要求的做法

（1）创新纸质会计档案管理。因为不需要打印记账凭证，中国电信创新了纸质会计档案的管理方法，在原始凭证上粘贴条码，将条码信息存储于电子档案管理系统，与记账凭证关联，从而实现通过纸质会计档案上的条码找到记账凭证，通过记账凭证找到纸质会计档案。此操作使纸质会计档案的整理效率得到极大提高。

（2）优化合同管理。合同必须是以纸质形式归档保存。但在中国电信内部，为提高工作效率，合同可以电子形式进行起草、流转和审批。尽管电子合同运转高效，但在报账时却存在障碍，因为电子合同并非法律承认的最终生效版本，所以不被认可为报账依据。

6. 调阅电子会计档案

"绿色账本"带来了"绿色调阅"。通过网络，电子会计档案系统实现了用户身份认证、点击登录的功能，档案借阅审批流程嵌入 OA 系统，轻松实现了调阅各类会计档案信息的功能。

访问者根据权限可以在自己的办公电脑上实现信息检索，发出借阅申请，在审批同意后可以直接浏览电子会计档案和纸质会计档案的影像件，访问不受地域限制，可以实现远程异地查询。

课后拓展

1. 谈谈你对会计档案电子信息化的认识。
2. 请以思维导图的形式，总结本任务内容，并以小组为单位进行分享。

同步练习

一、单项选择题

1. 下列选项中不属于纸质会计档案范畴的是（　　　）。

A. 会计凭证　　　　　　B. 会计账簿　　　　　C. 财务报告　　　　　D. 文书档案

2. 会计档案保管清册至少应当（　　　）。

A. 一式两份　　　　　　　　　　　　B. 一式三份

C. 一式四份　　　　　　　　　　　　D. 以上说法都不对

3. 会计年度终了后，形成的会计档案可由单位会计管理机构临时保管（　　　）。

A. 1 年　　　　　　　B. 2 年　　　　　　　C. 3 年　　　　　　　D. 4 年

4. 会计凭证的保管期限是（　　　）。

A. 10 年　　　　　　B. 15 年　　　　　　C. 20 年　　　　　　D. 30 年

5. 下列关于会计档案销毁的说法，不正确的是（　　　）。

A. 对已到保管期限的会计档案，单位应当定期进行鉴定

B. 会计档案鉴定工作应当由单位会计机构牵头

C. 单位档案管理机构负责组织会计档案销毁工作

D. 销毁会计档案需要单位档案管理机构编制会计档案销毁清册

二、多项选择题

1. 下列关于会计凭证整理的说法，正确的是（　　　）。

A. 原始凭证按照记账凭证的大小进行折叠或粘贴

B. 应尽量将同类同金额的票据粘在一起

C. 记账凭证封面应一式两份

D. 数量过多的原始凭证可以单独装订保管

2. 定期保管期限一般分为（　　　）。

A. 10 年　　　　　　　　B. 15 年　　　　　　C. 20 年　　　　　　D. 30 年

3. 下列会计资料属于永久保存的有（　　　）。

A. 会计档案移交清册　　　　　　　　B. 会计档案保管清册

C. 会计档案销毁清册　　　　　　　　D. 会计档案鉴定意见书

4. 续存的会计档案主要包括（　　　）。

A. 未了事项的会计档案　　　　　　　B. 在建工程的会计档案

C. 仍有价值的会计档案　　　　　　　D. 可以销毁的会计档案

三、判断题

1. 会计档案保管期限分为永久、定期两类。　　　　　　　　　　　　　（　　　）

2.《会计档案管理办法》规定的会计档案保管期限为最低保管期限。　　　（　　）

3. 月度、季度、半年度、年度财务报告的保管期限为永久。　　　（　　）

4. 国家机关销毁会计档案时，应当由同级财政部门、审计部门派员参加监销。（　　）

5. 保管期满但未结清的债权债务会计凭证和涉及其他未了事项的会计凭证不得销毁。

　　　　　　　　　　　　　　　　　　　　　　　　　　　　　　（　　）

参 考 文 献

［1］孔德兰．会计基础［M］．北京：高等教育出版社，2020.

［2］王炜．基础会计［M］．北京：高等教育出版社，2021.

［3］李占国．基础会计［M］．北京：高等教育出版社，2022.

［4］刘蕾．基础会计［M］．北京：高等教育出版社，2022.

［5］袁三梅．基础会计［M］．北京：北京理工大学出版社，2023.

［6］财政部会计财务评价中心．初级会计实务［M］．北京：经济科学出版社，2024.